DE CEREBRO
A CIVILIZACIÓN

DE CEREBRO A CIVILIZACIÓN

EDGAR PRIETO NAGEL

Copyright © 2015 por Edgar Prieto Nagel.

Número de Control de la Biblioteca del Congreso de EE. UU.:		2015901664
ISBN:	Tapa Dura	978-1-4633-9832-3
	Tapa Blanda	978-1-4633-9833-0
	Libro Electrónico	978-1-4633-9834-7

Las opiniones expresadas en este trabajo son exclusivas del autor y no reflejan necesariamente las opiniones del editor. La editorial se exime de cualquier responsabilidad derivada de las mismas.

Información de la imprenta disponible en la última página.

Fecha de revisión: 20/02/2015

El texto Bíblico ha sido tomado de la Traduccion Del Nuevo Mundo De Las Santas Escrituras. New York Inc.: Watchtower Bible and Tract Society, 1967. Print.

Para realizar pedidos de este libro, contacte con:
Palibrio
1663 Liberty Drive
Suite 200
Bloomington, IN 47403
Gratis desde EE. UU. al 877.407.5847
Gratis desde México al 01.800.288.2243
Gratis desde España al 900.866.949
Desde otro país al +1.812.671.9757
Fax: 01.812.355.1576
ventas@palibrio.com
702625

ÍNDICE

SEGUNDA PARTE
EL HOMBRE Y SU BIOLOGÍA

TERCERA PARTE
CEREBRO Y CIVILIZACIÓN

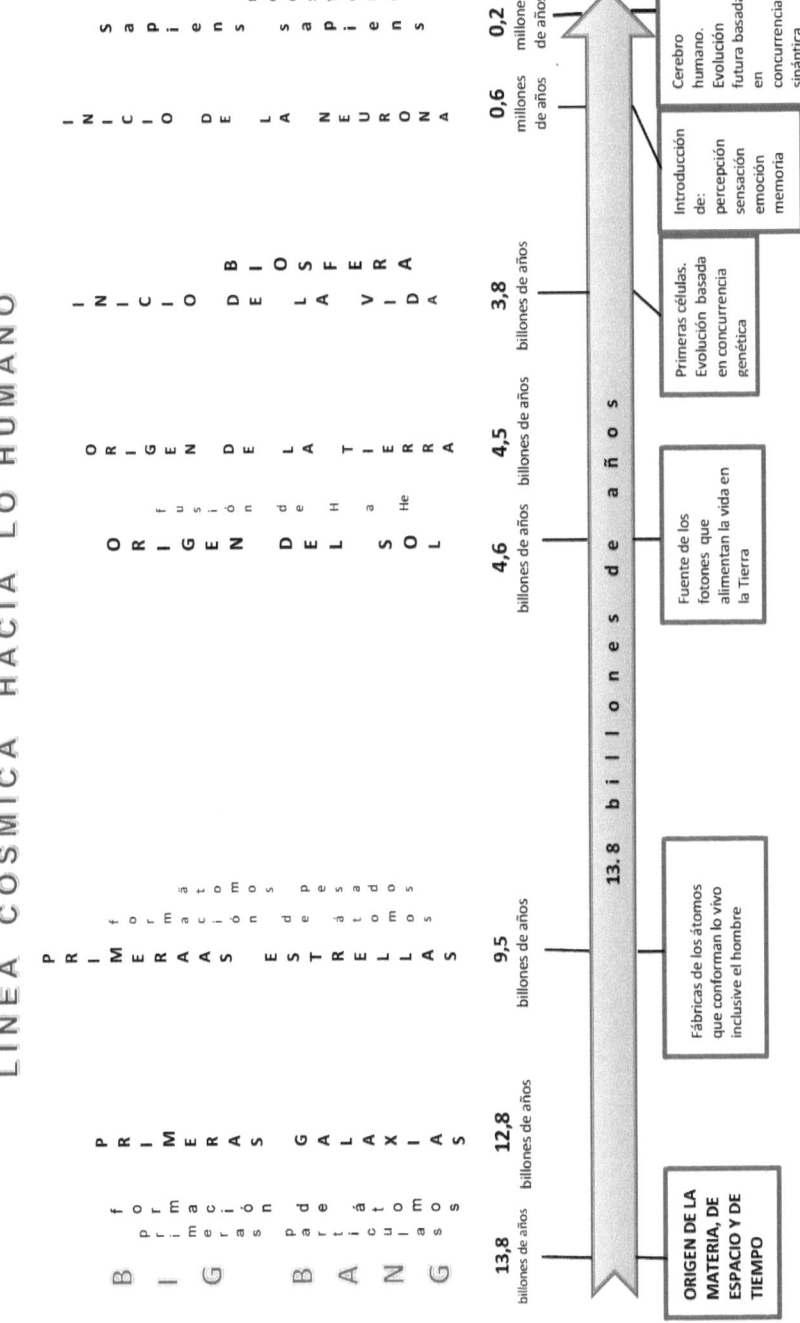

EVOLUCIÓN HACIA EL SAPIENS SAPIENS EN UNA TAXONOMÍA SIMPLIFICADA

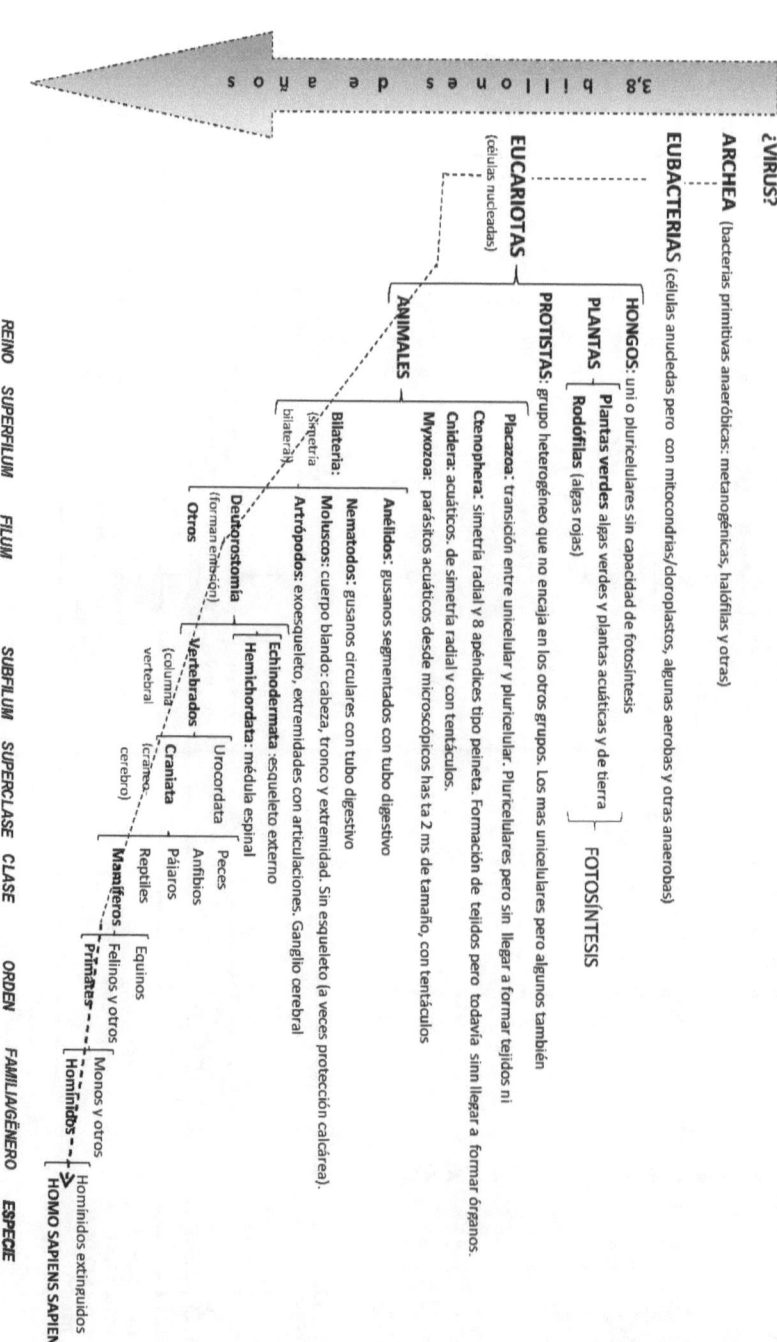

A mi hija Cecilia

INTRODUCCIÓN

Imagínese el lector llegando al anochecer a su apartamento después del trabajo y descubrir que las luces no funcionan. Como persona con inclinaciones técnicas Ud supone que se trata de un simple problema de fusibles. Provisto de una linterna constata sin embargo que los fusibles estan intactos. Descarta un corte de luz en el barrio ya que las luces de la calle y de los edificios vecinos brillan como siempre. En su edificio las escaleras están iluminadas y el ascensor funciona. Intrigado llama discretamente a la puerta del vecino quien le informa que allá todo está en orden. Una idea le surge entonces en la cabeza ¡su compañia eléctrica le cortó la electricidad! Un error, por supuesto, Ud tiene siempre sus cuentas pagadas. Recién también cae en la cuenta de que obviamente el problerma no es solo de luz sino también de refrigerador, congeladora, TV, DVD, microondas, aire acondicionado, tocadiscos, calentador de agua, cocina eléctrica e internet. Una rabia profunda se le despierta. A esa hora las oficinas de la compañía eléctrica estarán cerradas pero tendrán personal de emergencia. Formula mentalmente un par de frases ácidas para cuando se ponga en contacto con ellos. Exigirá la conexión inmediata o los amenazará con consecuencias legales. Toma su teléfono celular pero al activar la pantalla aparece el letrero "sin conexión con la red". Ud. se queda perplejo. Pero… ¿que es esto?, ¿un complot?. Reflexiona por un momento. La caseta de teléfono a monedas que tenían en el barrio la quitaron hace tiempo, los celulares la habían convertido en anacrónica. No podrá hablar con la compañía eléctrica ni con su esposa que está de viaje. Su ira inicial se amaina después de un momento y Ud se consuela con la idea de que …bueno… tampoco es una catástrofe. Es solo por una noche. Ya llamará mañana desde su oficina a las compañías de electricidad y de teléfonos y todo volverá a la normalidad. Decide cenar en un restaurant cercano. Ud es una persona moderna que no usa dinero en efectivo. En su billetera lleva las tarjetas de Visa y de MasterCard. Camino al restaurant le parece sin embargo una buena idea sacar algún dinero. Se dirige a un cajero automático y al poner su tarjeta de Visa el aparato le muestra el texto "Tarjeta no válida". Su desagrado tiene ahora ribetes de pánico. ¿que es esto?, se pregunta. Ud es una persona solvente. Decide hacer un nuevo intento, esta vez con MasterCard, con el resultado de que la máquina se traga su tarjeta por inválida. Ud mira alrrededor con expresión estúpida. No entiende nada. Ud está repentinamente incomunicado del mundo y sin dinero. Su apartamento está a oscuras y allá no funciona nada. Su tarjeta de crédito le es inservible. Cabizbajo y resignado vuelve a su apartamento, a una comida solitaria, fría, en silencio, a la luz de una vela.

Su civilización le ha cerrado sus puertas. Ud es un paria.

Este ejemplo, poco probable pero no imposible, ilustra el grado de dependencia del hombre moderno respecto a la tecnología.

Los habitantes de los medios urbanos (mas del 50% de la población mundial) tomamos el acceso a una enorme cantidad de servicios como la cosa mas natural del mundo. Aviones, trenes, buses y taxis lo llevarán a Ud a su destino, ascensores y escaleras mecánicas lo ayudarán a moverse en los edificios grandes, los suministros de agua y electricidad funcionarán de acuerdo a lo previsto, los semáforos de tráfico señalizarán como deben. Ud.tendrá acceso a restaurantes, bares, cafeterías, cines, bibliotecas, teatros, tabaquerías, licorerías, papelerías, zapaterías, florerías, cerrajerías y otros servicios. Su comida estará a su disposición en los supermercados, procedente de los lugares mas diversos, cuidadosamente ordenada y atractivamente empacada. En caso de enfermedad habrá un médico que lo atienda, un hospital que se haga cargo de Ud en caso necesario y farmacias que expedirán los medicamentos recetados. Si necesita un auto, ropa, muebles, artículos electrónicos, de higiene, obras de arte, un corte de pelo, un mecánico, un masage o una hora de gimnasia tendrá una enorme oferta de opciones. Ud está habituado a exposiciones de arte y a conciertos de música, a ligas deportivas, a créditos bancarios, a seguros de vida, de enfermedad y contra robo, a una policía que lo proteja y a políticos que lo representen. Da por sobreentendida la existencia de guarderías infantiles, escuelas y universidades, de centros de investigación científica, de iglesias, de parques para recreación de los niños, de museos, de jardines botánicos y zoológicos, de calles iluminadas en la noche, de canales de radio y televison y de periódicos que le informen, de cajeros automáticos que le den dinero contante, de una telefonía instantánea que le permita comunicarse con los suyos, de una internet que le brinde la información deseada y, en el peor de los casos, de funerarias dispuestas a hacerse cargo de sus restos si Ud deja el mundo de los vivos. En otras palabras Ud es un hombre civilizado.

Si Ud además tiene varios kilos de sobrepeso, su presión arterial es alta y su colesterol elevado, si lleva una vida sedentaria y el único ejercicio regular que hace es una caminata entre el parqueo de estacionamento y su oficina o su vivienda. Si Ud se pasa la mayor parte de su tiempo de vigilia ya sea sentado detras del volante de su auto o frente a la pantalla de una computadora, del televisor o de su celular, además de ser Ud buen candidato a la diabetes y a la arteriosclerosis puede considerarse como un genuino representante del hombre moderno civilizado.

Pero ¿como es que se dio origen a esa civilización? ¿y porqué?

La respuesta de la mayor parte de los humanos será probablemente la mas simple posible: porque si. La espontaneidad y naturalidad acopladas al fenómeno son tales que este apenas evoca en los mas la mas mínima reflexión. Existe una civilización, está ahí, y con ello basta. Si no obstante se exige una respuesta, está será probablemente religiosa: la voluntad divina. Y si el interrogado es cristiano esa respuesta hará obviamente alusión al libro del Génesis de la Biblia. Dios creó al hombre para tener el mundo a su servicio y consecuentemente nada mas natural que este genere una civilización.

El problema es que al nivel actual de nuestro conocimiento el relato bíblico ya no vale como explicación. Ese relato es, en el mejor de lo casos y con la mejor voluntad del mundo, solo una bonita alegoría. Hoy sabemos que jamás hubo un Paraíso y que el origen humano fue diametralmente distinto el propuesto por la Biblia. En otras palabras la explicación religiosa no sirve y la pregunta queda pendiente. Y si la respuesta religiosa no es válida se tendrá que buscar una secular. Todos los fenómenos tienen una causa y responden a un proceso.¿Como es que existe una civilización?.

Este libro tiene la pretensión de dar esa respuesta. Por lo demás la única posible. La civilización no es sino la continuación natural y obligatoria de la evolución biológica. Sin evolución no hay biosfera y sin biosfera no hay especie humana. La especie humana generó una civilización apenas esta pisó el planeta. Hasta ahí no habrá desacuerdo. Pero ¿cual es el mecanismo que dispara, sostiene y orienta su desarrollo? Si el órgano mas definitorio del hombre es su cerebro la respuesta tendrá que ser allí buscada. Y si ese cerebro es el motor de la civilización nada mas lógico que suponer que esa civilización resulta un reflejo de esa estructura cerebral. Civilización y cerebro no pueden estar separados. Este el principio que orienta este libro. Pero además tiene un objetivo, la demostración de que a partir del cerebro humano no solo se dá origen a una civilización sino que esta también conlleva un traslado paulatino del mecanismo evolutivo del planeta como globalidad, del gene a la sinapse cerebral. El cerebro humano pasa progresivamente a tomar el comando. Este hecho, apenas percibible durante las decenas de miles de años, se hace hoy, por primera vez y a través de la ciencia contemporánea, totalmente visible.

El mundo moderno se nos ha tornado en bastante complicado. Hasta hace menos de un siglo este era simple, seguro, coherente, protectivo y explicable. Una obra de Dios, tarea que le tomó 6 días, el séptimo reposó. El hombre y la mujer fueron resultado del sexto día. Luego vino el enredo de la serpiente y la fruta prohibida y con ello la expulsión humana del Paraíso y su condena al trabajo. Todo muy claro y diáfano. El ojo divino siempre presente, vigilante, capaz de intervenir si las cosas se tornaban demasiado disparatadas. Cuestión de solo portarse bien y se tenía el paraíso ganado al dejar el mundo de los vivos. La humanidad había habitado el mundo algo asi como 5000 años, desde que este mundo fuera creado, cifra comprensible y fácil de imaginar. El pensar, soñar, amar y anhelar eran producto de un espíritu otorgado por Dios a tiempo de la gestación y que sobreviría a la muerte corporal para recibir su premio o castigo correspondientes. Claro como el agua. En momentos de duda estaba siempre el sacerdote que dada su proximidad con Dios podía a uno disiparle las dudas. Uno podía dormir tranquilo en la noches.

La ciencia moderna vino a enredarlo todo. Resulta que ahora el mundo tiene 13,8 billones de años de antigüedad y, como si no bastara, su origen se remonta a la explosión de un punto infinitamente pequeño que dió origen a la materia, al espacio y al tiempo. Resulta que el hombre no se originó en un Paraíso sino que es producto de una evolución de la vida en el planeta durante billones de años y cuyos ancestros se separaron de un tronco común con el chimpancé hacen 6 millones de años. Resulta que en nuestra mas profunda intimidad estamos gobernados por moléculas químicas invisibles.que conforman una suerte de código que decide si uno será alto o petiso, bueno o malo para el fútbol o tendrá un determinado color de ojos y pelo o una especial forma de caminar. Resulta que para pensar no se necesita de un espíritu sino que la materia cerebral es por si misma capaz de hacerlo. Resulta que la materia, lo que vemos y tocamos, la substancia, en su mayor intimidad no tiene substancia, que masa y energía se enrredan en una sola madeja indivisible, que una misma partícula puede estar simultáneamete en dos lugares distintos, que las partículas mas distantes se influyen misteriosamente y sin razón aparente y que nuestro cosmos está hecho mayormente de algo que ni vemos ni podemos medir si no es muy indirectamente. Resulta que la mujer no fué hecha de la costilla de Adán y debería por ello de servir al hombre sino que su origen es tan igual como el del hombre y debe por tanto vivir en condiciones de igualdad con este. Y finalmente, y para complicar mas las cosas, resulta que esa ciencia va generando máquinas cada vez mas capaces de pensar de una forma muy similar a la humana pero con una rapidez y exactitud millones de veces superior.

Pero quizás lo mas deprimente. Que vivimos en un mundo impasible y emocionalmente neutro. Que el funcionamiento del mundo responde a reglas simples generadoras de sistemas complejos. Instrucciones secuenciales repetitivas, acopladas a si mismas y a otras instrucciones. La materia se autoorganiza en base a algoritmos ciegos, ajenos a toda intervención externa y exentos de toda visible intencionalidad. La formación de galaxias, estrellas y planetas, la gravitación, la transformación de masa en energía, la fotosíntesis y la evolución biológica, para solo citar algunos de los fenómenos básicos, responden en su esencia a reglas simples. Determinados algoritmos, es decir seuencias de instrucciones acopladas, conducen a determinados resultados. Los organismos biológicos, como productos de algoritmos químicos interactuantes, alcanzan un nivel autoorganización que se hace extensible a los fenómenos sociales y, en gran medida, a la conducta individual. El infinitamente complejo acople, directo o indirecto, de esos algoritmos le otorga al mundo su imprevisibilidad. Lo insignificante puede y suele dar lugar a resultados completamente imprevisibles. El caos como condición para el orden.

La ciencia moderna, verdugo de nuestro mundo antiguo cálido, simple e inteligible, resulta la nordriza de uno nuevo, frío y enigmático.

En los 200 últimos años como especie hemos alcanzado un mayor conocimiento y una mayor integración que en nuestros 200.000 años precedentes. Pero es en las últimas 5 o 6 décadasque ese avance, en todos los campos, se ha tornado en explosivo cambiando nuestra visión del mundo y nuestras formas de comportamiento. Sin apenas percibirlo nos encontramos en medio de la transformación mas brusca de nuestra historia como especie y probablemente la del planeta como totalidad. La genética, la neurociencia, la inteligencia artificial, la física quántica, la robótica y la nanotecnología, para solo citar las ramas por hoy mas relevantes, conllevan la capacidad de rediseñar la vida incluyendo sus expresiones sociales y mentales. De no mediar una catástrofe global a mediados de este siglo la mayor parte de la humanidad estará permanentemente acoplada a la internet y a finales de siglo esa interconexión permitirá a la especie humana actuar, simultáneamente y en tiempo real, como un solo y único organismo. La robótica habrá invadido nuestro entorno cotidiano, la longevidad humana se habrá prolongado significativamente, la medicina estará basada fundamentalmente en la genética y en la internet, la línea divisoria entre lo real y lo virtual será circunstancialmente indistinguible y la privacidad individual será prácticamente inexistente. La noosfera habrá asumido su rol de controlante y dirigente de la biosfera.

Los humanos somos sin duda excepcionales comparados con el resto animal. Nos preguntamos, anhelamos, tememos, amamos, odiamos y soñamos. Podemos razonar en términos abstractos y expresarnos en un lenguaje avanzado. Consideramos la vida humana, especialmente la propia, como única e invalorable. Nos imaginarnos el futuro y nos esforzarnos por mejorar el presente. Podemos imaginarnos la muerte como tal y a nosotros mismos como muertos. Durante las decenas de miles de años hemos ido lentamente erigiendo ese producto colectivo llamado civilización. Ningún otro animal cuenta con esas cualidades.

El dar una explicación a esa excepcionalidad fué imposible en el pasado. El eslabón de conexión entre materia e idea estaba ausente. Se tuvo entonces que apelar a innumerables explicaciones metafísicas con la idea central de un espíritu como responsable de la actividad mental. Hoy sabemos que la materia cerebral es capaz de pensar y de dar origen a las mas diversas ideas y emociones, de hacer ciencia, tecnología, arte, religión y filosofía. Es el cerebro el responsable de nuestra actividad mental y el órgano que mejor nos define. El que las ideas tengan una base física a nivel cerebral constituye probablemente uno de los mas grandes grandes descubrimientos científicos de la historia dadas sus enormes posibilidades al futuro y sus implicaciones filosóficas.

¿Pero como es posible esa capacidad de pensar, imaginar y soñar y que es lo que lo motiva? A la vida en el planeta le tomó incontables combinaciones genéticas durante billones de años para dar origen a la neurona que conforma el sistema nervioso. Millones de años mas fueron necesarios para organizarla hacia un cerebro capaz de procesar información de una forma avanzada en sus sinapses. El gene creó las sinapses, esas sinapses fueron sometidas a una progresiva organización alcanzando finalmente el nivel de pensamiento reflexivo. Sus mecanismos básicos hoy ya clarificados se explican en el capítulo correspondiente. El resultado fue el inicio de una civilización y con ello un progresivo cambio del planeta o, en términos biológicos, una lenta toma de comando de la sinapse sobre el gene como instrumento evolutivo. Los 3 motores de la evolución, la concurrencia, la adaptación y la selección natural, tradicionalmente basadas en diferentes combinaciones genéticas, pasan así progresivamente a basarse en una concurrencia entre diferentes combinaciones sinápticas o, dicho de otra manera, entre diferentes formas de pensamiento. El pensamiento como dirigente de la evolución. La civilización como proceso orientado al control de lo vital.

¿Como se explica esa toma de comando y que es lo que la justifica?

Funcionalmente visto la explicación es sencilla, la sinapse es muchísima mas efectiva que el gene como elemento transformatorio de la biosfera y como instrumento optimizante de la la supervivencia humana. Lo que al gene le toma meses, años o incluso siglos a la sinapse le toma apenas unas horas o minutos e incluso segundos. El gene se modifica a si mismo en términos medibles en años o siglos, la sinapse lo hace en términos de minutos. El instrumento de trabajo del gene, la proteína, requiere para su formación algo así como una hora y su función se limita solo al organismo en cuestión, el instrumento de trabajo de la sinapse, la lógica, posee una capacidad modificatoria prácticamente ilimitada.

Existencialmente visto una vez generado un ser capaz de una autocociencia y de un sentido abstracto del tiempo la collisión entre gene y sinapse se hace inevitable. Y es desde el punto de vista existencial que esa contradicción entre gene y sinapse nos ha sido mas visible a lo largo de la historia. Una vez la genética da lugar a un cerebro capacitado para pensar en términos abstractos la discrepancia entre gene y sinapse se hace inevitable. La abstracción temporal en términos de eternidad y la extrapolación de la muerte propia a esa abstracción conducen espontáneamente a una oposición a una de las reglas más básicas de lo vivo, la muerte como condición para su existencia como fenómeno. La evolución dio lugar a una especie que rechaza la muerte. Esa oposición humana, subconsciencial y coercitiva, conduce a la paradoja de un hombre que obedeciendo ciegamente a su biología busca, con igual ceguera, la superación de esa biología. El mensaje del gene a todo ser vivo de "una vez que hayas cumplido tu función como individuo y copiados tus genes tendrás que morir" es replicado por la sinapse cerebral humana con un "¡ no señor!, me niego a morir y, si es necesario, estoy dispuesto a cambiar las reglas de la biología para seguir existiendo".

Este mecanismo insurrectorio, al estar incorporado a la misma estructura orgánica, es irracional.

Hemos creído siempre que el poder razonar nos convierte automáticamente en racionales. Nuestros filósofos, especialmente Platón y Aristóteles, lo tomaron como un axioma y como tal eximido de discusión. La realidad es sin embargo diferente. El hombre, el mas emocional de todos los otros seres de la biosfera, es también el mas irracional, siendo esa irracionalidad el motor mas básico de su conducta y el justificante de su existencia. Sin sus pasiones el hombre es nada. La razón solo funcionabiliza esa irracionalidad.

La civilización, como solo continuación de lo biológico, muestra así la misma impasibilidad de todo lo evolutivo. Tres billones de años de historia biológica y doscientos mil años de historia humana lo confirman. El progreso humano, justificante en si y por si mismo, goza consiguientemente de la misma insobornable compulsividad y desaprensión de todo lo evolutivo. La acumulación informativa y energética, definitoria de toda civilización, resulta ajena a toda voluntariedad y, las mas de las veces, a la reflexión. A pesar de su enorme variedad expresiva coincidente con la gran diversidad de la especie, los diferentes medios geográficos y el momento histórico, la civilización humana es, en su base, unitaria e integrada. Y de la misma manera que la evolución biológica, inmisericorde. Con punto de partida apenas el hombre aparece en el planeta e inicialmente lento este proceso ha mostrado en los últimos siglos una clara aceleración. Lo que un día empezara a ciegas como simple domesticación de plantas y animales y con una organización tribal alcanza hoy el nivel de la manipulación dirigida de los mas íntimo de la vida y una organización social expresada en las megas urbes y los estados multinacionales. El descubrimiento del ADN en la década de los 1950s marca el hito formal de la toma de comando definitiva de la sinapse sobre el gene. La reciente emergencia del pensamiento digital plantea adicionalmente la interrogante de no estarse ya frente a una nueva forma de procesamiento informativo potencialmente superior al biológico y cuyas perspectivas son apenas imaginables.

El planteamiento arriba esbozado y que justifica este libro, para ser entendido, requiere naturalmente partir de lo mas elemental, de aquello que define la vida y su evolución al igual que determinar los componentes cerebrales mas relevantes que explican la conducta humana. Consecuentemente he dividido este libro en tres partes. La primera dedicada a los rasgos esenciales de lo biológico incluyendo la evolución hacia el cerebro humano. La segunda a la relación humana con su biología con acento en su conducta económica, su sexualidad y su producción ideológica. La tercera a la civilización como producto cerebral. Dado que en lo que va de últimos siglos es la civilización occidental la que se ha constituido en la punta de lanza del avance global he hecho especial hincapié en esta. He querido concluir la última parte con un capítulo referente a la revolución científico-tecnológica actual que vendrá a cambiar la fisonomía del planeta y cuyo objetivo no es otro que la superación los límites de lo biológico. Al inicio del libro y a manera de orientación he puesto un esquema de la evolución cósmica hacia lo humano y una taxonomía simplificada que visualiza la ganancia en complejidad biológica a lo largo de la evolución.

Este libro resulta una segunda edición de mi anterior bajo el título de El Autómata Insurrecto, pulicado por Author House. En esta edición la primera parte se ha mantenido, salvo pequeñas adiciones, prácticamente intacta. En las segunda y tercera partes he hecho cambios substanciales y añadido algunos capïtulos en respuesta a la valiosa critica de algunos lectores. La tesis del libro, al menos eso espero, aparece ahora con mayor claridad. El título del libro ha sido también modificado a lo que realmente es, es decir un intento de mostrar ese fascinante proceso evolutivo de la vida hacia el cerebro humano y de ahi a nuestra civilizacion.

PRIMERA PARTE

BIOLOGIA Y CEREBRO

"Frente a la naturaleza yo no soy "yo". Marcado por mi civilización al igual que esta siento la amenaza y el rechazo a esa inmisericordia impersonal inscrita en la estructura del cosmos."

Czeslaw Milosz
Premio Nobel de Literatura 1980

"…ninguna especie viviente transmitirá sin alteración de su semejanza hasta una época futura lejana….Y como la selección natural obra solo mediante el bien y para el bien de cada ser, todos los dones intelectuales y corporales tenderán a progresar hacia la perfección"

Charles Darwin
El origen de las especies

CAPITULO I

INTERCAMBIO ENERGÉTICO PROGRESIVAMENTE ORDENADO

El fenómeno vital fue para el hombre durante toda su historia y hasta hace no muy poco un completo enigma. Sus reglas y principios fueron revelandose lentamente recién en los últimos siglos. Los descubrimientos de la fotosíntesis, de la célula y de la evolución biológica marcaron hitos trascendentales. Pero fue el decubrimiento del ADN, en la década de los 1950s, el que realmente pemitió entender lo vivo a cabalidad. Gracias a ello estamos hoy en la posibilidad de definir lo vivo.

Lo vida es la única forma conocida de la materia caracterizada por su impulso prioritario y espontáneo a mantener su orden dinámico propio. La vida es orden. La salud un estado optimal de ese orden. La enfermedad un estado de desorden parcial y potencialmente reversible. En envejecimiento una lentificación en los mecanismos mantenedores de ese orden. La muerte un total, progresivo e irreversible desorden. Ninguna estructura inerte, incluyendo las generadas por el ingenio humano como las máquinas, mantiene activa y espontáneamente su orden tendiendo mas bien, de no mediar una fuerza externa ordenadora, a decaer espontáneamente en el desorden.

El componente ordenador de lo vivo se encuentra incorporado a su propia estructura en forma de un código, el ADN o el ARN. El mantenimiento del orden propio constituye así su función absolutamente prioritaria subordinando a ella todas sus otras funciones como búsqueda activa de energía, evacuación de los residuos de su funcionamiento, respuesta a las adversidades del medio y reposo periódico. Dado que el vivir desgasta el mantenimiento de ese orden supone la necesidad de copias frescas o reproducción. Las características anotadas como individualidad se expanden en términos de la biosfera al elemento adicional de la progresividad de ese orden o evolución. Todo ser vivo es potencialmente evolutivo pero esa potencialidad adquiere su expresión fundamentalmente en interacción con otros seres vivos. Estructuras inertes capaces de mantener un orden estático, como es el caso de los cristales minerales, carecen de toda propiedad evolutiva.

Existe consenso del cosmos como inevitablemente sometido a un proceso de progresivo desorden o entropía. Su origen, en la explosión de un punto de incalculable energía (el Big-bang) fue un estado de maximal orden. A mayor tiempo de su existencia como cosmos mayor será su desorden. Esta ley, la segunda de la termodinámica, establece que todo sistema ordenado tenderá inevitablemente al desorden de no mediar una energía externa restablecedora del orden. El universo, al carecer obviamente de otra energía que la propia, tiende a un progresivo desorden. La vida, dentro de todas las formas conocidas de organización de la materia, si bien obviamente en obediencia a las leyes de la termodinámica, es la única que se opone a ese desorden. Es antientrópica.

Lo vital obedece así a las dos leyes básicas de la termodinámica, la de la conversión de una forma de energía en otra equivalente y la ya anotada de que todo sistema ordenado decaerá espontáneamente en el desorden de no mediar una energía externa mantenedora de ese orden. El sostén energético de lo vital viene dado por la conversión de la energía luminosa solar en moléculas orgánicas o fotosíntesis. En ausencia de ese flujo energético la biosfera no tardaría mas que unas cuantas horas, o en el mejor de los casos unos pocos días, en decaer en el mas completo desorden.

Los fotones solares, producto de la fusión de 4 átomos de H en 1 de He en el centro del Sol, son expulsados hacia su superficie con los consiguientes choques y frenamientos en su camino y con ello una mayor o menor pérdida de su energía. Esos fotones tendrán asi una gigantesca variedad dependiendo de sus diferentes frecuencias de onda, desde los de mas alta frecuencia y mayor energía de la radiación gama hasta los de menor frecuencia y menor energía de las ondas de radio. La radiación de frecuencia mas alta, la gama, con una amplitud de onda extremadamente pequeña, de 10^{-6} a 10^{-2} nm, porta así una alta energía, mientras, al otro extremo, las ondas de radio, con una amplitud de onda fluctuante entre 10 cm a varios kms, portan una muy baja energía. La luz visible, ubicada al medio de estos extremos, entre la radiación ultravioleta y la infrarroja, constituye apenas una franja muy angosta de ondas con una amplitud fluctuante entre 750-400 nm. Es esta banda del electromagnenistmo solar la que constituye el soporte energético de la biosfera. El resto de ese electromagnestismo le es a la biosfera ya sea indiferente, como es el caso de las ondas de radio, o dañino, como sucede con la radiación gama o los rayos X.

Esa energía solar en su fracción de luz visible otorga la energía para la organización de los 21 elementos atómicos que conforman lo vivo dando lugar a sus tres componentes orgánicos: proteínas, carbohidratos y lípidos. El acceso a C y a los otros 3 elementos centrales (O, H y N) para la formación de las moléculas orgánicas tiene lugar a nivel global en una suerte de reciclaje permanente en cooperación integrada entre los diferentes subsistemas, especialmente las bacterias y vegetales.

El Sol es generoso. La transformación en su núcleo de 635 millones de toneladas de hidrógeno en 630 millones toneladas de helio por segundo da como resultado una enorme energía expelida al cosmos. Un kilo de materia solar produce 25.000 millones Kwh (comparable a la energía obtenida de la combustión de 2 millones de toneladas de carbón). Obviamente solo una parte muy pequeña de esa radiación alcanza los estratos mas periféricos de la estratosfera terrestre que, medida perpendicularmente, alcanza a 1369 watios por m^2 y año. La mayor parte, dada la forma esférica del planeta, es mayormente reflejada de vuelta al espacio sideral o absorbida y filtrada en los diferentes niveles atmosféricos. El resultado es una reducción a aproximadamente una octava parte a nivel de la superficie terrestre, es decir 160 watios por m^2 y año. Esa atmósfera habrá también dejado afuera la mayor parte de la radiación dañina para los sistemas biológicos, es decir la gama y los rayos X.

El choque de un paquete de fotones (quanta) de la frecuencia correcta de luz solar con una molécula de la clorofila vegetal o del pigmento del plancton marino provoca la ruptura de una molécula de agua ($H2O$) en H y O2 acompañada de una cascada de procesos químicos resumible en la fórmula básica de **6C + H2O + energía solar = C6H12O6**

(glucosa) + O2, o sea carbohidratos y oxígeno. La energía fotónica es asi transformada en energía potencial de las ligazones covalentes de las moléculas orgánicas. Algunas plantas, como las leguminosas, son también capaces de producir lípidos y aminoácidos con ayuda de las bacterias. La energía almacenada en esos carbohidratos, como la glucosa o los más complejos como el almidón o la celulosa, permite a las plantas crecer y reproducirse. Esos carbohidratos vegetales constituyen a su vez el substrato energético animal siguiendo la secuencia química inversa de **C6H12O6 (glucosa) + O2 = CO2 + H2O + energía** para el trabajo animal y la formación de sus propias moléculas estructurales.

De la enorme oferta energética solar la clorofila vegetal y los pigmentos del plancton marino no solo que captan solo la luz visible sino que esta, además, es solo parcialmente aprovechada. Gran parte de esta llega a zonas terrestres carentes de vegetación o a aguas donde no existe plancton marino o lo hace a una vegetación en fase de reposo o sin penetración suficiente debido a la nubosidad. En el caso de los océanos (el 73% de la superficie del planeta) cuyo fitoplancton responde aproximadamente por el 50% del aprovechamiento energético global, esa luz tiene además una penetración solo parcial dependiendo de las condiciones locales de turbiedad del agua. De la luz que llega a la vegetación terrestre o marítima en fase activa es solo aproximadamente el 1,5-2% que potencialmente daría lugar a la fotosíntesis. Pero tomando en cuenta las limitaciones anotadas se calcula que en la práctica es apenas un 0,05% de esa luz la que, en términos globales, es transformada en química con una producción anual 150 giga toneladas/año de material biológico (Red Primaria de Productividad). Estas cifras revelan la existencia de un gigantesco excedente energético solar que cumple obviamente otras funciones como la manutención de la temperatura del planeta permisiva, entre otras cosas, del estado líquido de los océanos y la transpiración de las plantas.

Esa inefectividad de la biosfera en el aprovechamiento de la energía solar determina su comportamiento. Un aprovechamiento optimal daría obviamente lugar a seres energéticamente satisfechos haciendo innecesaria la concurrencia. Puesto que todo orden exige energía los algoritmos genéticamente programados en todo individuo vivo demandan prioritariamente esa obtención. Y si son muchos los que acuden a una fuente limitada de energía (dada la inefectividad en su aprovechamiento) la concurrencia se hace inevitable. Esa concurrencia constituye el motor de la biosfera mediante el flujo energético entre sus diferentes miembros y niveles. Las combinaciones genéticas mejor adaptadas al medio tendrán mejores posibilidades de su copiado al obtener mayor energía a costa de las peor adaptadas y en la estructura jerárquica piramidal de la biosfera las combinaciones genéticas mas complejas serán alimentadas por las menos complejas. Genética y energía resultan asi las dos caras de un mismo y único proceso: a mejor ADN mas energía y a mas energía mejor copiado genético. Toda energía obtenida por el alimento, con excepción de los virus, terminará sin embargo convertida en una única y última molécula energética válida para todos, el ATP (trifosfato de adenosina).

Energía solar transformada en química y química ordenada bajo la dirección de ADN, generan una infinita multitud de formas interactuantes y en concurrencia mutua. El destino final de esa luz es por tanto uno y el mismo para todos los seres vivos (bacterias, hongos, plantas y animales), el ATP. La molécula universal que desde la mitocondria celular brinda incesantemente energía para todos los procesos, desde la formación de nuevas moléculas y la repoducción hasta el trabajo muscular y la generación del pensamiento

La vida, ese fenómeno único y enormente multifacético incorporante de incontables individuos, millones de especies y miles de sistemas ecológicos intregrados, resulta así un endiabladamente complicado, dinámico e increiblemente sofisticado proceso de transformación de la luz solar en ATP bajo la dirección del ADN. Un gigantesco sistema de traspaso energético dirigido a una creciente autoorganización de la materia La luz transformada en un sistema de progresivo orden.

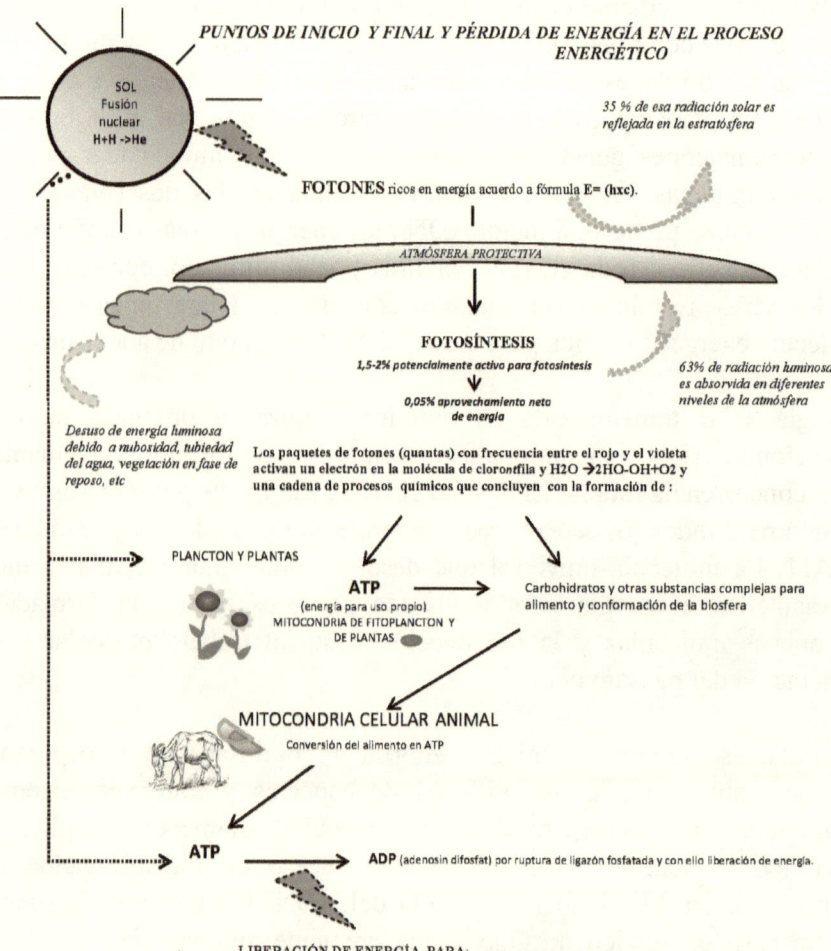

PUNTOS DE INICIO Y FINAL Y PÉRDIDA DE ENERGÍA EN EL PROCESO ENERGÉTICO

SOL
Fusión
nuclear
H+H ->He

35 % de esa radiación solar es reflejada en la estratósfera

FOTONES ricos en energía acuerdo a fórmula $E= (hxc)$.

ATMÓSFERA PROTECTIVA

FOTOSÍNTESIS

1,5-2% potencialmente activo para fotosíntesis

63% de radiación luminosa es absorvida en diferentes niveles de la atmósfera

0,05% aprovechamiento neto de energía

Desuso de energía luminosa debido a nubosidad, tubiedad del agua, vegetación en fase de reposo, etc

Los paquetes de fotones (quantas) con frecuencia entre el rojo y el violeta activan un electrón en la molécula de cloronffila y $H2O \rightarrow 2HO\text{-}OH+O2$ y una cadena de procesos químicos que concluyen con la formación de :

PLANCTON Y PLANTAS

ATP
(energía para uso propio)
MITOCONDRIA DE FITOPLANCTON Y DE PLANTAS

Carbohidratos y otras substancias complejas para alimento y conformación de la biosfera

MITOCONDRIA CELULAR ANIMAL
Conversión del alimento en ATP

ATP ⟶ **ADP** (adenosin difosfat) por ruptura de ligazón fosfatada y con ello liberación de energía.

LIBERACIÓN DE ENERGÍA PARA:
Trabajo mecánico (músculo estriado y liso): movimiento corporal, circulación, respiración
Formación de nuevas moléculas, incluyendo ADN, ARN, proteínas y nuevo ATP
Transporte molecular a través de membranas: digestión, respiración, etc
Trabajo nervioso (sensaciones, emociones, pensamiento)
Producción de calor./regulación de la temperatura corporal

Las mitocondrias son las centrales productoras de energía celular. Toda célula (vegetal, animal y los unicelulares como las bacterias) posee decenas o centenas de mitocondrias dispersas en su interior. La mitocondria transforma el alimento ingerido en ATP (trifosato de adenosina), molécula rica en energíay químicamente inestable. Cada vez que la célula requiere energía la mitocondria transforma ATP en ADP (difosfato de adenosina) con la consiguiente liberación de energía para uso celular.

Un ser humano en estado de reposo consume alrededor de 10.000.000 de moléculas de ATP por segundo (en un día ATP equivalente a su propio peso corporal). La combustión de una molécula de glucosa da lugar a 38 moléculas de ATP a través del metabolismo aeróbico

CAPÍTULO II

ENERGÍA A CUALQUIER PRECIO

En un paisaje natural donde la vegetación respira placidez, las flores lucen su belleza, los pájaros cantan, y a los animales los sospechamos viviendo sus pequeñas vidas con sus pequeñas preocupaciones, el mundo se nos antoja como un escenario de paz. Esa ilusión es sin embargo engañosa. En cada centímetro cuadrado de ese paisaje tiene en realidad lugar una permanente guerra, silenciosa y las mas de las veces invisible, pero no por ello menos guerra, la guerra por la energía.

Ese es el motor de la biosfera.

La concurrencia por la energía genera un flujo energético al interior la biosfera. Sin concurrencia no hay traspaso energético y sin traspaso energético no hay biosfera. La amenaza constante de los rivales y las adversidades del medio conducen a que el mas apto sobreviva y se reproduzca y el menos apto sucumba. El egoísmo, la inescrupulosidad, el oportunismo, el engaño y la emboscada están asi inevitablemente incorporadas al proceso. Escrúpulos y compasión conllevan solo el riesgo de convertirse expeditivamente en alimento del otro. Ya que la derrota en esa concurrencia implica lesión o muerte con, en los seres cerebrados, consiguientes dolor y pánico, esa lucha entre los seres mas avanzados no puede sino considerarse como despiadada. Este principio trasmina lo vital.

El canibalismo, el fratricidio e incluso el parricidio son parte del ciclo natural o al menos frecuentes en muchas especies primitivas. Entre los vertebrados, inclusive los mamíferos, es la cría mas egoísta y obstinada de la camada la premiada con mayores atención y alimento por parte de los progenitores. En la reproducción es el portador de los mejores genes el que mejor se reproduce. Equidad, justicia y compasión le son ajenas a la biosfera. Es recién en las especies evolucionariamente mas modernas (o, lo que es lo mismo, con un cerebro mas desarrollado), los primates, donde se observan algunos signos de altruismo (chimpancés, capuchinos y bonobos) aunque un abierto desafío a la regla es solo observable en la especie humana.

La fotosíntesis como método de captación energética tiene una antiguedad de 2500 millones de años, es decir mill millones de años después de la aparición de las primera formas de vida cuyas características son en gran parte desconocidas. Los datos disponibles señalan que la vida, una vez establecida, estuvo dirigida a la concurrencia basada en tres estrategias básicas: depredación (supervivencia propia basada en el daño o la muerte del otro), carroñería (utilización para uso propio de los restos dejados por el depredador) y parasitismo (aprovechamiento de los esfuerzos de los dos anteriores).

Sólo los organismos autótrofos, las plantas y el fitoplancton, tienen acceso a una energía directa solar pero dada su baja capacidad de aprovechamiento de esa energía se da también entre ellos una concurrencia mutua. El hecho de ser estos la fuente de energía de los heterotrófos genera automáticamente una rivalidad mutua. En los organismos heterótrofos, los animales, incapaces de usar directamente la energía solar, esa obtención energética está asociada a mayores esfuerzos, agresividad y riesgos con el frecuente resultado de la muerte ajena o propia en el proceso. La búsqueda de energía centra así la absoluta mayor parte de los esfuerzos y atención de todo lo vivo, autótrofo y heterótrofo, siendo también el factor mas importante para el desarrollo de sus cualidades y habilidades. En el caso del animal cerebrado esta función excede la sola obtención del alimento y de protección para generar también gratificaciones de orden emocional y diversas formas de camaradería y rivalidad con sus respectivas estructuras jerárquicas, es decir que determina lo social.

Las plantas, con excepción de las aproximadamente 500 especies depredadoras conocidas que se alimentan de insectos y moluscos pequeños, muestran estrategias algo más defensivas que ofensivas (espinas, substancias tóxicas, etc.). Esa defensa muestra una sofisticada astucia. El eucalipto, por ejemplo, segregará aceites aromáticos tóxicos para otras plantas contaminando el suelo y alejando a los concurrentes, los pinos atacados por el pulgón de hoja segregarán aromas atractivos para la mariquita para quien el pulgón de hoja es su plato favorito. Mientras los animales herbívoros ejercen solo una violencia parcial sobre las plantas la estrategia de los animales depredadores es siempre ofensiva y asociada a una abierta violencia. Los mecanismos defensivos y ofensivos muestran consecuentemente una incalculable variedad e "inventiva" como las corazas duras protectivas de la tortuga, la ostra, la almeja o el armadillo, una vida mayormente oculta y subterránea como la de los roedores, pezuñas duras y velocidad en la huida como en la gacela, el antílope o el avestruz, camuflajes perfectos como en muchos reptiles y un sinnúmero de insectos y moluscos, venenos altamente tóxicos como en las serpientes, abejas, avispas, escorpiones, algunas medusas y peces, garras y colmillos como en los felinos, descargas eléctricas como en la anguila y el pez raya, substancias malolientes como en el zorrino, espinas punzantes como en el puercoespín y el erizo de mar, dientes filosos como en el tiburón y la piraña, etc.

Algunas estrategias son diabólicamente elaboradas. Los virus, carentes de capacidad reproductiva propia, penetran a las células a las cuales modificándoles su código genético las obligan a fabricar virus con el resultado de la muerte celular. Algunas bacterias engañan a las amebas penetrándolas bajo el disfraz de mitocondrias para reproducirse a su interior y a manera de caballos de Troya destruirlas en el momento oportuno. Otras bacterias se esconden al interior de las células de los organismos pluricelulares protegiéndose asi de los anticuerpos o cambian periódicamente su estructura química externa para desorientar a los sistemas de defensa del organismo atacado. El cangrejo eremita lleva eventualmente en su espalda una rosa marina cuyas terminales venenosas lo protegen contra sus enemigos. El molusco *Aelidia papillosa* se alimenta de medusas provistas de células venenosas a las cuales este es inmune y que pasando intactas por su intestino llegan a su piel donde le sirven de defensa. La medusa mediterránea *Physalia physalis* contrae sus tentáculos de hasta 30 metros de longitud en busca de su víctima que una vez localizada recibe inmediatamente la inyección de cientos de miles de las células venenosas de cada tentáculo. La medusa *Chironex fleckeri* de las costas australianas posee un veneno tan efectivo que puede matar a un hombre en apenas 30 segundos. El pez raya látigo, *Dasyatis pastinaca*, que se camufla bajo la arena del fondo del mar, cuenta con una púa venenosa en la cola y es capaz de producir en la boca descargas eléctricas de 200 voltios. Varias especies de peces de la familia *Scorpaenidae* tienen el cuerpo cubierto de espinas altamente venenosas. El escarabajo bombero lanza pequeñas bombas calientes a su alrededor como producto de dos glándulas que aportan cada una con una sustancia diferente, una hidroquinona y agua oxigenada, que unidas al tiempo del disparo dan lugar a un líquido irritante que alcanza la temperatura de 95 grados centígrados. Ciertas arañas de Sudamérica, Australia y África fabrican con su secreción un hilo largo provisto en su extremo de una bola pegajosa con la que golpean a sus presas que quedan pegadas a la bola. La araña *Scystodes thoracica* escupe a distancia hilos viscosos y venenosos que inmovilizan a la victima. Camaleones como el *Chamaeleo Jacksonii* desenrollan su lengua pegajosa a decímetros de distancia en centésimas de segundo para apresar a los insectos y un pez amazónico dispara chorros de agua hasta 3 metros de altura provocando la caída de los insectos en los árboles de la orilla que le sirven de alimento. La creatividad ofensiva y defensiva en la biosfera es prácticamente ilimitada.

Otras estrategias son sencillamente macabras. El canibalismo es práctica bastante común entre los arácnidos, los insectos, los moluscos y algunos reptiles, con el caso mas llamativo (aunque de ninguna manera el único) de las arañas comúnmente llamadas "viudas negras" ((*Latrodectus mactans, Latrodectus hesperus* y otras del género Lactrodectus) para quienes el amante a tiempo de la copulación constituye su plato favorito. Que los progenitores devoren a sus descendientes es observable incluso en los vertebrados como ciertos tipos de peces. En el tiburón tigre se observa el fenómeno de hermanos que se comen entre si ya al interior del útero materno. Algunas avispas inyectan su veneno paralizante en una araña para depositar en ella sus huevos de manera que las larvas recién nacidas puedan comerse a la araña todavía viva. Otras estrategias son abiertamente "delictivas" como la de otro tipo de avispa que observando el trabajo de la anterior espera que su colega haya dejado sus huevos en la araña para luego muy suelta de cuerpo depositar sus propios huevos cuyas larvas al nacer antes tienen acceso a un doble banquete, la araña y los huevos depositados por la primera avispa. El pájaro cuclillo deposita a hurtadillas su huevo en el nido de la alondra la que sin percibirse del engaño lo empolla como propio. El pichón invasor, al nacer antes que el legítimo, hecha del nido el huevo de la alondra quedando como único heredero del nido. El pájaro dicrúrido que cohabita con el mamífero suricata en Botswana y Sudafrica acompaña a este en su cacería a la espera de que este obtenga una presa momento en que el pájaro imita el ladrido de peligro del rebaño del suricata induciéndolo a la huida quedando asi con la mesa servida sin esfuerzo, etc. La variedad de estrategias, de mayor o menor astucia y mas o menos "delictivas", supera toda fantasía.

En los unicelulares, a diferencia los pluricelulares donde el factor saciedad actúa como limitante, energía y reproductividad se entrelazan en un mismo proceso mostrando una total insaciabilidad.energética. Todo unicelular, como las bacterias, está programado para copar el mayor espacio vital posible mediante la clonación. Bacteria que no se clona muere. Integridad orgánica, acaparamiento energético y reproducción son así uno y el mismo proceso, tan ciego y demandante que es llevado a cabo aún a riesgo de la muerte del huésped y con ello, a largo plazo, la muerte del mismo unicelular. Cualquier cepa bacteriana dejada a su propio impulso consumista /reproductivo, en condiciones óptimas de disponibilidad energética y sin la concurrencia de otras especies, no tardaría más que unos pocos meses en cubrir todo el planeta Tierra con una cubierta bacteriana de varios metros de espesor. Esa desbocada expansión consumista no conoce más freno que los competidores o el agotamiento energético del medio. Los seres unicelulares de la misma especie como las bacterias y los hongos al tener todos un material genético idéntico no pueden considerarse individuos distintos sino mas bien el mismo individuo en diferentes copias. Algunas plantas que se reproducen por clonación donde la planta hija no es sino una prolongación del organismo madre o sea el mismo organismo en otro lugar muestran también un impulso acaparatorio ilimitado similar al de los unicelulares.

En los pluricelulares de reproducción sexual donde los descendientes cuentan ya con materiales genéticos distintos tanto entre si como con los progenitores y donde ya se puede hablar de verdaderos individuos (como es el caso de los vertebrados), ese acaparamiento energético se encuentra limitado por la saciedad, por la oferta del medio y por la concurrencia al interior de la especie y con otras especies. Los descendientes de la misma camada concurrirán mutuamente ya antes o apenas abran los ojos. El mas apto dentro de la camada acaparará para si las mayores ventajas maximizando su propia supervivencia y garantizando la calidad de la especie. Dado que ya se trata de animales con diversas alternativas conductuales la cacería energética, estimulada por el hambre y limitada por la saciedad, estará asociada a una interacción social y a una emocionalidad. Los métodos de obtención energética serán también más complejos. Mientras al coral marino le basta con filtrar el plancton animales depredadores como el chacal, el tigre o el delfín estarán obligados a estrategias sofisticadas y demandantes de mas tiempo, esfuerzos, riesgos y, frecuentemente, de la cooperación de sus congéneres. La ambición acaparatoria ilimitada observable en los unicelulares o en pluricelulares inferiores de reproducción asexual (o de reproducción sexual pero con similitud genética casi total como es el caso de las hormigas y las abejas), se encuentra por tanto, en los seres mas avanzados de reproducción sexual, inhibida por las razones anotadas. Evolucionariamente, es primero en el hombre que esa ambición acaparatoria energética ilimitada hace su reaparición.

Esa lucha por la energía absurdiza toda posibilidad de supresión de la concurrencia ya que ello implicaría el detenimiento del flujo energético al interior de la biosfera. Así como seria absurdo esperar que las bacterias, los hongos, los protozoos y los virus actúen con consideración para sus víctimas igual de absurdo resulta que el tigre sienta compasión cuando estrangula a una gacela, la serpiente cuando se devora a un cobayo todavía vivo o el granjero cuando degüella un cerdo para su comida. Entre los vertebrados, y en esa impasible inmisericordia que rige en la biosfera, son solo los carroñeros los exentos de violencia contra otro ser vivo para su alimento. En el caso humano son sólo las dietas láctea y vegetariana (parcialmente) las que llenan ese requisito.

LA NECESARIA COOPERACIÓN

Sin cooperación no hay biosfera. Los ciclos de los 4 elementos básicos conformantes de las moléculas orgánicas (C, N, O e H) requieren de una cooperación estrecha entre lo unicelular y lo pluricelular. Sin los autótrofos no hay producción de carbohidratos y de oxígeno, ni metabolismo aeróbico. Sin las bacterias fijadoras del nitrógeno atmosférico y la descomposición de la moléculas complejas es imposible la producción de proteínas para las formas pluricelulares mas avanzadas (la actividad unicelular responde por el 50% de la materia orgánica producida en la biosfera). El ciclo clásico de sol a pasto, pasto a gacela, gacela a león y animales carroñeros, y de ahí a las moscas y los gusanos y, finalmente, los unicelulares que cierran el ciclo, es imprescindible. La evolución, de hecho, constituye un gigantesco edificio cooperativo. El paso del procariotismo (células primitivas anucleadas como las bacterias) al cariotismo (células nucledas) y de ahí a la formación de seres provistos de tejidos y órganos cada vez mas complejos, supone una creciente cooperación organizativa.

Esa cooperación adquiere a nivel puntual una diversidad prácticamente infinita. A veces se trata de más de dos o mas organismos tan íntimamente integrados que su identificación individual es casi imposible. Este es el caso de la *Mycotrichia paradoxa* que vive como huésped del intestino de las termitas australianas y se encarga de descomponerle a esta la celulosa vegetal ingerida y usable, entre otras cosas, para la construcción de su hormiguero. Al microscopio electrónico esa mychotricia se muestra compuesta por tres organismos diferentes: la (llamemosla asi) mycotricia en si, una cierta cantidad de bacterias de la familia de las espiroquetas adheridas a su membrana formando flagelos y, en el protoplasma de la mycotricia, una cantidad de bacilos que actúan como mitocondrias productoras de energía. En los líquenes (simbiosis de algas y hongos) las algas aportan con la síntesis de material orgánico mediante la fotosíntesis y los hongos con la captación de agua del aire atmosférico. Otras formas de cooperación suceden con respecto a la individualidad pero generando tal grado de interdependencia que la ausencia de uno implica el decaimiento o la muerte del otro. Este es el caso de micorriza entre plantas y hongos donde los filamentos de los hongos aumentan la superficie de absorción de las raíces vegetales a tiempo que se aprovechan del material orgánico de la raíz o la de las bacterias intestinales de los vertebrados (incluyendo el hombre) que le descomponen al animal el alimento ingerido obteniendo ambos así su energía o la de los corales marinos que ofrecen apoyo a las algas que aportan al coral con alimento mediante la fotosíntesis.

Muchas hormigas se alimentan no de los vegetales en si sino de los pulgones de la hoja a los cuales los inducen a ceder la savia dulce que contienen mediante caricias con sus antenas. Esas hormigas juntan los huevos del pulgón en el otoño, los guardan en el hormiguero durante el invierno trasladándolos de vuelta a los vegetales en la primavera garantizándole así al pulgón su supervivencia y a si mismas su alimento. Otras hormigas cultivan hongos llevando pedacitos de hoja a su hormiguero pero no como alimento propio sino para masticarlos y mezclarlos con su saliva produciendo una masa donde siembran y cultivan hongos que son su verdadero alimento. Muchas plantas aportan con su fruto como alimento de animales los cuales diseminan la semilla en su defecación y otras brindan alimento a los insectos en sus flores a cambio de polinización. En otros casos ese mutualismo es solo circunstancial como la de los pájaros que acompañan a mamíferos grandes como el rinoceronte, la jirafa y el búfalo africanos y los peces pequeños que acompañan a los grandes liberando a esos animales grandes de sus parásitos en la piel y obteniendo asi su alimento.

Formas totalmente "involuntarias" de cooperación, conocidas bajo el nombre de comensalismo, se observan en multitud de variantes como la de los animales grandes que a su paso por la maleza espantan a los insectos para provecho de los pájaros o la de los animales arbóreos que dejan caer restos vegetales para comida de los animales vegetarianos no trepadores o la de los delfines de las costas africanas que desorganizan el elusivo banco de sardinas haciéndolo mas vulnerable no solo para ellos sino también para los tiburones y albatroces. En el ciclo energético los depredadores hartados dejan los restos de sus presas para alimento de los carroñeros y su defecación alimenta involuntariamente a moscas, gusanos, hongos, ácaros, bacterias, etc. En otras palabras la naturaleza está poblada de infinidad de formas cooperativas y solidarias, absolutamente obligatorias en términos del sistema y cuyo objetivo en términos individuales no es otro que la maximización de la ventaja propia.

En esa cooperación entre especies e individuos cada parte alimenta y es alimentado por el otro en un círculo que permite y sustenta su desarrollo. Sin concurrencia no hay biosfera, sin cooperación se sucumbe a la concurrencia. La biosfera es por tanto un gigantesco sistema de cooperación guerrera o de guerra cooperativa, siendo ambos, guerra y cooperación, indispensables para su flujo energético. La detención de ese flujo implica el colapso del sistema.

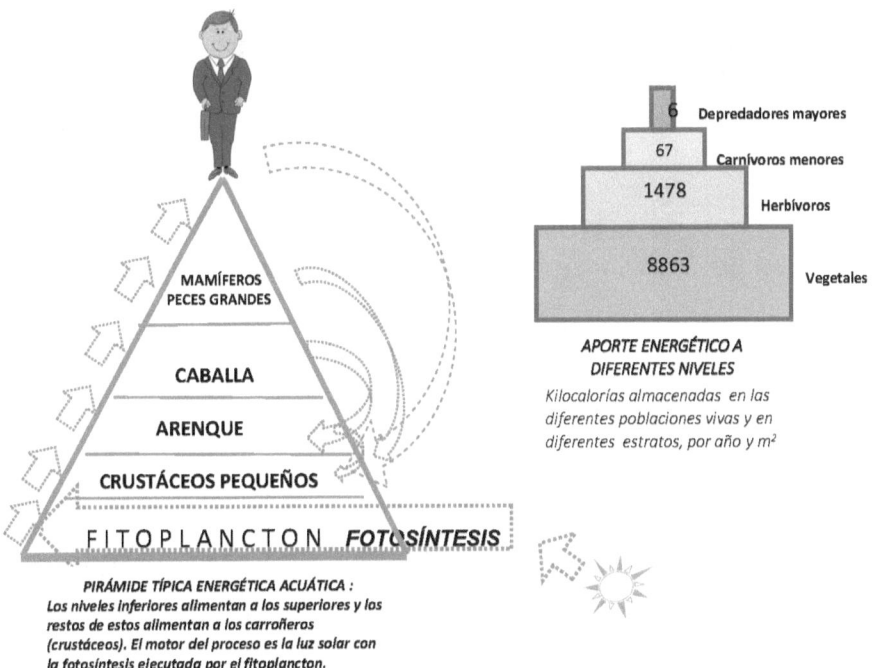

MAMÍFEROS
PECES GRANDES

CABALLA

ARENQUE

CRUSTÁCEOS PEQUEÑOS

F I T O P L A N C T O N *FOTOSÍNTESIS*

PIRÁMIDE TÍPICA ENERGÉTICA ACUÁTICA :
Los niveles inferiores alimentan a los superiores y los
restos de estos alimentan a los carroñeros
(crustáceos). El motor del proceso es la luz solar con
la fotosíntesis ejecutada por el fitoplancton.

6 Depredadores mayores
67 Carnívoros menores
1478 Herbívoros
8863 Vegetales

APORTE ENERGÉTICO A
DIFERENTES NIVELES
Kilocalorías almacenadas en las
diferentes poblaciones vivas y en
diferentes estratos, por año y m²

La biosfera convierte al planeta Tierra en un inmenso escenario de una asombrosa armonía cooperativa energética y conductual en cuyo interior cada unidad juega compulsiva y permanentemente una multitud de partidas con la propia vida como apuesta. Un mega-circo romano dotado del mismo dramatismo, inmisericordia y violencia que la lucha a muerte de los gladiadores antiguos pero sin multitudes que vitoreen a los combatientes ni un César con capacidad de indulto al perdedor. Porque el combate de la naturaleza que tiene lugar a cada segundo y en cada milímetro cuadrado del planeta (mayormente en el mar y a nivel microscópico) sucede en el silencio del anonimato donde no vale ningún indulto sino el principio simple y brutal de la propia supervivencia. El perdedor abandona el campo de batalla borrado de la faz de la Tierra. El vencedor continua la partida por un tiempo mas gracias a la energía cedida por el perdedor en una estructura piramidal donde los estratos más básicos ceden su energía a los superiores y estos, mas tarde, se la devuelven a los inferiores. Ese proceso como totalidad implica el traspaso de trillones de kilocalorías por segundo entre los sistemas e individuos. De la energía total cedida por el perdedor es aproximadamente un 10%

que viene a convertirse en sustancia biológica para el ganador siendo el 90% restante invertido en "gastos administrativos" en forma de trabajo mecánico, eléctrico, térmico, químico, osmótico y, en el caso de las especies cerebradas, mental dirigido a la generación de nuevas estrategias de defensa y ataque en un círculo vicioso sin fin.

EL MOTOR DE LA BIOSFERA:
LA LUCHA DE TODOS CONTRA TODOS Y LA COOPERACIÓN DE TODOS CON TODOS

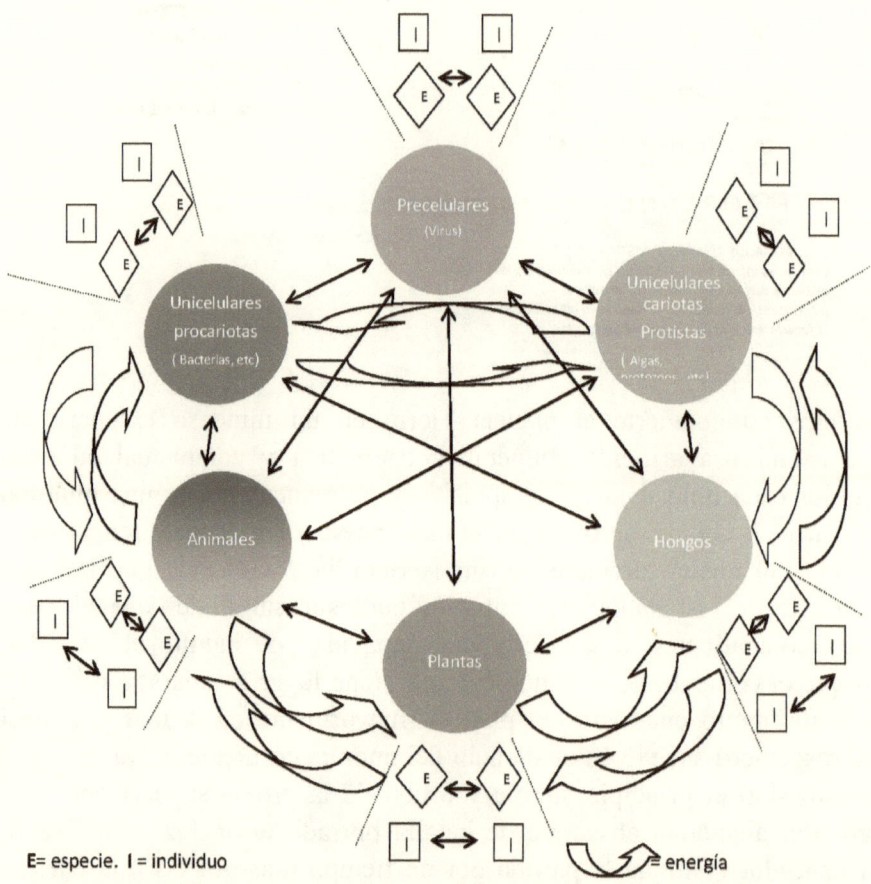

E= especie. I = individuo   = energía

La concurrencia y la cooperación entre y al interior de los 6 diferentes reinos garantiza el flujo energético al interior de la biosfera En las especies donde sus miembros cuentan con un material genético idéntico (como es el caso de las bacterias y algunas plantas que se reproducen por clonación) no hay concurrencia mutua ni se puede hablar de "individuos". La concurrencia mutua individual al interior de la especie supone una diferencia genética entre sus miembros. La cooperación entre especies e individuos esta dirigida exclusivamente a potenciar la supervivencia individual . *El rol de los virus es únicamente el de vectores de material genético y no están incorporados al flujo energético.*

CAPÍTULO III

LA PROTECCIÓN DEL ORDEN PROPIO

La regla mas básica de la biosfera es simple: protégete a ti mismo y protegerás el sistema. Cada organismo, desde los virus hasta el hombre, la obedece ciegamente. Esta regla está incorporada a su ADN.

Ya los virus, a pesar de su extrema simplicidad (unos pocos genes rodeados de una cubierta proteica o proteica-lipídica), su pequeñez (unas mil veces menor que una célula) y su no necesidad de energía, muestran esa obediencia. Los apéndices de su cubierta actúan como radares químicos detectando las células correctas a la cuales infectar actuando luego estos como llaves químicas de apertura de la membrana celular. Una vez dentro de la célula introducen su propio código genético en el de la célula de manera que esta fabrique virus en lugar del material propio con el resultado de cientos o miles de copias virales y la muerte celular. La debilidad de su alto grado de especialización (cada tipo de virus puede invadir solo cierto tipo de células) es compensada con el número astronómico de copias de si mismo a tiempo de la infección. Esa autoprotección incluye su diseminación a través de síntomas en el organismo infectado (tos, vómitos, diarrea, etc), de vectores como los insectos o de mecanismos químicos dirigidos a engañar a los sistemas inmunológicos como ocultamiento de su propio código genético, degradación química de las proteínas de defensa del infectado, cambio periódico de su envoltura, etc

La célula es funcional y estructuralmente muchísimo mas compleja que el virus y dependiente de un suministro energético. Posee un código genético mucho mas grande, tiene un citoesqueleto de sostén, ribosomas para fabricación de proteínas, mitocondrias para la producción de su energía, sistemas de transporte y de eliminación de sus deshechos, etc. o sea que es una fábrica altamente avanzada de producción de proteínas.

Una vez identificada la amenaza (sequedad, exceso de humedad, bajas o altas temperaturas, radiación, substancias tóxicas, otros organismos, etc) la respuesta inicial de la célula será de huida. Si se encuentra impedida de hacerlo mandará una señal de advertencia desde su membrana al ADN nuclear (transducción) que activará los genes mas aptos para una respuesta adecuada (translación) mediante la formación de "proteínas de estrés" neutralizantes de la amenaza.

Las células autónomas o seres unicelulares como las bacterias basan además gran parte de su defensa en su reproducción compartiendo con los virus el principio de que a mas copias haga uno de si mismo mayores las probabilidades de supervivencia en alguna de ellas. Sus estrategias de ataque muestran una infinita variedad dependiendo de la especie y situación (diferentes toxinas, diferentes cubiertas protectoras, ocultamiento al interior de otras células, diferentes ciclos en diferentes anfitriones o en diferentes órganos, cooperación con otras especies, etc)

En la célula integrante de los organismos pluricelulares estos mecanismos básicos (neutralización del estresor mediante proteínas de estrés y/o huida) son igualmente válidos. Sin embargo puesto que esa célula es solo una parcialidad incorporada a una totalidad orgánica la huida le está fuertemente limitada quedandole en la práctica solo accesible la del enfrentamiento al agresor. En caso de fracaso, y si no sucumbe a la acción del mismo agresor, la célula dañada y por ello ya no funcional activará sus mecanismos de suicidio (apoptosis) como una forma de sacrificio a la totalidad orgánica o será desintegrada y eliminada por otras células especializadas para el caso.

REACCIÓN CELULAR A LA AMENAZA

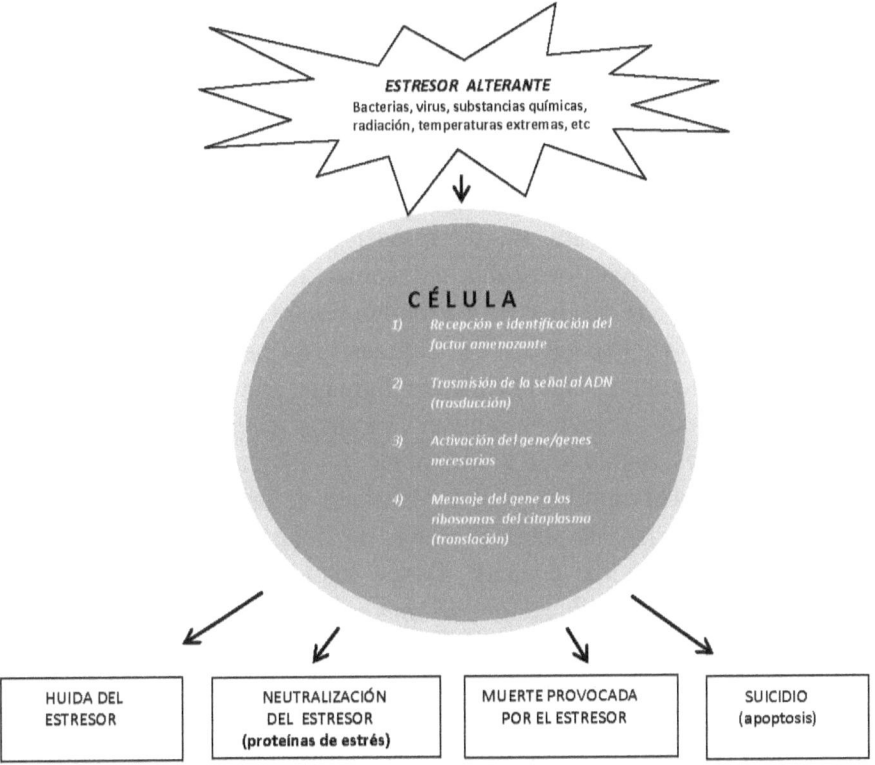

Mecanismo común *de* defensa de toda célula, tanto autónoma como integrante de un organismo multicelular. Su expresión en los diferentes tipos de células adquiere obviamente una enorme variedad. A diferencia de lo unicelular que cuida solo de si mismo la célula del organismo pluricelular actúa en función del organismo como totalidad y asi el suicidio es solo atributo de esta. La señal de alarma procedente de la membrana actva genes usualmente inactivos los cuales instruyen a los ribosomas para la fabricación de las proteina de estrés,

En las plantas su pluricelularidad convierte esa autoprotección en un proceso mas complejo expresado fundamentalmente en el geotropismo de sus raíces hacia los nutrientes y en el fototropismo de su tallo y ramas hacia la luz. El ácido indolacético (emparentado químicamente con la serotonina, substancia responsable en el hombre de sus estados de ánimo) funciona a manera de hormona activando el crecimiento con un comportamiento agresivo hacia los competidores. A mayor cantidad de ácido indolacético mayor el crecimiento de la planta y mayor su agresividad. La testosterona vegetal. Doce genes gobiernan la producción de pigmentos carotinoides de orientación hacia la luz regulando también su metabolismo a los cambios de día y noche y las estaciones del año.

Toda planta luchará a muerte con las otras plantas competidoras por el mismo espacio vital y contra los insectos, virus, bacterias y hongos que la ataquen. Pero también cooperará con otras plantas que le son aliadas, con los insectos que la polinizan y protegen y con los hongos y bacterias que le son de utilidad. En todo su aparente y tranquilo pacifismo las plantas actúan con la misma desaprensión e instinto combativo que cualquier otro ser vivo: formación de espinas, producción de substancias tóxicas, bloqueo de la luz a los competidores, etc. Acelerada unas 200-300 veces la expansión de algunas especies vegetales esta se asemeje a cualquier operación militar humana con patrullas de avance y reconocimiento, quintacolumnistas, bloqueo energético al enemigo, armas mecánicas, bombardeo químico, etc. Su adaptabilidad adquiere una inmensa diversidad como la pérdida temporal de las hojas para aminorar la sequedad invernal, la total ausencia de hojas en caso de sequedad permanente (como los cactus), flores llamativas para los insectos favorecedores de su polinización, aromas putrefactos como es el caso de las plantas carnívoras, parasitismo en otras especies vegetales como las orquídeas, etc. El uso de las experiencias anteriores para el modelamiento de su conducta, implica ya alguna forma de procesamiento informativo y una, si bien simple y extremadamente limitada, memoria.

REACCIÓN VEGETAL A LA AMENAZA

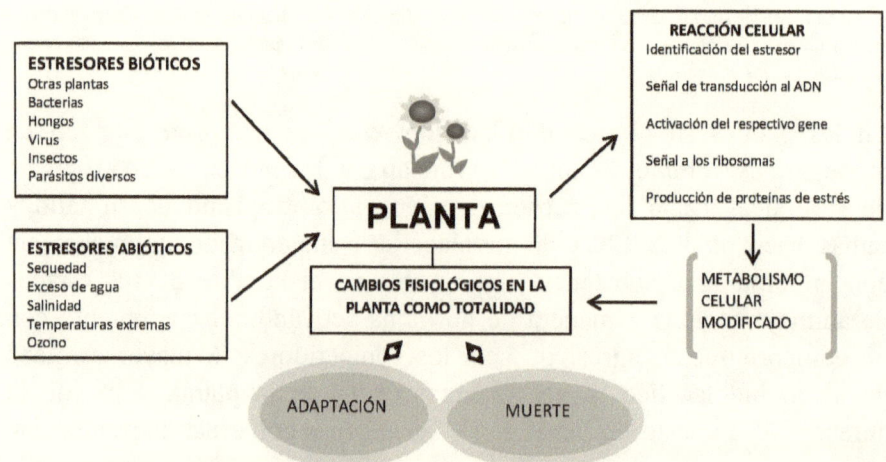

La defensa animal: sensación y emoción

Durante 3 billones de años la biosfera fue ciega, muda, sorda, quieta y aburrida. No tiene gracia producir colores que nadie ve ni sonidos que nadie escucha. La neurona conllevaría la mas grande revolución en la biosfera des pue´s del cariotismo y l sexualidad al llrnarla de movimiento, sensaciones y emociones provocando simultáneamente la emergencia de los colores y sonidos. La biosfera pasa asi de un sistema de puro y fundamentalmente intercambio energético a ser además un sistema de intercambio percepcional y emocional. Esa transmisión informativa percepcional y emocional mediada por la neurona irá también tomando progresivamente el comando de su desarrollo posterior como sistema. Tres cambios dramáticos evolucionarios son producidos por la neurona:

1) **La comunicación al interior del organismo y de este con su entorno pasa de química a electroquímica** con el consiguiente enorme aumento en la velocidad reaccional. La reacción vegetal o de una ameba medible en minutos u horas se reduce en los animales neuronados a décimas de segundo.

2) La introducción de la **percepción**, la **sensación** y, mas tarde, la **emoción** en la interacción individuo-entorno. La biosfera pasa a ser sensitiva y emocional con una progresiva introducción del placer y el dolor mas tarde complementados con las emociones del miedo, la rabia, la atracción sexual y otras mas subtiles. La captación energética y la defensa de la integridad adquieren asi un creciente carácter placentero-punitivo y una interacción social.

3) El progresivo **almacenaje de la información** (memoria) y de su **procesamiento** (raciocinio)

Los artrópodos de aparición hacia el final del Precámbrico (hacen 550 millones de años atrás) o inicios del Cámbrico fueron probablemente los primeros seres neuronados. En ese periodo se dio una explosión de las formas vitales en el planeta y el paso decisivo de la unicelularidad hacia los primeros seres con tejidos y órganos rudimentarios. A la evolución le tomó por tanto algo así como 3000 millones de años el producir una célula que trabajara eléctricamente. Una batería biológica microscópica capaz de producir su propia electricidad, de mandar sus impulsos eléctricos seriados a través de conexiones largas (axones) y de recibir los de las otras neuronas mediante apéndices cortos (dendritas).

La sensación será a partir de entonces el mecanismo regulador de la conducta animal. Ya en animales con un sistema nervioso rudimentario y un embrión de cerebro, como es el caso de los moluscos, se observa una respuesta rápida al estímulo. En los insectos el impulso hacia el alimento y la pareja copulatoria les es irresistible aunque, dadas sus enormes limitaciones en el procesamiento informativo, eso los pueda llevar a la muerte (algo que las plantas depredadoras lo usan con frecuencia). Dada su enorme y fácil fertilidad el factor placer resulta absolutamente determinante con una ausencia de dolor (los insectos, al igual que los moluscos, carecen de receptores para el dolor) y de miedo explicante de su frecuente actitud suicida. De igual manera su respuesta a la amenaza, si bien muchas veces veloz pero simple y estereotipada, será ya sea de huida o ataque con variaciones dependientes mas de la especie que del individuo y de las circunstancias (por ejemplo la mosca doméstica huirá siempre mientras algunas especies de avispas tenderán al ataque).

En los vertebrados, dada su menor reproductividad y mayor complejidad orgánica, la potenciación del placer y la introducción del dolor y de las emociones primarias del miedo y de la rabia se tornan necesarias. Los nociceptores, receptores especializados en el registro del dolor (estímulos lesionantes mecánicos, térmicos y químicos) se hacen primeramente observables en algunos invertebrados y en los peces de esqueleto calcáreo como la trucha y el salmón. Su estímulo provoca el reflejo inmediato de huída del organismo de la fuente del dolor desencadenando simultáneamente una cascada de eventos reparativos. Ese dolor, en los peces, no se encuentra sin embargo todavía asociado a una vivencia emocional la que, todo indica, emerge recién en los animales evolucionariamente posteriores. El miedo, íntimamente vinculado al dolor en los vertebrados mas avanzados, actúa como mecanismo protectivo ante un peligro no solo actual sino también potencial resultando así un mecanismo que ya supone un enjuiciamiento al futuro. Si el placer actúa como premio al esfuerzo del vivir el dolor y el miedo lo hacen como mecanismos protectivos.

La producción de organismos complejos le exige a la biosfera mas tiempo y energía (es más fácil fabricar moscas o langostas que pájaros o elefantes) y con ello un menor despilfarro y una mayor protección de los mismos. Si bien la biosfera en aras a la selección es enormemente derrochadora (en las mas de la especies sólo una minoría de los nacidos llega a la edad reproductiva), la mortalidad, en términos absolutos, es muchísimo menor en las especies avanzadas. El acople entre manutención de las funciones vitales y placer asi como entre negligencia y dolor o malestar se inicia asi en las especies mas avanzadas (algo muy visible a partir de los pájaros) ya en el recién nacido. La calidad e intensidad de esas sensaciones gratificantes y punitivas aumentará en forma correlativa al grado de maduración individual y a la complejidad orgánica alcanzada por la especie. A mayor complejidad mayor la retribución y mayor el castigo del sistema al individuo. La regla para las especies cerebradas es simple: o te cuidas y lo podrás pasar bien o te descuidas y lo pasarás inevitablemente mal. Y toda rebeldía, así sea esta pasiva, sucederá al precio de hambre, sed, dolor, miedo, angustia o alguna otra sensación desagradable.

Todo indica que en los mamíferos mas desarrollados como los felinos, los caninos, los primates y otros además del placer, del dolor y de las emociones primarias de miedo y rabia, se da lugar a emociones mas complejas como contento, frustración y tristeza. El premio y el castigo químicos garantizan así en estos organismos el cuidado de si mismos y consiguientemente el funcionamiento del sistema. Consecuentemente la especie organizatoricamente mas compleja, la humana, es también la mas obligada a cuidar de si misma, la con mayor capacidad para sentir placer y felicidad y la mas equipada para sentir dolor y aguantar el sufrimiento.

El miedo y la rabia observables ya con toda evidencia a partir de los pájaros se hacen mas notorios en los anfibios y en los mamíferos conformando una sola secuencia automática de sorpresa-miedo-rabia mediada por estructuras cerebrales y substancias químicas específicas. Este mecanismo, de una automaticidad idéntica a la maquinal, responde a algoritmos estructuralmente fijos y coercitivos pero, simultáneamente, altamente adaptables a las circunstancias. La lesión física, en otras palabras, provocará siempre dolor, la amenaza a la integridad despertará siempre miedo y el ataque de defensa contra el factor amenazante estará siempre mediada por la rabia. Pero a diferencia de lo maquinal y sus rígidos componentes electromecánicos los componentes electroquímicos biológicos poseen una alta capacidad adaptativa otorgante a la secuencia reaccional de sorpresa-miedo-rabia una gran diversidad dependiendo de las circunstancias y del factor desencadenante.

Los automatismos cerebrales enjuician el peligro en décimas de segundos con una evaluación inmediata del riesgo y de las posibilidades propias para la defensa y, consecuentemente y dependiendo de las circunstancias y del temperamento, la intensificación ya sea del factor miedo (huida) o rabia (ataque). Si en la secuencia de sorpresa-miedo-rabia el miedo no logra activar la rabia el resultado será la huida. En los humanos, gracias a su mayor memoria, la rabia podrá emerger recién después de la huída y cuando el peligro ha pasado. Un pánico intenso podrá generar también en algunos animales una parálisis o muerte ficticia eventualmente asociada a la emisión de un olor putrefracto destinado a engañar al atacante. El resultado final, ya sea el de la huída o el del ataque, generará una sensación de placer asociado al éxito y de malestar en caso de fracaso. Si el fracaso es total el resultado podrá ser sencillamente la muerte.

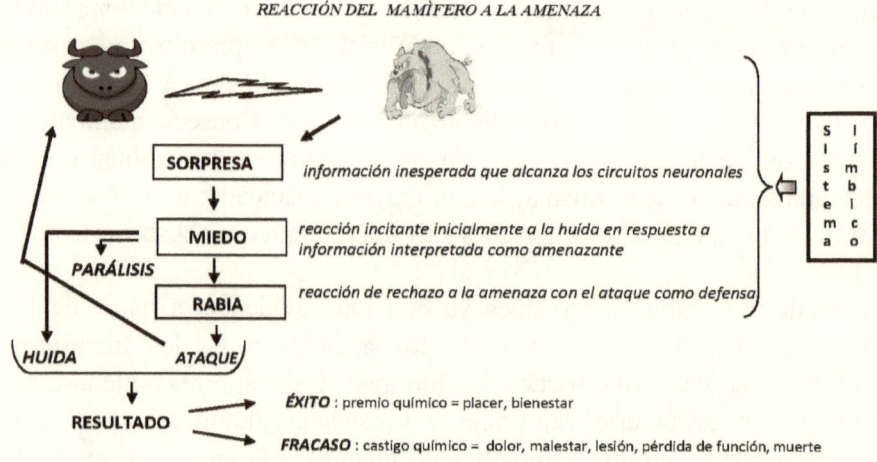

REACCIÓN DEL MAMÍFERO A LA AMENAZA

SORPRESA — *información inesperada que alcanza los circuitos neuronales*

MIEDO — *reacción incitante inicialmente a la huída en respuesta a información interpretada como amenazante*

PARÁLISIS

RABIA — *reacción de rechazo a la amenaza con el ataque como defensa*

HUIDA   ATAQUE

RESULTADO — ÉXITO : premio químico = placer, bienestar

FRACASO : castigo químico = dolor, malestar, lesión, pérdida de función, muerte

Sistema límbico

Sin riesgo a la integridad personal no hay rabia. La amenaza mas inmediata es también la provocante de una agresividad mas destructiva. La agresividad mas controlada del depredador sobre su presa responde a la mas lenta señal de alarma del organismo sobre su necesidad de energía (hambre). La agresividad entre machos por los favores de la hembra y la de los progenitores en la defensa de sus crías obedece obviamente al riesgo de pérdida de la continuidad del programa genético propio. Otras formas de agresividad, en los animales avanzados, tienen que ver con la integridad emocional como el respeto a la jerarquía dentro del grupo.

Esa secuencia reaccional automática tiene su base en los estratos cerebrales evolucionariamente mas antiguos de los vertebrados:

> **El sistema límbico**: que incluye el hipotálamo, el cuerpo mamilar, el hipocampo y la amígdala.

> **La glándula hipófisis**: centro regulador de las hormonas mas importantes, incluyendo las sexuales y las del estrés, bajo la dirección hipotálamo.

> **El pedúnculo cerebral**: centro de la respiración y la circulación.

Estos, a su vez, dirigen el **sistema nervioso autónomo** regulador de funciones como la frecuencia cardiaca, la presion arterial, la contracción o relajación de los vasos sanguíneos, la erección del pene, la secreción vaginal, etc. que optimizan al individuo para ya sea el ataque, la huída o la actividad sexual.

Estas estructuras actúan mediante substancias químicas fisiológicamente poderosas como la adrenalina, el cortisol y las endorfinas. Bastan unos miligramos, o incluso microgramos, de esas substancias para provocar cambios dramáticos fisiológicos y de conducta. La amígdala por su lado, a pesar de su pequeñez, juega un rol dominante en el proceso (ver figura adicional). Animales con lesión a ese nivel son incapaces de sentir miedo y su conducta sexual se hace totalmente disfuncional.

Este sistema regula la conducta básica de "las 4 Cs" instintivas (correr, combatir, comer y copular) para la supervivencia de todo animal cerebrado. Frente al peligro o corro o combato, en circunstancias mas normales y si se da la oportunidad como o copulo. El acople de esos centros con el sistema nervioso vegetativo determina las reacciones fisiológicas adaptativas automáticas frente al peligro, la comida y la pareja copulatoria como la dilatación pupilar, el aumento de la frecuencia cardiaca y la presión arterial, el aumento o disminución de la sangre a la musculatura, el erizamiento del pelo, la sudoración de la piel, la erección del pene, el aumento de la secreción vaginal, etc. dependiendo de las circunstancias. Esas reacciones preprogramadas optimizan al individuo para la huida, el ataque o la copulación. El olor de la secreción vaginal de toda hembra en celo desencadenará automáticamente una reacción fisiológica en el macho despertando su deseo sexual y preparándolo para la copulación. Frente a la amenaza todo animal reaccionará con expresiones corporales automáticas ya sea de advertencia, de inminencia en el ataque o de sumisión. El perro y el lobo, por ejemplo, señalizarán sobre su predisposición al ataque mostrando sus colmillos y erizando el pelo del cuello, el camaleón *Chamaeleo senegalensis*, normalmente verde, se tornará automáticamente en blanco ante la amenaza de un rival superior señalando sumisión y evitando la confrontación, etc. En caso de pánico sin posibilidad de huida animales como la gaviota y el cerdo reaccionarán automáticamente con chillidos ensordecedores mientras otros, como las grandes serpientes, se enrollarán inmóviles en una muerte aparente. En algunas especies, adicionalmente a esa muerte simulada, se produce una excreción de olor putrefacto destinada a dar a la escena un mayor realismo o el aflojamiento involuntario de los esfínteres del recto y urinario haciéndose asi menos apetecibles para el atacante. No obstante su enorme variedad expresiva su automatismo con origen en el sistema límbico al igual que su mediación hormonal y del sistema nervioso periférico vegetativo, es común a todas la especies cerebradas.

Lo social y lo biológico: una unidad indivisible

Un error bastante generalizado es el de concebir lo social como separado de lo biológico. En realidad son ambos inseparables. Lo social presupone lo biológico (sin seres biológicos no hay vida social) pero lo social también modifica lo biológico en un solo sistema integrado de retroalimentación mutua. Lo uno determina lo otro y viceversa. Cambios sociales provocan cambios fisicoquímicos y cambios fisicoquímicos modifican la conducta social. La clásica división entre psique y soma no es sino una artificialidad. Lo físicoquímico incluye obviamente lo genético cuyas características no son así ni rígidas ni definitivas.

Algunos cambios son altamente circunstanciales y pasajeros como el encuentro casual entre dos rivales que desencadenará automáticamente una reacción químico-fisiológica optimizante para un eventual enfrentamiento y donde el lenguaje corporal del uno inducirá a una reacción fisiológica en el otro. Otros son mas permanentes modificando la misma estructura orgánica. La naturaleza está llena de adaptaciones en respuesta a lo social. A manera de ejemplo los orangutanes machos mas agresivos y dominantes, y con ello con un mejor distrito y mas hembras disponibles, son los que tienen los niveles mas altos de testosterona. Si a los machos con un menor nivel de testosterona se les inyecta esta hormona estos se tornarán mas agresivos compitiendo con el macho dominante y eventualmente desplazándolo. Si el macho antes dominante pierde su distrito y con ello su estatus social ello le bajará atomáticamente sus niveles de testosterona. Un fenómeno similar se observa en ciertas especies de peces donde el factor social de acceso a un buen distrito influye positivamente en el macho mediante la coloración de sus escamas y el aumento en el tamaño del pene atractivas para las hembras, elementos que se revierten si el pez pierde su distrito. El salmón macho de Alaska cambia la forma de su mandíbula durante la época de celo optimizandose asi para el combate con otros machos y el pez *Thalassoma bifasciatum* es incluso capaz de cambiar de sexo dependiendo del medio social en que se encuentre. Las hembras del mono macaco muestran una correlación directa entre un rango social alto con niveles altos de las hormonas sexuales y de los mediadores químicos cerebrales del placer (dopamina y serotonina) al igual que con niveles bajos de cortisol (la hormona del estrés). Las monas con rango social alto muestran también mejores niveles inmunológicos. La activación o no activación de los 987 genes identificados como asociados al rango social y a la capacidad inmunológica muestran una correlación tan alta con la situación social actual del individuo que se puede deducir con un 80 % de certeza el rango social de ese individuo con solo estudiar los genes activados. Esos genes se desactivarán si la hembra pierde su rango social.

Lo genético determina en alto grado el éxito o el fracaso sociales con lo social influyendo de vuelta sobre lo genético. Proteínas modulantes de la expresión genética actúan la manera de "interruptores" activadores o desactivadores de los genes en función de las demandas ambientales, un campo de estudio conocido hoy como epigenética.

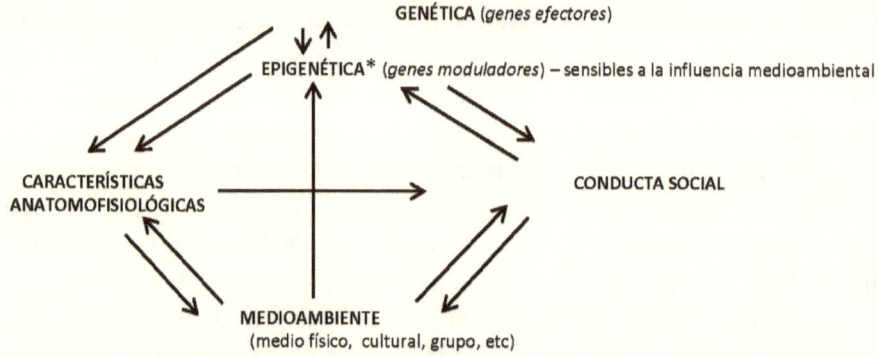

*Epigenética se refiere a la activación o desactivación de los genes efectores al estímulo de los genes reguladores. Los genes efectores gobiernan la producción de las proteínas estructurales del organismo, los moduladores codifican proteínas cuya función es activar o desactivar los genes efectores en respuesta a las demandas medioambientales incluyendo lo social.

El desarrollo evolucionario cerebral conlleva por tanto una creciente emocionalidad acoplada a la supervivencia y con ello una socialización. El mantenimiento de la integridad física recibe en los seres avanzados una gratificación emocional y toda lesión física conlleva un detrimento emocional. La integridad individual traspasa lo estrictamente físico formando una sola unidad con lo emocional. En los animales gregarios el rechazo del grupo puede ser tan devastador como una lesión corporal.

Amenaza y miedo prolongados con incapacidad del individuo para neutralizar la amenaza provocan cambios permanentes anatómicos cerebrales con sus correspondencias conductuales. Niveles altos y prolongados de las hormonas de estrés (adrenalina y cortisona) llevan a lesiones neuronales irreversibles en el hipocampo, con un deterioro de la memoria y con ello a una mayor vulnerabilidad.

El avance evolucionario neuronal desde la sola percepción y sensación hasta las emociones, primero simples de miedo y rabia y luego mas subtiles y complejas, otorgan a la lucha por la integridad individual y a la biosfera como globalidad una nueva dimensión con una incalculable variedad de alternativas conductuales.

PROGRESIÓN EVOLUCIONARIA DESDE LA PERCEPCIÓN A LA SENSACIÓN Y A LA EMOCIÓN

ANIMALES NEURONADOS INFERIORES (insectos, moluscos, etc)	ANIMALES CEREBRADOS SUPERIORES mamíferos, especialmente primates)	HOMBRE
Percepción (calor, luz, vibraciones, etc	Percepción (luz, sonido, etc)	Percepción (luz, sonido, etc)
Atracción sexual	Atracción sexual	Atracción sexual
Placer?	Dolor ¤, placer	Dolor ¤, placer
	Emociones de sorpresa, miedo y rabia	Emociones complejas
	Emociones complejas?¤¤	

-	+
Interés	Entusiasmo
Sorpresa	Susto
Aflicción	Angustia
Temor	Terror
Rabia	Furia
Verguenza	Humillación
Asco	Repulsión
Satisfacción	Dicha

¤ La sensación de dolor requiere de receptores especializados (nociceptores) que evolucionariamente aparecen primero en los peces provistos de esqueleto. Los moluscos, los insectos y otros animales inferiores estan eximidos del dolor.

¤¤ Según Silvan Tomkin que propone una misma emocion con cualidades de menor (-) o mayor (+) intensidad. Paul Ekman propone mas bien: regocijo, desprecio, satisfacción, alegría, verguenza, entusiasmo, culpabilidad, orgullo, alivio, placer sensual y humillación. Otras listas han sido propuestas. Como se ve el registro emocional humano es bastante extenso

Todos esos procesos protectivos, desde los organismos mas simples hasta el ser humano, independientemente de su grado de complejidad, funcionan en base a algoritmos químicos o instrucciones secuenciales acopladas. Si se da, por así decirlo, el estímulo X en el entorno la célula reaccionará con la substancia Y acoplada de acuerdo al algoritmo con las substancias D y F Si se da la condición B se producirá la excreción de las moléculas C y D cuyo acople provocará la reacción química-biológica E, de acuerdo al algoritmo. Todos esos algoritmos se encuentran directa o indirectamente acoplados entre si dando como resultado una conducta adaptativa del organismo como unidad. La reacción celular a escala microscópica resulta así en una reacción a escala macroscópica la que, a su vez, inducirá en retruque una reacción celular microscópica. El organismo es el resultado integrado de esos billones o trillones de microeventos.

La resultante total de esos microeventos es una conducta protectiva generadora, en los organismos cerebrados, de una gratificación emocional al éxito y un castigo al fracaso. El agrado acoplado al cumplimiento de las funciones dirigidas a la integridad física (comer, beber, copular, etc) al igual que el desagrado incorporado al dolor y al miedo y a las emociones mas subtiles de frustración, ansiedad, asco, verguenza y otras son los garantes de la integridad individual y por ende del sistema.

La reacción humana a la amenaza

La reacción humana a la amenaza responde obviamente al mismo automatismo coercitivo secuencial de sorpresa-miedo-rabia con sus correspondencias fisiológicas. La amenaza sin embargo, en grado mucho mayor que en los otros mamíferos, trasciende lo estrictamente físico para extenderse a lo emocional (el miedo a la vergüenza social o a perder al ser amado pueden ser circunstancialmente mas intensos que el miedo a la lesión física). En cuanto a la rabia, su memoria episódica de largo plazo y su memoria semántica le permiten dirigir esta contra un enemigo también ausente o incluso solo potencial y de trasmitir esa rabia a las otras generaciones.

Su abundante neocortex cerebral y el acople de esta con el sistema limbico en una sola unidad funcional le otorgan una característica exclusiva (o existente en un grado muchísimo menor en el resto animal) cual es el sentido de existir como algo específico en un tiempo propio e intransferible. La neocortex ejerce además un poder parcialmente controlante sobre el sistema limbico ubicando la amenaza en un contexto mas general y comprensible funcionabilizando los impulsos del miedo y de la rabia (y del placer) de manera que estos encuentren su viabilidad óptima mas allá de lo inmediato. La respuesta será por tanto mas elaborada, mas controlada, mas relacionada a las experiencias anteriores y al futuro. La capacidad de abstracción temporal y la fantasía harán además que el elemento amenazante o placentero no necesite ser actual sino también potencial permitiendo al individuo planificar al futuro y generar estrategias de defensa y ataque mucho mas sofisticadas y funcionales que la del resto animal. Su mayor capacidad identificatoria con el entorno o empatía, y mas específicamente con sus congéneres de especie, le permitirá también (dependiendo en alto grado del temperamento y de la educación) ubicar el factor amenazante en términos de la colectividad generando valores morales.

La conciencia neocortical y el aprendizaje tienen así la capacidad, al menos parcial, de organizar los impulsos protectivos instintivos límbicos adaptándolos funcionalmente a un sinnúmero de exigencias circunstanciales (físicas, sociales, culturales, políticas, etc) del medio, la competitividad y las normas morales y jurídicas. La conciencia neocortical organiza automáticamente la respuesta instintiva irracional orientando la huida, el ataque y la satisfacción de las necesidades biológicas y sociales en para el individuo la forma mas ventajosa posible obedeciendo a lo que Freud llamara el "principio de realidad" complementario pero también circunstancialmente inhibitorio del "principio del placer" (y del miedo). La conciencia cortical podrá asi racionalmente postergar la respuesta a la amenaza o la satisfacción inmediata del placer modificando esa respuesta o, en su caso y si ello favorece la integridad individual, substituyéndola por otra equivalente mediante los mecanismos de sublimación y racionalización.

La respuesta humana encontrará por tanto una extensísima variación correlativa a su capacidad de procesamiento informativo, a su rica interacción social y a sus necesidades a veces de orden estrictamente emocional en forma de aprecio social y desarrollo intelectual y moral. Sus estados emocionales, obviamente en su base comunes con las de los otros animales vertebrados, mostrarán también un espectro mas variado. En su compleja telaraña social de compromisos, lealtades y rivalidades sus respuestas tendrán asimismo una enorme diversidad desde las disfuncionales depresivas, neuróticas o delincuenciales hasta las altamente sutiles y funcionales como la adulación, el elogio, la amenaza, la temeridad, el desprecio, la mentira, la insistencia, la calumnia, la fanfarronería, el servilismo, el altruismo, la ironía, la simulación, el sarcasmo, la imitación, el chisme, la hipocresía, el exhibicionismo, etc. Dentro de esa gama de expresiones adaptativas el mecanismo fisiológico básico será sin embargo el mismo y común a todo lo vivo incluyendo los virus y las bacterias, la priorización intransigible de la integridad individual u orden mediada por los automatismos incorporados a su estructura orgánica.

REACCIÓN HUMANA A LA AMENAZA

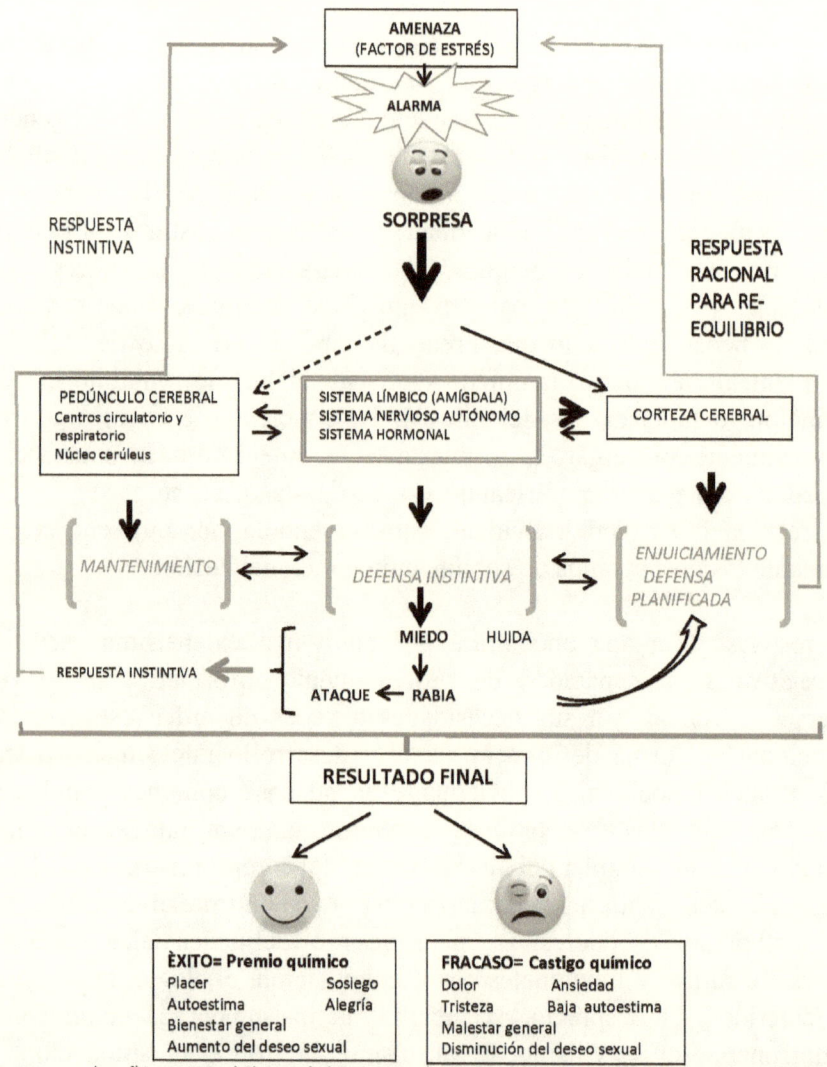

La amenaza puede ser física o emocional. El sistema límbico constituye la estructura defensiva central. El proceso tiene lugar a un nivel esencialmente sub-conciencial. La mayor o menor incorporación cortical, o sea de la conciencia, dependerá del grado de emergercia . Si la amenaza es prolongada y el mecanismo defensivo es ineficiente la agresividad del individuo podrá dirigirse contra si mismo generando estados depresivos.

SIN AMÍGDALA NO HAY MIEDO

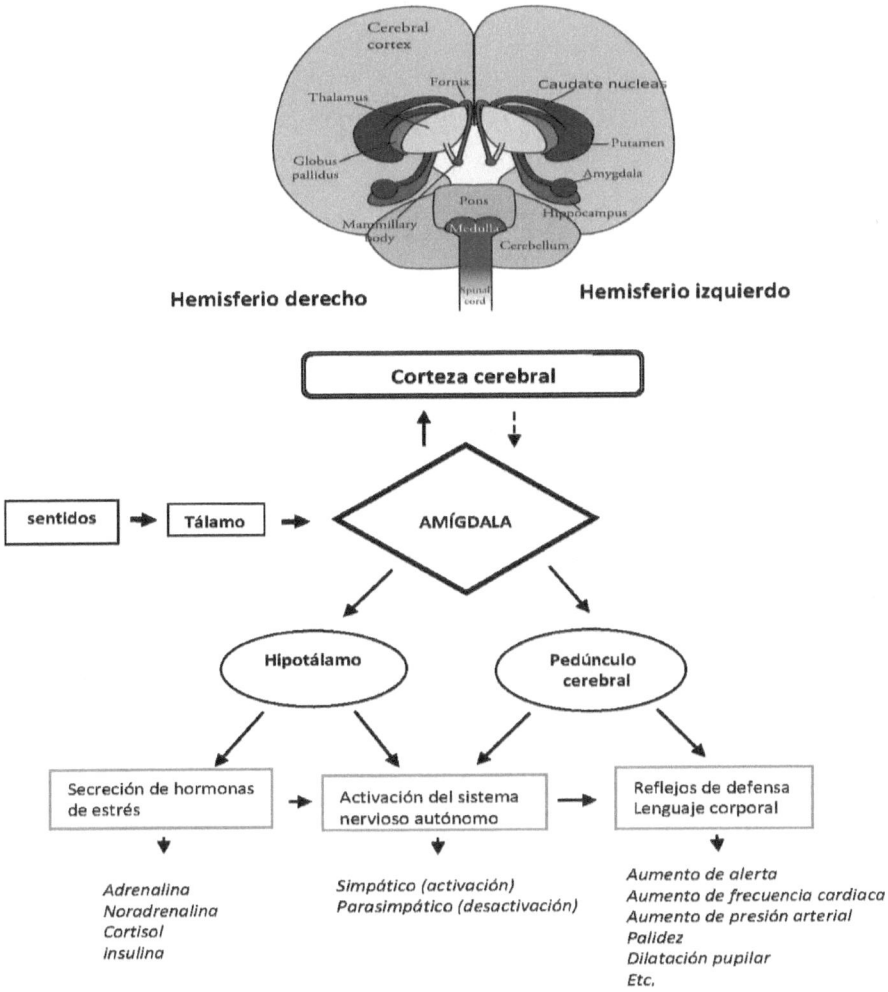

La amígdala a pesar de su pequeñez juega un papel central en la generación del miedo y de la agresión, en la atracción sexual, en el sellado emocional del recuerdo, en el resgistro de los olores y de las feromonas. Envia sus impulsos al hipotálamo activando el sistema simpático y al tálamo para la secreción de las hormonas del estrés (adrenalina y noradrenalina). Sus conexiones hacia la corteza cerebral son mas fuertes y numerosas que las que ella recibe de la corteza. Un individuo sin amígdala puesto al borde de un precipicio concebiría racionalmente el peligro pero no sentiría ningún miedo

CAPÍTULO IV

LA REPRODUCCIÓN

El vivir desgasta. El traspaso energético de la biosfera necesita permanentemente copias frescas. Toda célula viva tiene obligatoriamente que copiarse, sino muere. El envejecimiento no es mas que una lentificación en la reproducción celular. Sólo las neuronas cerebrales del adulto están parcialmente eximidas de ese principio.

Ese copiado es responsabilidad del ADN, garante de la transmisión de los rasgos de una generación a la siguiente. Eso sucede gracias a su característica de ser un hilo doble, uno frente al otro conformando espacialmente una espiral donde las conexiones entre ellos obedecen a una regla fija. De sus 4 componentes (nucleótidos): la adenina (A), la guanina (G), la citosina (C) y la timina (T), las conexiones de un hilo con su opuesto solo pueden ser de A con T y de C con G. Esa obligatoriedad química convierte a ambos hilos en mutuamente complementarios.

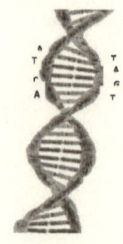

Molécula de ADN. Sus nucleótidos (A,C,G,T) solo pueden combinarse A con T y C con G del hilo opuesto nlo que le permite hacer copias idénticas de sí misma

A tiempo de la división celular el hilo doble se separa en dos simples de manera que la molécula de ADN puede hacer dos copias idénticas de si misma pasando así inalteradas las características a las células hijas. De la división de una ameba o de una célula hepática no no saldrán sino dos amebas o dos células hepáticas idénticas a sus progenitoras.

El ADN tiene 3 funciones:

1) dirigir el funcionamiento celular
2) copiarse a si mismo y de esa manera transmitir la herencia
3) cometer errores periódicos para ganar en diversidad y permitir la evolución

El material de construcción:

Los seres vivos estamos hechos de proteínas. Desde la membrana de nuestras células hasta las substancias mas sofisticadas como la hemoglobina, las diferentes enzimas o las hormonas, son proteínas. Nuestros músculos se contraen gracias a proteínas contráctiles, la cornea y el cristalino del ojo permiten el paso de la luz gracias a proteinas transparentes, la piel posee su elasticidad gracias a proteínas elásticas y las uñas su rigidez debido a proteínas rígidas. El transporte de oxígeno en la sangre tiene lugar en una proteína, la utilización de la glucosa como fuente de energía se debe a una proteína específica, etc. Las proteínas nos forman estructural y funcionalmente, ya sea como proteínas puras o en combinación con las grasas (lipoproteinas) o con los carbohidratos (glucoproteinas). Dime como son tus proteínas y te diré quien eres.

Esas proteínas están a su vez hechas de substancias menores, los aminoácidos, cuya combinación decide el tipo de proteína. La cantidad de aminoácidos conformantes de las proteínas es limitada, 20. Resulta natural que las instrucciones del ADN tengan que ver justamente con la programación de esos aminoácidos para la formación de las proteínas.

El ADN es el conjunto de instrucciones precisas a las fábricas celulares de los aminoácidos, los ribosomas, sobre el tipo de aminoácidos que estos fabricarán y como ellos será ensamblados para dar lugar a las proteínas requeridas. La información lineal del ADN es transformada por los ribosomas en proteínas tridimensionales. Cada proteína, dependiendo de su secuencia de aminoácidos y de su estructura tridimensional, adquirirá cualidades únicas ya sea de transparencia como la cornea del ojo, de transportadora de oxígeno como la hemoglobina de la sangre, de contráctil como la del músculo, de elástica como la de la piel, etc. Las posibilidades son prácticamente ilimitadas. La suma integrada de esas proteínas hace al individuo. El desgaste de esas proteínas obliga al organismo a un suministro permanente. Las proteínas desgastadas pasarán a fuente de energía para el organismo y sus residuos eliminados a través, en el caso de los mamíferos, de la orina.

La fábrica celular de proteínas, el ribosoma, actúa con alta precisión y efectividad. El ensamblaje de los aminoácidos (cientos o miles de aminoácidos) toma de 3 a 5 minutos. Su empacamiento en una estructura tridimensional y su eventual acople con los lípidos y carbohidratos para la proteína definitiva (en el aparato de Golgi del citoplasma) demora aproximadamente 20 minutos y la recién fabricada proteína será presentada a la membrana celular, lista para su uso, 40 a 80 minutos mas tarde. En el organismo como totalidad ello implica la fabricación y ensamblaje continuo de miles de aminoácidos por segundo.

En el ADN individual están las instrucciones de todas las proteínas que lo conforman. El gene es el pedazo del hilo de ADN que codifica una proteína completa. El programa genético de un ser vivo se compone de tantos genes como proteínas diferentes lo conforman, incluyendo su relación mutua.

El ADN es operativo e informativo.

Operativamente funciona de manera similar a cualquier computadora. En la computadora su información está almacenada en puntos con o sin carga eléctrica otorgandosele al primero el valor de 1 y al segundo el de 0, los llamados bits. En el ADN su información está almacenada en sus 4 nucleótidos (A, C, G y T). El lenguaje computacional es binario, el biológico tetrario. Los bits del lenguaje binario computacional, activados en grupo de acuerdo a una determinada secuencia, adquieren el valor de un dato informativo o byte. En el caso del ADN sus nucléotidos agrupados en grupos de tres (codones) y acomodados siguiendo una determinada secuencia adquieren el valor informativo de un aminoácido. En el comúnmente usado código computacional ASCII (American

Standard Code for Information Interchange) la secuencia de 7 bits tiene un valor informativo específico o byte y así la secuencia 1100001 será "a", la secuencia 1100010 "b", etc. Las combinaciiones de los 7 bits bastan y sobran para cubrir el alfabeto (mayúsculas y minúsculas), los números del sistema decimal, los signos matemáticos más usados y las instrucciones operativas de la misma computadora. En el ADN la secuencia de codones adquiere el valor informativo de un aminoácido. Asi *AAA AAG* tendrá el valor informativo para la lisina, *UAU UAC* para la tirosina, etc. Esa combinaciones de codones bastan y sobran para programar los 20 aminoácidos conformantes de los seres vivos.

Códigos para letras, números y signos en el Sistema ASCII de 7 bits

Bits 3,2,1 y 0	Bits 6,5 y 4							
	000	001	010	011	100	101	110	111
0000	\<NUL\>	\<DLE\>	\<SP\>	0	@	P	.	p
0001	\<SOH\>	\<DCI\>	¡	1	A	Q	a	q
0010	\<STX\>	\<DC2\>	"	2	B	R	b	r
0011	\<ETX\>	\<DC3\>	#	3	C	S	c	s
0100	\<EOT\>	\<DC4\>	$	4	D	T	d	t
0101	\<ENQ\>	\<NAK\>	%	5	E	U	e	u
0110	\<ACK\>	\<SYN\>	&	6	F	V	f	v
0111	\<BEL\>	\<ETB\>	'	7	G	W	g	w
1000	\<BS\>	\<CAN\>	(	8	H	X	h	x
1001	\<HT\>	\<EM\>	)	9	I	Y	i	y
1010	\<LF\>	\<SUB\>	*	:	J	Z	j	z
1011	\<VT\>	\<ESC\>	+	;	K	[	k	{
1100	\<FF\>	\<FS\>	,	<	L	|	l	I
1101	\<CR\>	\<GS\>	-	=	M	]	m	}
1110	\<O\>	\<RS\>	.	>	N	^	n	~
1111	\<SI\>	\<US\>	/	?	O	_	o	\<DEL\>

En el Sistema ASCII de 7 bits la combinación de 7 0s y 1s resultan en un total de 112 combinaciones de unidades informativas, o bytes, correspondientes ya sea a letras, números, signos o a instrucciones operativas. Este es solo uno de los varios sistemas existentes. El sistema ASCII hoy mas usado es el de 8 bits.

Códigos (o codones) del ADN para los diferentes aminoácidos

Codones con inicio en A	Aminoácido	Codones con inicio en T	Aminoácido
AAA AAG	lisina	TAT TAC	tirosina
AAT AAC	asparagina	TGG	triptófano
ATA ATT ATC	isoleucina	TGT TGC	cisteina
ATG	metionina	TTT TTC	fenilalanina
ACA ACG ACT ACC	trionina	TCA TCG TCT TCC AGT AGC	serina
Codones con inicio en G		*Codones con inicio en C*	
GAA GAG	ácido glutámico	CTA CTG CTT CTC TTA TTG	leucina
GAT GAC	ácido asparagínico	CAT CAC	histidina
GGA GGG GGT GGC	glicina	CGA CGG CGT CGC AGA AGG	arginina
GTA GTG GTT GTC	valina	CCA CCG CCT CCC	prolina
GCA GCG GCT GCC	Alanina	CAA CAG	glutamina
Señales de seguridad		ATG	Inicio de mensaje
		TGA	Final de mensaje
		TAA TAG	Final de mensaje

En la información biológica los "bits" de A,C,G y T, combinados en grupos de 3 (tripletas), ya sea solas o con otras tripletas, constituyen las portadoras del valor informativo de un aminoácido. Esa combinación de tripletas (codón) que programan un aminoácido otorga un total de 64 combinaciones posibles (4x4x4), bastando para programar los 20 diferentes aminoácidos necesarios para la vida. Algunos aminoácidos son codificados por una sóla tripleta, otros por 2 o 4 mientras la leucina, la serina y la arginina lo hacen por 6. El código ATG codifica para la metionina pero también sirve para señalizar el inicio del mensaje de un gene. Para el final del mensaje del gene existen 2 variantes de tripletas.

La computadora garantiza la transmisión informativa mediante una separación entre byte y byte con ayuda del bit llamado de paridad, el ADN lo hace mediante secuencias especificas de nucleótidos que comunican al ribosoma cuando comienza y termina el mensaje de un gene. El ADN cuenta además con mecanismos de autocontrol ortográfico entre el núcleo (donde se encuentra el ADN) y el protoplasma (donde están los ribosomas) dejando pasar sólo el mensaje correcto. En caso de error enzimas especiales, incluidas en la molécula de ADN, se encargarán de la corrección Un error no detectado dará lugar a proteínas defectuosas con resultados generalmente adversos para el organismo. Este proceso de transmisión y chequeo sucede millones de veces por minuto en los organismos complejos.

Un error del mensaje del ADN, trasladado al lenguaje humano en codones de tres letras similares a los del ADN, podría asi visualizarse: UNO MAS

UNO DAN DOS, resulta correcto y entendible. El olvido de una letra, supongamos la O del primer UNO trasladará el error a los siguientes codones: UNM ASU NOD AND OS o la inversión de las letras en uno de los codones, supongamos en el cuarto: UNO MAS UNO NAD DOS y el mensaje se hace ininteligible. Los errores del ADN, o mutaciones, motivo usualmente de enfermedad son también, paradójicamente, los que explican la evolución.

La universalidad informativa del ADN supera sin embargo de lejos a cualquier programa generado por el hombre. El programa total de cada individuo y especie (pasado, presente y futuro) está en todas y cada una de sus células potencialmente capaces de dar lugar a una copia completa del organismo. Trasladado a lo computacional esa computadora sería capaz, además de operar como computadora, de defender su propia integridad, refabricar permanentemente sus componentes adaptándolos a los cambios en el medio circundante y activar en cada componente solo los aspectos del programa que le son necesarios para trabajar como componente. Cada chip portaría no solo su programa operativo sino también la información de todos y cada uno de los componentes de la computadora incluyendo el material del que están hechos, su origen y procedencia, su probable comportamiento futuro y su previsible longevidad. El ADN es así la narrativa de la vida durante 3 billones de años, sus logros y fracasos, hasta el individuo concreto portador de ese legado en cada una de las células que lo componen. Cada célula, si bien portadora del código genético completo, activa solo aquellos genes que le son necesarios para su funcionamiento (expresión) dejando a los otros inactivos (supresión), mecanismo por el cual una célula, por ejemplo, hepática se diferencia de una neurona o de una célula de la piel.

¿Para que el sexo?

Las instrucciones del ADN tienen obviamente que pasar inalteradas de una generación a la siguiente garantizando la continuidad del programa. Este proceso se basa en la duplicación del hilo del ADN previa a la división celular y, durante la división, una copia completa del ADN para cada una de las dos células resultantes.

Este es el copiado celular mas corriente, el asexual. La molécula de ADN se duplica, el cuerpo celular hace lo mismo y el proceso queda concluido.

El resultado son dos células idénticas. Este es el método usado por los unicelulares y por las células en los organismos pluricelulares. De una célula hepática o de la piel solo pueden resultar dos células hepáticas o de la piel. Las bacterias se reproducen de esa manera y así, en condiciones óptimas, una bacteria necesitará solo unos pocos días para dar lugar a billones de copias. Como método es efectivo, rápido, seguro y barato, y como prorceso es llamado mitosis.

La reproducción sexual es mucho mas compleja y morosa que la asexual.¿Cuantos caracoles o jirafas sería posible obtener en el tiempo en que se reproduce una bacteria o una célula hepática?. Ni una. Porque para copiar un caracol o una jirafa se requiere de la sexualidad.

La sexualidad delega la transmisión del ADN de los progenitores a células especializadas, los gametos (en los animales el espermatozoide y el óvulo) obtenidos no por mitosis sino por meiosis, es decir mediante la disminución al 50% del ADN de cada progenitor que aporta asi con la mitad del material genético del descendiente. Esa formación de los gametos (en los vertebrados en el ovario femenino y en los testículos masculinos) sucede en una primera fase con una disminución del material genético al 50% y un entremezclamiento o recombinación interna de las diferentes fracciones de su ADN (crossing-over) antes de una segunda fase mediante copias por mitosis de las células obtenidas por la meiosis de la primera fase. El intercambio interno de fracciones de ADN en la primera fase da como resultado que entre los vertebrados los espermatozoides del mismo eyaculado no sean genéticamente idénticos ni tampoco lo hagan (en animales que producen simultáneamente varios óvulos) los óvulos entre si en un mismo o entre diferentes periodos ovulatorios. El descendiente será por tanto genéticamente diferente dependiendo del espermatozoide y ovulo específicos que le den origen.

Al barajamiento de la meiosis se añade una nueva entremezcla genética a tiempo de la fecundación con el aporte al descendiente de una versión paterna y otra materna de cada gene. La expresión de cada gene en particular (materno o paterno) en el descendiente dependerá de multitud de factores. Los genes dominantes (como el cabello y los ojos oscuros en humanos) requerirán de una sola versión del gene para su expresión. Los genes recesivos (como el cabello y los ojos claros en humanos) demandarán ambas versiones, paterna y materna. Factores adicionales internos y externos (contagio, radiación, dieta, etc) podrán, en el individuo en particular, dar lugar a resultados diferentes.

Una vez entremezclado el material genético de ambos progenitores aquello da lugar a una célula multipotencial, el óvulo fecundado, con capacidad de formar los diferentes tipos de células que conformarán el descendiente. El proceso del óvulo fecundado a la formación de los diferentes tejidos, o diferenciación, supone la inactivación en cada tipo de célula específica de aquellos genes que no le serán útiles para su funcionamiento como tejido. Así, por ejemplo, la célula que formará la piel inactivará genes diferentes que las células que formarán el páncreas o el cristalino del ojo. Una vez que la diferenciación hacia la formación de órganos ha concluido, el método antiguo y tradicional de la mitosis toma el comando para la reproducción celular el resto de la vida.

La reproducción sexual es por tanto mas lenta, mas compleja, mas proclive a errores y mas demandante de energía que la asexual. Adicionalmente, en el caso de los ovíparos está el empollamiento del huevo y en el de los mamíferos la gestación y el amamantamiento. En los animales avanzados se añade el cuidado inicial y el entrenamiento del descendiente, proceso que puede tomar de varios meses a años. Por último, y a pesar de todos esos esfuerzos es de observarse que, al margen del menor número de copias obtenidas sexualmente, está la alta mortalidad entre los descendientes de los cuales, en muchas especies, solo una minoría llega a la edad reproductiva. En otras palabras, desde el punto de vista reproductivo, la sexualidad, dada su inefectividad y su enorme derroche de tiempo y energía, es un fracaso.

¿Porque entonces la vida generó la sexualidad?

La sexualidad, mas que reproductiva, es evolucionaria. La cantidad se sacrifica a la calidad. Mejor pocos buenos que muchos mediocres. La mezcla de dos materiales genéticos distintos abre el camino a la improvisación, al experimento y al mejoramiento de la especie con descendientes mas vigorosos que los predecesores. Lo asexual genera fotografías lo mas idénticas y rápidas posibles del original estabilizando el sistema, lo sexual adquiere el dinamismo de un film cuyo manuscrito está solo parcialmente determinado demandando mas tiempo, mas creatividad y mayores riesgos. El inmediatismo asexual con productos acabados en materia de minutos u horas, pasa con la sexualidad a ser un trabajo de días o semanas como en los insectos o, como es el caso de los mamíferos, meses o incluso años.

La sexualidad introduce como elemento adicional potenciador de la selección la concurrencia entre los descendientes de la misma camada y entre los sexos. Los hermanos de la camada concurrirán mutuamente apenas abran los ojos (a veces incluso antes y ya en el útero materno) y en cuanto a los sexos machos y hembras concurrirán mutuamente por la pareja copulatoria con, en general, la hembra como la selectiva del macho. El alto aporte energético de la hembra al proceso reproductivo, muchísimo mayor que la del macho, hace que esta sea exigente en su elección. El macho aporta con miles o millones de espematozoides energéticamente baratos, la hembra lo hace con una o unas pocas células, los óvulos, energéticamente caros y valiosos. La naturaleza es igual de ahorradora con los óvulos como es despilfarradora con los espermatozoides. Un varón humano joven podría con su producción de espermatozoides repoblar el planeta Tierra al nivel actual de 6.5 billones de humanos en menos de 6 semanas tiempo en el que una mujer joven produce un único óvulo. Una mujer genera durante sus años fértiles alrededor de 400 óvulos (sin tener en cuenta los periodos de embarazo y amamantamiento que suprimen la ovulación) mientras un varón, durante su edad fértil, podría poblar todo el Sistema Solar, varias veces. Además, al menos en los mamíferos, es la hembra la que corre con las molestias y riesgos de la gestación, el parto y el amamantamiento. No extraña que los machos tengan que competir entre si por el favor de las hembras y que estas tengan que esforzarse para despertar el interés del macho correcto y evitar así el sacrificarse en aras de un material genético deficiente.

Esta concurrencia selectiva es igualmente observable a nivel celular a tiempo de la copulación y la fecundación. Miles o millones de espermatozoides concurrirán mutuamente en una carrera maratónica desde la vagina hacia el óvulo con solo el mejor o los mejores que alcanzan su objetivo. Los mas morirán en el camino. Pero la llegada hasta el óvulo, cuan maratónico sea el esfuerzo previo, no garantíza nada porque el óvulo hará primero un cuidadoso análisis químico de las decenas de espermatozoides sobrevivientes que pretenden penetrarlo abriendo sus puertas solo a aquel que considera el mas apto. El óvulo es así la última barrera minimizadora de los eventuales errores de enjuiciamiento de la hembra en la aceptación del macho resultando mas quisquilloso que la hembra que lo porta. La mezcla de ambos materiales genéticos marca la "línea de no retorno" iniciadora de una cascada de procesos químicos secuenciales que inevitablemente conducirán a la gestación y al nacimiento del descendiente.

El obligatorio erotismo

La reproducción del individuo sexuado, a diferencia de las otras funciones vitales como comer, dormir, defecar, etc, no aporta nada a la longevidad propia constituyendo mas bien un riesgo. Si bien en las plantas y en los animales inferiores esta sucede con un automatismo libre de dramatismo, conforme se avanza en la escala zoológica se va haciendo mas compleja y demandante. Pocas veces el animal es mas proclive a convertirse en alimento de otro que cuando se encuentra absorbido en sus galanteos amorosos. La obtención de la pareja está además frecuentemente asociada a un sinfin de esfuerzos y combates, a veces sangrientos, entre machos. La paternidad y, en muchísimo mayor grado, la maternidad, demandan también en muchísimas especies una larga serie de sacrificios individuales. Bajo esas premisas resulta difícil comprometer al individuo a una tarea a todas vistas desventajosa. La vida tuvo que introducir un elemento lo suficientemente gratificante y demandante como para bloquear el instinto de conservación: la atracción sexual y el placer copulatorio. La trampa genial del sistema para encandilar a los animales y garantizar su reproductividad.

Nuestro tradicional antropocentrismo nos lleva frecuentemente a concebir algunos estados emocionales como exclusivamente humanos. Este es el caso del erotismo. Sin embargo la introducción evolucionaria de la neurona con la emergencia de la sensación y, mas tarde, de la emoción, se hacen también presentes en los animales en relación al sexo.

En los animales inferiores como los insectos la atracción sexual, mediada por señales químicas (feromonas), sonoras o luminosas y de acuerdo al reloj biológico de la hembra, empuja a la copulación relativamente rígida y lineal de estímulo-respuesta. La copulación se reduce en muchos casos, como en la abeja y la mosca doméstica, a apenas uno o unos pocos segundos. En otros sin embargo, como en la libélula y la mantis religiosa, es tan prolongado, varias horas, que indica la presencia de un placer lo suficientemente gratificante como para inhibir el instinto de conservación. En algunos insectos, de manera similar a la humana (aunque sin mantel blanco, ni candelabros, ni música romántica de fondo), el coito es precedido por una "cita" incluyente de una buena comida. La mosca de la fruta (*Drosophila melanogaster*) cuyo coito tiene una duración de aproximadamente 20 minutos es precedido por un banquete por ella ofrecido a su pareja al que subsigue un episodio de sexo oral previo a la misma penetración coital. La ingesta de comida asociada al coito es también observable en el escarabajo japonés. Otras especies son mas expeditivas y brutales. Entre los escorpiones y algunos insectos si el galanteo del macho no le es satisfactorio a la hembra esta se come al macho a tiempo de la copulación o simplemente lo mata por inepto.

Es de suponer que entre los peces ovíparos existe una gratificación placentera a la hembra durante la ovada y al macho durante la eyaculación de su esperma sobre esos huevos. El salmón, por ejemplo, nadará cientos de kilómetros en la temporada del celo para volver inevitablemente a su lugar de origen donde depositará sus huevos y su esperma de acuerdo a un programa predeterminado. En el caballito de mar el galanteo entre macho y hembra previa a la copulación constituye una graciosa danza de horas o incluso días, señalando ineludiblemente un placer gatificatorio. Entre los moluscos el pulpo el macho corteja a la hembra con complicados cambios de color en su piel. El cangrejo de mar hembra, cuya coraza calcárea constituye su "cinturón de castidad" y solo puede copular a tiempo de cambiar de caparazón, esta es prolongadamente protegida por su pareja durante el proceso. Las serpientes machos tanto terrestres como marinas conquistan a la hembra con delicadas caricias cuerpo a cuerpo y el lagarto el *Varanus rosenbergi* de Australia, normalmente solitario, mantiene un "romance" de 2 semanas con su pareja en la época de celo.

Entre los pájaros, donde la fecundación sucede al interior de la hembra, el galanteo previo a la copulación (desde las acrobacias casi suicidas del gorrión hasta la danza narcisista del pavoreal) es requisito obligatorio. En los mamíferos, donde además existe embarazo, la copulación es no solo precedida por el ritual del galanteo sino también por una "toma de pulso", a veces sangriento e incluso mortal, entre machos. Todo ello indica la existencia de un placer gratificante a esos esfuerzos. En mamíferos como el león, el oso gris y algunos primates la copulación repetitiva para una sola ocasión fecundativa implica la presencia inequívoca del placer (el león africano suele copular decenas de veces con la misma hembra en un mismo día y en algunas especies de monos, al igual que en el hombre, la copulación tiene lugar también al margen del objetivo de la fecundación). La vida sofistica su retribución al copiado con un mensaje similar a la propaganda de los créditos bancarios del disfrute ahora y pague después o cuando quiera, acentuando el disfrute y mencionando apenas el pago, aunque en realidad es esto último lo importante, lo inevitable y lo que sustenta el sistema. Es de suponer que en los animales con un cerebro relativamente avanzado como es el caso de los pájaros y aún mas en los mamíferos, la conquista sexual de la pareja se halla asociada a una euforia emocional similar al del enamoramiento humano al ser exactamente las mismas substancias químicas (dopamina, ocitocina, endorfinas y serotonina) las incorporadas al proceso.

Con el avance en la escala zoológica la sexualidad amplia su acción mas allá de lo genital y reproductivo para cumplir también una función comunicativa y de jerarquización social. Sexo y copulación se socializan. En los mamífero, especialmente en los gregarios y con acentuación en los primates, la sexualidad se asocia a una estructura jerárquica dentro del grupo. La información del individuo, presentada al entorno a través de un mosaico de señales al sexo opuesto (grado de fortaleza, agresividad, salud y un buen distrito), converge en un mensaje unitario, "quiero copiarme" y "soy una pareja propicia para tu copiado", implicante del placer copulatorio y sus incorporadas ventajas al interior del grupo. Ese mensaje, reflejante de la disponibilidad energética del individuo y con ello de su agresividad y autoestima, obtendrá una retribución en forma de una o mas parejas copulatorias. La candidatura de dos o mas machos por los favores de la misma hembra se resolverá expeditivamente a través del combate. Quien está mas alto en el grupo se copia más y quien se copia más está más alto en el grupo. O expresado en los términos reales del sistema quien tiene mayor acceso a la energía disemina mejor sus genes garantizando copias funcionalmente aptas. El grupo obtiene además una estabilidad social basada en la correlación entre estatus social e inversión genética y energética del individuo al grupo.

Erotismo y evolución

La generación de seres neuronados capaces de la percepción y la sensación introduce automáticamente una gratificación no solo al cumplimiento de las necesidades básicas y la reproducción sino también al contacto con sus congéneres de especie. Esto es observable ya a partir de los insectos, incluso los solitarios como el grillo y la cucaracha, donde la sola proximidad del congénere muestra tener efectos positivos. A los seres neuronados, aún a los solitarios, no les gusta estar completamente solos. La neurona es una célula extremadamente social. Tan social que en los cultivos de laboratorio lo primero que hace es desarrollar sus apéndices de conexión en busca de sus congéneres, si no los encuentra se suicida. Las neuronas de los seres neuronados necesitan del estímulo de sus congéneres, así sea a la distancia, para sentirse bien. En los seres programados para vivir en grupo esto llega a ser cuestión de vida o muerte. Rémy Chauvin, entomólogo de la Universidad de Strasburgo, anota" *...Efectos del grupo se han demostrado en muchos tipos de insectos: langostas, cucarachas, pulgón de la hoja, larvas de mariposa, abejas, hormigas, avispas, etc... Yo quiero subrayar especialmente que la velocidad de crecimiento (o tiempo de supervivencia cuando se trata de insectos sociales) es de gran y decisiva significación para el desarrollo de la curva de crecimiento de la población..... Abejas, hormigas y termitas no pueden vivir en aislamiento y mueren después de unas horas o, en nuestro caso, después de unos días...el aislamiento en la abeja de la miel provoca una fuerte inquietud motora y es posible que el insecto entonces agote sus fuerzas sin poder recuperarlas*" (Rémy Chauvin, Le peuple des insects). Se trata por tanto de elementos placenteros y vitalizantes mediados por feromonas sin relación directa con lo copulatorio y ni siquiera con la sexualidad.

Este fenómeno se hace mas notorio conforme se avanza en la escala zoológica. Prácticamente todas las especies provistas de un sistema nervioso avanzado, con acentuación en los mamíferos, muestran una conducta dirigida al contacto físico placentero entre los miembros del grupo al margen de lo copulatorio y cuya función es el aprendizaje y el reforzamiento de los vínculos sociales. Mamíferos nacidos en cautiverio y separados de todo contacto físico con otro ser cerebrado, especialmente la madre, suelen morir tempranamente así tengan satisfechas sus otras necesidades (el contacto físico con seres cerebrados de otra especie que la suya propia puede, en casos excepcionales, ser substitutivo). Entre los equinos, felinos, caninos, algunos roedores y entre los primates resulta sorprendente el tiempo otorgado al contacto físico mutuo, a veces de una evidente ternura, y cuya función no es otra que el reforzamiento social y el entrenamiento. Lo que en el caso de los insectos se trata de estímulos, importantes pero simples, en cuanto a su efecto conductual, en los animales más avanzados llegan a ser el requisito para la transmisión informativa y la estructuración social. La información se transforma en comunicación, es decir información recíprocamente compartida generadora de un sentido de comunidad.

Toda evolución supone una interacción de la especie con el medio comparativamente mayor a las especies precedentes expresada en un aumento de las alternativas conductuales. Los animales inferiores muestran comportamientos simples y predecibles. En los mas avanzados las alternativas conductuales aumentan proporcionalmente a su capacidad de acumulación y procesamiento informativos conduciendo ello a decisiones más complejas y a comportamientos mas variados. A los animales con un cerebro avanzado no les basta con dar vida a sus descendientes sino que estos tienen también que ser entrenados con habilidades favorecedoras de su supervivencia. Este entrenamiento cooperativo social y para la obtención de alimento puede, en los gregarios como los elefantes, los felinos, los caninos, los osos y los primates, tomar años.

Entrenar es enseñar y enseñar (en-señar=establecer señales unitarias) es transmitir contenidos cerebrales, es decir compatibilizar los circuitos neuronales entre el que enseña y el que aprende. Para el cerebro no existe información emocionalmente neutra ya que toda información está ligada, en mayor o menor grado, lo emocional. En el traspaso de contenidos cerebrales es no solo una ventaja sino también un requisito que esta se haga de la forma mas fluida posible y asociada a elementos placenteros. En otras palabras los progenitores, con acentuación en aquellos que forman pareja o grupo, requieren de una compatibilización tanto mutua como con sus descendientes. A mayor volumen y complejidad de los contenidos a trasmitirse (o sea a mayor desarrollo cerebral) mayor la compatibilidad exigida. El desarrollo del erotismo surge como una necesidad evolucionaria ligada al avance de la especie. Como el mecanismo natural de expansión de la sexualidad hacia una compatibilización intergeneracional de los circuitos neuronales. El erotismo llega a si a superar la sola estimulación y solidificación de la atracción sexual y el intercambio genético para convertirse en el factor de armonización informativa dentro de la familia y el grupo.

Lo vivo se usa para el objetivo de aquello que lo forma, sus aminoácidos. A partir de ellos elabora substancias comunes y de acción similar en prácticamente todos los animales cerebrados modelando su conducta con 5 de ellas como centrales:

OXITOCINA	DOPAMINA	SEROTONINA
Presencia evolucionaria: en todos los vertebrados	**Presencia evolucionaria**: tanto en vertebrados como en invertebrados	**Presencia evolucionaria**: en prácticamente todos los animales
Producción: en el hipotálamo en interacción con la hipófisis	**Producción**: en diferentes zonas cerebrales incluyendo el hipotálamo	**Producción**: cerebro y tracto intestinal
Base química: hormona compuesta de 9 aminoácidos	**Base química**: amina. Derivado del ácido aminado tirosina. Precursor de la adrenalina y de la noradrenalina	**Base química**: indolamina derivada del aminoácidp triftófano
Acción biológica:	**Acción biológica:**	**Acción biológica:**
Contracción uterina en el parto	Premio químico por presencia = bienestar, placer	Sensación de saciedad en la comida
Lactación en el post-parto	Castigo químico por ausencia = malestar	Señalización a otros animales sobre la accesibilidad de alimento
Refuerzo del lazo afectivo madre-infante	Control de movimientos voluntarios	Ayuda a establecer rangos al interior del grupo
Excitación sexual	Estimulante de la atención	Mejora el estado de ánimo
Placer orgásmico	Estimulante de la motivación y el conocimiento	Induce al contacto sexual
Reducción del miedo	Estimulante de la memoria	Inhibe la agresividad
Aumento de confianza en el otro		Regula los ciclos del sueño
Aumento de la generosidad		
Disminución de la agresividad		

TESTOSTERONA	ESTRÓGENOS
Presencia evolucionaria: en prácticamente todos los vertebrados	**Presencia evolucionaria**: en todos los vertebrados y en algunos insectos.
Producción: fundamentalmente en testículos. En menor escala en ovario femenino y glándulas suprarenales.	**Producción**: en el caso de los mamíferos en los ovarios. Pequeñas cantidades son producidas en el hígado y glándulas suprarenales
Base química: hormona compuesta de aminoácidos	**Base química**: hormona compuesta de aminoácidos
Acción biológica:	**Acción biológica:**
Desarrollo de los rasgos sexuales masculinos (pene, barba, voz gruesa, etc)	Desarrollo de las característica sexuales femeninas (mamas, caderas anchas, etc)
Estimula la síntesis de proteínas	Regulación del ciclo menstrual en los mamíferos
Aumenta la masa muscular y ósea	Estimula la secreción vaginal
Aumenta el deseo sexual	Regula el comportamiento sexual de la hembra durante el coito
Aumenta la agresividad	Prepara el útero para la concepción
Durante la copulación la testosterona del semen estimula en la hembra la producción de endorfinas y oxytocina.	

Estas cinco substancias constituyen la química de la sexualidad, de la interacción social y de la transmisión informativa. La integridad física y emocional en interacción con el grupo es asi químicamente premiada con el bienestar. La transmisión informativa pasa por una inhibición de la agresiones y por el premio químico al contacto social, la curiosidad y el aprendizaje con la dopamina y la oxytocina como centrales. El individuo feliz no es proclive a la agresión haciéndose altamente receptivo a nueva información. El infeliz no solo tenderá a reaccionar agresivamente sino que también tendrá dificultad para aprender.

La neuroanatomía comparativa lo confirma. Con el avance en la escala zoológica se da no solo un aumento relativo de la corteza cerebral (centro de las funciones racionales) y del hipocampo (centro de la permanentización del recuerdo) sino también una adecuación anatómica a la emocionalidad. La amígdala (centro clave de las emociones primarias de miedo, placer y rabia) muestra en los primates, en comparación con los mamíferos insectívoros, un aumento en el tamaño del sector responsable del agrado (núcleo lateral) y una disminución del centro responsable del miedo, la rabia y el desagrado (núcleo medial). En otras palabras una priorización evolucionaria de las emociones tendientes a la cooperación a costa de la rivalidad y el enfrentamiento.

La emocionalidad tiene por tanto una base química modelante de la atmósfera social. El individuo cerebrado está ontogénica y filogenéticamente programado para una emocionalidad cimentada en un vivir compartido dentro y con otras especies cerebradas. La biosfera es un sistema unitario de traspaso no solo energético y genético sino también informativo ligado a una emocionalidad que se acentúa y sofistica conforme se avanza en la escala zoológica.

CAPÍTULO V

LA EVOLUCIÓN

Darwin no sabia de los genes y menos aun de sus mutaciones. Al parecer supo de oídas (y no le dio la significación del caso) de un contemporáneo suyo, el modesto cura austriaco Gregorio Mendel (1822-1884), que en la placidez de su convento cruzaba sus arbejas llegando a establecer las leyes de la herencia. Ninguno de los dos consideró que sus trabajos tuvieran una relación mutua. Mendel descubriría la existencia de ciertos factores portadores de los rasgos hereditarios, Darwin revelaría una evolución biológica provocada por la selección natural, la concurrencia y la adaptación. Estudios posteriores mostrarían que los factores hereditarios de Mendel se encuentran ubicados en los cromosomas celulares cuyo estudio llevaría a la identificación del ADN y de los genes.

Parecerá contradictorio un desarrollo evolutivo con punto de partida en una reproducción celular dotada de la precisión y confiabilidad de la replicación del ADN cuya función es conseguir copias lo mas exactas posibles al original. Bajo ese supuesto las primeras células vivas que aparecieron en el planeta deberían de haber permanecido_inalteradas. Sin embargo se da una evolución debida, por un lado, las mutaciones genéticas y, por otro, los tres principios propuestos por Darwin.

El ADN *muta* de vez en cuando. En ese preciso acoplamiento de los dos hilos de su espiral a tiempo de la división celular mitótica o, mas aun, en el caso de la división meiótica sexual y a tiempo de la mezcla de los materiales genéticos de los progenitores, se producen circunstancialmente fallas. Algunas debidas a factores externos (químicos, radiaciones, material genético viral, etc), otras debidas a la presión adaptativa del medio y unas terceras al simple factor azar. No son frecuentes pero suceden. Puede ser que sólo una o unas pocas letras del alfabeto químico del ADN cambien de lugar (mutación puntual) o que todo un pedazo del hilo se acople al otro en forma invertida a la original o que un material genético viral extraño modifique la secuencia del hilo. El producto será una célula hija diferente a la madre. Si esas propiedades se muestran desventajosas para la supervivencia esa célula morirá pronto y la mutación se considerará un fracaso. Pero si ellas aparecen como ventajosas esa célula o ese organismo se mostrará mas vital que la madre y consiguientemente se reproducirá mejor y transmitirá esas nuevas características a sus descendientes. El medio habrá premiado esa mutación y la célula o el organismo habrá evolucionado.

¿Como puede ese solo mecanismo explicar la enorme variedad de formas vitales y su progresiva complejidad? La respuesta radica en la selección natural acumulativa, en la utilización de una nueva forma ventajosa adquirida como base para las posteriores. La mutación ventajosa, simultáneamente también la mas vital, es usada como base para el desarrollo futuro. Lo ventajoso, por el solo hecho de ser ventajoso, se acumula, se usa y, de esa manera, se puede decir que se guarda para uso futuro. La vida no necesita descubrir la pólvora dos veces. No se trata por tanto de ninguna "decisión" de nadie, sino de la misma estructura del programa genético incorporado a un mundo de concurrencia y por ello obligado a adaptarse a las condiciones medioambientales para mantener su estructura como programa, es decir para sobrevivir.

Richard Dawkins en su "El relojero ciego" de 1986 ilustró magistralmente este acople entre azar y selección natural acumulativa mediante la cantidad de intentos necesarios para, por el solo azar (por ejemplo un mono puesto a teclear en una máquina de escribir), lograr la frase "Methinks it is like a Weassel" (de Shakespeare en Hamlet, podía obviamente haber usado cualquier otra). Dado que esta frase está compuesta por 28 letras y la máquina de escribir inglesa tiene 27 tangentes las probabilidades de que el mono escriba correctamente la frase completa es de es aproximadamente 1.entre 10.000 nonillones. Si el mono contara con un minuto por intento la antigüedad del universo quedaría probablemente corta. ¿Como pudo entonces la vida producir, por el puro azar, seres altamente complejos cuyo programa genético es millones de veces mas extenso que todas las obras de Shakespeare? Dawkins, usando conjuntamente los principios del azar y la selección acumulativa en su programa computacional pudo conseguir la frase correcta en solo 43 intentos.

Las primeras moléculas proteicas con capacidad reproductiva aparecieron hacen aproximadamente 4000 millones de años en un planeta todavía caliente por su intensa actividad volcánica y con una atmósfera carente de O2 libre. Esas proteínas se organizaron progresivamente durante mas de 1 billón de años hacia las primeras y muy simples bacterias anaeróbicas. Se supone que simultáneamente apareció un primer código genético en forma de ARN y, mas tarde, de ADN. Tuvieron que transcurrir todavía algo mas de 1000 millones de años mas para la aparición en los mares de las primeras bacterias capaces de producir O2 libre (la cianobacteria) con el consecuente aumento del oxigeno atmosférico y la formación de ozono protector contra la dañina radiación cósmica. La mayoría de las bacterias anaeróbicas sucumbieron a esa "contaminación" de O2 pasando las sobrevivientes a jugar un rol subalterno. El metabolismo aeróbico, decenas de veces mas efectivo que el anaeróbico, tomó el comando y el proceso evolutivo adquirió un ritmo acelerado. Las células pro-cariotas, como las bacterias, carentes de núcleo y microórganos internos, dieron lugar a células mas complejas, las cariotas, con núcleo celular y otros microórganos especializados hacen aproximadamente 1850 millones de años. Los seres unicelulares se hicieron mas tarde pluricelulares y la reproducción asexual se hizo sexual con el consiguiente aumento de las posibilidades combinatorias genéticas.

En esos largos periodos de tiempo se dieron lugar a trillones y mas trillones de intentos combinatorios del ADN, los mas de ellos fracasados unos cuantos exitosos, en un medio exigente y en permanente cambio. Son esos escasos intentos exitosos los responsables de la evolución con la aparición de una multitud de formas de vida marina ya en el precámbrico (trilobites, moluscos, manetes, nematodos, plantas, etc) y las posteriores terrestres invertebrados hacen 600 millones. Algo mas tarde surgirían las especies vertebradas que luego darían lugar a los peces, reptiles, pájaros y mamíferos. Formas transicionales entre lo invertebrado y vertebrado, entre lo marino y lo terrestre y entre diferentes formas de vertebrados subsisten hasta el presente. Las plantas invadieron tierra firme hacen 430 millones de años y los primeros mamíferos surgen en el planeta hacen 250 millones de años. Nuestra especie aparece así como el huésped más reciente cuyo tronco se separó de los orangutanes hacen 13 millones de años, de los gorilas hacen 7 y de nuestro primo hermano, el chimpancé, hace poco más de 5. El hombre actual, el Homo sapiens sapiens, ha habitado el planeta apenas alrededor de 150-200.000 años.

Pero esa dramática historia evolucionaria no es sólo el producto de esa ininterrumpida e infinita cantidad de experimentos combinatorios del ADN sino también de incontables depuraciones por presiones del medio, de masacres colectivas periódicas que diezmaron muchísimas especies o las borraron para siempre de la faz de la tierra. De los escombros de esas catástrofes se irguieron especies nuevas, diferentes y generalmente mejores que las anteriores. Ya al final del Precámbrico (el periodo que extiende entre 3,5 billones a 540 millones de años) se produjo la primera extinción masiva de las algas y nematodos que habitaban los mares y las formas de vida anaeróbica fueron diezmadas. En el Devoniano (hacen 370 millones de años) el 19% de las especies fueron aniquiladas. En el Periodo Pérmico (hacen 286-245 millones de años) del Paleozoico se extinguieron el 95% de las especies de invertebrados. Los trilobites que habían dominado ilimitadamente en los océanos durante centenas de millones de años desaparecieron para siempre. La extinción de los grandes reptiles, los dinosaurios que reinaron en tierra firme, los plesiosauros que gobernaron en el mar y los pterosauros que fueran los señores del aire, tuvo lugar hacen 66 millones de años, después de que esas especies fueran dueñas del planeta durante 150 millones de años en los periodos Jurásico y Cretáceo del Mesozoico. Esas son solo algunas de las muchas catástrofes biológicas globales. A ellas se suman incontables desapariciones de especies debidas a cambios locales o a exterminios mutuos. En el caso más cercano al humano muchas ramas de los homínidos desaparecieron por causas no identificadas sin apenas dejar rastro alguno. El Sapiens sapiens actual, a pesar de haber habitado el planeta tan poco tiempo, ha sido testigo presencial de aniquilaciones como la de otros homínidos (el Sapiens) o aún mas recientes como las de los mamuts, de los mastodontes y de los castores gigantes al final Pleistoceno o sea apenas algo mas de 10.000 años. El mismo Sapiens sapiens, por lo demás, ha provocado y sigue provocando mediante su accionar la extinción de muchísimas especies. La senda de la evolución está cubierta de cadáveres de millones de especies e infinitud de individuos que sucumbieron a la presión evolutiva.

ERAS	PERIODOS GEOLÓGICOS	TIEMPO	ACONTECIMIENTO BIOLÓGICO
	HADEAN	5000 millones de años	Formación del planeta Tierra
		4500 millones de años	Primeras moléculas orgánicas
		3000 millones de años	Aparición del ADN? Primeras células anaeróbicas.
Eozoica	ARCHEAN	2500 millones de años	Células procariotas aeróbicas. Bacterias capaces de fotosíntesis y producción de O2.
Paleozoica			
Mesozoica		1850 millones de años	Primeras células cariotas
Neozoica		580 millones de años	Primeros organismos pluricelulares primitivos (cnidarias: marinos, de simetría radial y con tentáculos)
Paleozoica	PROTEROZOICO		
Mesozoica		550 millones de años	Primeros artrópodos primitivos (trilobites) y moluscos
Neozoica			
Paleozoica	FANEROZOICO	500 millones de años	Primeros vertebrados primitivos
		420 millones de años	Plantas terrestres sin hojas (comienza la colonización vegetal de tierra firme)
Mesozoica		400 millones de años	Insectos alados y escorpiones
		240 millones de años	Reptiles
		200 millones de años	Pájaros
		130 millones de años	Plantas con flor
Cenozoica		120 millones de años	Mamíferos placentarios
		100 millones de años	Primates
		6 millones de años	Ancestro común de chimpancé y homínidos
		2,5-3 millones de años	Los primeros homínidos
		2,5 millones de años	Homo habilis
		2 millones de años	Homo erectus
		0,5 millones de años	Homo sapiens
		150-200 mil años	Homo sapiens sapiens

En esa lucha inmisericorde de la concurrencia y las exigencias ambientales las mas de las especies desaparecieron dejando en el mejor de los casos apenas un rastro fosilizado en algún estrato geológico. La cantidad de especies desaparecidas supera en muchísimo a las hoy existentes. El árbol evolucionario tiene millones de ramas, muchas de ellas superpuestas y las más truncadas. De las especies hoy sobrevivientes son alrededor de 2 millones las conocidas y nominadas por el hombre calculándose que existen entre 10 y 30 millones todavía por conocer.

Los hombres vivimos gozando de una amnesia colectiva involuntaria sumergidos en la ilusión de una humanidad cuya exclusividad la exime de toda relación con ese violento pasado. Nos imaginamos que dada nuestra posición aristocrática como especie deberíamos de estar exentos del riesgo de una catástrofe que amenace nuestra existencia. Es curioso que habiendo existido apenas 0,005% de la vida en el planeta estemos dotado de tal autosuficiencia olvidando o ignorando nuestro duro pasado en la savana africana como animal inicialmente recolector y carroñero antes que depredador. Esa ingenuidad encuentra naturalmente sus raíces en la vanidad generada por nuestros mitos acerca de nuestros orígenes, en el narcisismo de considerarnos por encima de lo biológico y, sobre todo, en el desconocimiento casi total que teníamos hasta hace poco acerca de como nuestra especie emergió en el planeta.

La vida aparece en la perspectiva evolutiva dotada de una fuerza inmanente y ciega (o quizás vislumbrante de sabiduría) que subordina inmisericordiosamente al individuo a su proyecto. La vida es intercambio de energía e información, copiado y evolución. El individuo y las especies, incluyendo la humana, aparecen sólo como piezas consumibles en una gigantesca maquinaria histórica empujada por ese impulso creativo de formas progresivamente avanzadas cuyo resultado mas acabado hasta hoy lo constituye la especie humana.

Darwin intuyó genialmente aquello, Mendel inició el estudio de sus leyes, el ADN revela la intimidad del proceso. No hay nada que indique que el proceso se haya detenido y, mas aún, seria absurdo creer que esa fuerza inherente a lo vivo, o quizás mejor dicho a la materia, concluya con el hombre. Como ser vivo y como la historia de billones de años lo demuestra, el hombre está sometido a esa fuerza evolucionaria universal.

Y nadie ha dicho, ni hay nada que lo demuestre, que el hombre sea el eslabón último en el desarrollo de la vida o, aún mas, que las formas biológicas sean la última y definitiva forma de desarrollo de la materia. No es imposible, aún mas, hay mucho que señala como probable, que hoy, sin saberlo y sin poderlo evitar, estemos en los umbrales del nacimiento de formas organizativas mas avanzadas a la que nosotros mismos demos lugar y que se podrían llamar supra o post-biológicas.

CAPÍTULO VI

DE LA BACTERIA AL SAPIENS

Durante los dos primeros billones de años las únicas formas de vida fueron células primitivas carentes de núcleo, las bacterias. Estas células, procariotas, precedieron a las mas avanzadas, las eucariotas, provistas de núcleo y de membranas internas.

El surgimiento de las células eucariotas, hacen 1850 millones de años, marcó la partida para el desarrollo de organismos complejos cuya estructura demanda eucariotismo. Estas células encontraron diversas formas de especialización y cooperación mutua para dar lugar a los seres pluricelulares. La antes autónoma célula pasó a convertirse en parte de una totalidad estructurada jerárquicamente de célula a tejido, de tejido a órgano y de órgano a individuo. En términos globales las formas simples pasaron a ser la fuente de energía para las complejas.

La vida generó asi hacia el futuro las 5 líneas interdependientes hoy observables: **bacterias** (procariotas unicelulares, inicialmente anaeróbicas y luego aeróbicas, algunas capaces de utilizar directamente la luz solar), **protistas** (eucariotas, unas unicelulares y otras pluricelulares, muchas de ellas capaces de utilizar directamente la luz solar), **hongos** (eucariotas, algunos unicelulares y otros pluricelulares, sin capacidad de utilización de la energía solar y por ello mayormente parasitarios), **plantas** (pluricelulares, con capacidad de usar directamente la energía solar gracias a la clorofila) y **animales** (pluricelulares, con órganos altamente especializados y dependientes de la energía almacenada por los otros niveles, especialmente las plantas). Los **virus** al carecer de capacidad reproductiva y energía propias, sin bien jugando un papel importantísimo en el traspaso genético, pueden ser considerados pre-vitales.

Con la pluricelularidad apareció el envejecimiento (los unicelulares no envejecen) y la reproducción se fue tornando paulatinamente de asexual en sexual con la consiguiente individualidad genética. Este proceso, extremadamente lento, tomó algo así como un billón de años con formas transicionales tanto entre lo unicelular y lo pluricelular como entre lo asexual y lo sexual.

El advenimiento de una célula especializada que trabajara eléctricamente, la neurona, en el Periodo Cámbrico, hacen aproximadamente 570 millones de años, tuvo lugar con los moluscos y los artrópodos hoy extinguidos como los trilobites. Esta célula vendría a rediseñar el comportamiento de la biosfera con una revolución en la velocidad adaptativa del organismo a los estímulos externos. Los periodos reactivos previos de minutos, horas o días pasaron a segundos e incluso a milésimas de segundo gracias a la percepción. Esta, a su vez, se fue complementando posterior y paulatinamente, en diferentes etapas, con la sensación y la emoción. Esa célula mostraría además algo realmente extraordinario: su capacidad para almacenar y procesar información, es decir memoria y razonamiento.

En las especies hoy sobrevivientes del Periodo Cámbrico como las medusas y los platelmintos existe ya un sistema nervioso elemental en forma ya sea de solo una red de fibras nerviosas acopladas o de apelotonamientos neuronales (ganglios) dispersos a lo largo del cuerpo y unidos entre si por fibras nerviosas. Similares ganglios neuronales interconectados se encuentran en los arácnidos. En los insectos se da una concentración de las neuronas en la parte anterior del animal como un primer bosquejo de cerebro (protocerebro)

En los moluscos posteriores, pertenecientes al orden de los cefalópodos como el pulpo, provistos ya de una visión y de órganos táctiles avanzados, también se da un protocerebro como el centro de conexión para una amplia red de distribución de nervios altamente especializados.

El cerebro:

Incontables combinaciones genéticas experimentales y de selección acumulativa durante los siguientes 70 millones de años fueron generando una organización neuronal cada vez mas eficiente. El resultado fue el cerebro, observable por primera vez con el surgimiento de los peces, hacen 500 millones de años, en un planeta por entonces con una vida todavía exclusivamente marítima. La colonización de tierra firme, inicialmente la vegetal y luego la animal, tendría aún que esperar 80 milones de años mas.

Paralelamente a la formación del cerebro se dió obviamente un mejoramiento general orgánico. A partir de los peces se da la formación de un tubo digestivo provisto de diversas enzimas, de órganos reproductivos, de un endoesqueleto, de un aparato circulatorio y de un sistema hormonal. El ojo adquiere la estructura básica que se mantendrá en el futuro con una cornea, un cristalino, una retina y un nervio óptico. Los aparatos respiratorio y circulatorio adquieren las características sofisticadas propias de los vertebrados. La sangre ahora provista de hemoglobina transportadora de oxígeno a todo el organismo permite un aumento del tamaño corporal sin detrimento del metabolismo llegando posteriormente incluso a generar los gigantescos dinosaurios. Los animales carentes de hemoglobina y de verdaderos pulmones, como los insectos (de advenimiento posterior), quedarán condenados a no sobrepasar un determinado tamaño.

Dada la incapacidad animal para sintetizar substancias orgánicas a partir de las inorgánicas la expansión vegetal de mar a tierra (hacen 420 millones de años) tuvo que ser previa a la animal. La independencia vegetal de su lazo acuático implicó un aumento brusco del acceso a la luz solar con una potenciación de la fotosíntesis y la consiguiente ganancia energética de la biosfera. Esas primeras plantas terrestres tuvieron que desarrollar estructuras rígidas de sostén para compensar la ausencia del apoyo del agua y de acomodación a la sequedad del aire (vasos capilares, raices, hojas, poros para la transpiración, etc) así como nuevas formas de reproducción. Formas primitivas como los helechos, todavía dependientes de ambientes húmedos para su reproducción, se desarrollaron paulatinamente hacia formas mas avanzadas, las gimnospermas (como los pinos) y, mas tarde, las angiospermas (con semilla protegida contra la desecación) pudiendo asi extender la colonización vegetal a medios cada vez más secos. La formación de hojas aumentó su superficie de captación solar. Algunos moluscos, los insectos y, algo más tarde los anfibios predecesores de los reptiles, seguirían a las plantas extendiendo la vida animal a tierra firme. Los insectos harían su aparición hacen algo asi como 400 millones de años aunque la formación de flores de colores para atraer a estos como polinizadores demoraría aún 280 millones de años mas (las flores a colores aparecen hacen 120 millones de años).

Una vez generado el cerebro este es eficientemente protegido al interior de una cubierta ósea, el cráneo. La prolongación del cerebro en la médula espinal es igualmente protegida por la columna vertebral produciendose también una diferenciación entre cerebro y cerebelo delegándose a éste último las funciones de balance y coordinación muscular.

Los vertebrados de sangre fría, como es el caso de los peces y los reptiles, dependientes de la temperatura ambiental para su metabolismo, darían mas tarde lugar a los de sangre caliente capaces de regular su propia temperatura y con ello una mayor autonomía. Hacen aproximadamente 200 millones de años emergerían esos animales. Los reptiles cinodontos darían lugar a los mamíferos mientras los reptiles coelusaurianos teratópodos evolucionarían hacia a los pájaros. Esta regulación de la temperatura corporal en los pájaros y mamíferos potenciaría un aumento brusco de 10 veces del tamaño relativo cerebral (en relación al peso corporal) en relación a sus predecesores los reptiles. El corazón, por su lado, de dos cámaras en los peces, adquiere tres en los reptiles y los anfibios y mas tarde las cuatro de los pájaros y mamíferos con una consiguiente mayor efectividad.

Con punto de partida en los peces mas primitivos le tomó por tanto a la naturaleza algo asi como 200 millones de años el mejoramiento de ese cerebro hacia una estructura, si bien todavía rudimentaria, pero muchísimo mas compleja y efectiva. En las especies mas avanzadas de peces, surgidas hacen 300 millones de años, al igual que en los anfibios y en los reptiles, ese cerebro conforma ya un centro multinodular, el **sistema límbico**, que servirá de base para el desarrollo posterior. Ese sistema, comúnmente llamado "cerebro reptil", regula en el animal la producción hormonal, la atracción sexual, el hambre, la huida del peligro, el ataque a los rivales y ciertas formas simples de socialización, es decir implica ya la presencia de las emociones primarias de miedo, rabia y de atracción sexual. Simultáneamente se generan también receptores específicos para el dolor.

Un nuevo avance estructural se hace observable hacen 200 millones de años con la emergencia de los pájaros. Una cubierta regional de neuronas a la periferia del sistema límbico compuesta de tres a cuatro estratos neuronales superpuestos hace su ingreso: la **paleocortex**. Esta, apenas distinguible en los pájaros, se hace paulatinamente mas visible en los mamíferos inferiores como los roedores en los cuales opera para el procesamiento de la información mayormente olfatoria y para una socialización en gran parte basada en olores. El olfato, inexistente en los pájaros se convierte ahora en fuente valiosa de información social dentro del grupo.

En los mamíferos evolucionariamente posteriores, de aparición hacen 120 millones de años, el aumento neuronal se hace explosivo con la emergencia de nueva cubierta neuronal a la periferia del sistema límbico. Esta nueva cubierta, a diferencia de los 3 o 4 estratos neuronales de la paleocortex que solo cubren pequeñas áreas del sistema límbico, muestra tener 6 estratos íntimamente interconectados extenderse además por encima de todo el sistema límbico: **la neocortex**. La neo-cortex (o simplemente llamada corteza cerebral), inexistente en los peces, reptiles y pájaros, coincide con el surgimiento de las decisiones mas complejas, la mayor diversidad conductual y la mas rica interacción social propias de los mamíferos. A partir de entonces el aumento relativo de la neocortex en relación al volumen total cerebral será la medida más confiable de la inteligencia de la especie. Mamíferos como el delfín y los primates con una neocortex mas desarrollada mostrarán también una inteligencia mayor, una interacción social más avanzada y un lenguaje mas complejo. Ese aumento cuantitativo sucede tanto en espesor como en superficie obligando al cráneo a un agrandamiento.

El verdadero salto hacia el pensamiento tendría que esperar hasta hacen 5-6 millones con la emergencia de los primeros homínidos y su separación del tronco ancestral común con el chimpancé. La neo-cortex cerebral sufre entonces un brusco aumento con la consiguiente dilatación de las partes anterior y laterales del cráneo. La neo-cortex frontal del hombre actual es de hecho 5 veces mas abundante que la de los monos actuales.

Se trata, en su conjunto, de un desarrollo centripetal cerebral durante 400 a 500 millones de años donde nuevas estructuras, con diverso grado de especialización, fueron añadidas a las precedentes con la neo-cortex como la mas reciente y la base del pensamiento. Con punto de partida en los ganglios neuronales acoplados de los moluscos y una vez establecido un núcleo central este desarrollo centripetal es así resumible: 1.- **El sistema límbico:** con el hipotálamo, la amígdala y el hipocampo como sus estructuras centrales y dirigido al control hormonal, la defensa, el ataque y la conducta sexual y cuyos primeros rudimentos se remontan probablemente a los primeros peces primitivos hacen mas de 400 millones de años. El hipocampo, de formación posterior, recibe la función especial de permanentización del recuerdo. 2.- **La paleocortex:** con el núcleo olfatorio, la parte medial del lóbulo temporal, la corteza cingulata (encima del cuerpo calloso) y la corteza que rodea el hipocampo como sus estructuras mas importantes, con inicio en los pájaros hacen 200 millones de años. 3.- **La neo-cortex:** rodeando las estructuras previas y con aparición con los mamíferos hacen 140 millones de años coincidente con una socialización mas avanzada, decisiones mas complejas y un pensamiento lógico.

Al interior de la especie de los homínidos y en la transición del Homo erectus al Sapiens, hace medio millón de años, esa neo-cortex cerebral muestra un nuevo aumento forzando al cráneo a un nuevo agrandamiento, especialmente en la parte delantera. Coincidente con la consolidación del andar bípedo se produce una priorización regional de la corteza cerebral hacia las funciones del lenguaje y de la mano. El volumen cerebral aumenta de los 1000 cm2 del Erectus a los 1400 cm2 del Sapiens. El andar bípedo libera los brazos durante la caminata. El pulgar que ya había adquirido antes una posición opuesta al resto de los dedos otorga a la mano una mayor diversidad motora. La interacción mano-cerebro estimula al cerebro a pensar de una manera diferente y novedosa con un aumento exponencial de las neuronas dedicadas al control de los movimientos manuales, de la lengua y de los labios. Mano, lengua y labios llegan a ocupar zonas corticales proporcionalmente mucho mas extensas que las dedicadas al control motor del resto del cuerpo. La laringe se desarrolla hacia la producción de una variedad de sonidos posibilitando la palabra. En resumen una priorización de las funciones dirigidas a la comunicación y a la transformación creativa del medio.

Esa neocortex muestra en el Sapiens sapiens (y probablemente también en el Sapiens) una división regional especializada (lóbulos **frontal, parietal,**

temporal, **occipital** y **límbico**) con diferentes funciones conformando sin embargo, gracias a la gigantesca cantidad de sus conexiones, una sola unidad funcional, Gran parte de esa neo-cortex desarrolla también las denominadas *zonas asociativas*. La *zona de asociación sensorial* (entre los lóbulos parietal y occipital) dedicada a la integración de los estímulos visuales, auditivos y táctiles. La *zona frontal de asociación* (en la parte mas anterior del cráneo) dedicada a la atención, la planificación, el control de los impulsos instintivos, el análisis de la conducta propia y el pensamiento abstracto. La *zona límbica de asociación* (en la parte inferior del lóbulo frontal y en la parte medial de cada hemisferio cerebral) encargada de la motivación, del aprendizaje y el control de las emociones.

En esa especialización regional es muy probable que ya el Sapiens haya mostrado una priorización de las zonas corticales dedicadas al lenguaje hablado, a las expresiones faciales y al pensamiento abstracto. En términos estrictamente cuantitativos, sin embargo, entre el Sapiens (de aparición hacen 500 mil años) y el Sapiens sapiens (con origen hacen 150-200.000 años) ya no se observa un aumento del volumen neto cerebral haciendo suponer que las diferencias funcionales entre ambas familias no radica en un aumento numérico neuronal sino en un mejoramiento de su micro arquitectura sináptica. El dominio del fuego puede haber jugado un rol preponderante al conducir a un mejoramiento de las condiciones de vida especialmente la dieta.

Esta filogenia del cerebro, desde su embrión mas primitivo en los moluscos hasta el Sapiens sapiens, fue por tanto un proceso demandante de cientos de millones de años y de una incalculable cantidad de experimentos evolucionarios. Los experimentos fracasados fueron desechados. Los experimentos afortunados fueron determinando un programa básico que se mostró lo suficientemente exitoso como para encontrar una aplicación universal repitiéndose indefinidamente al futuro en cada ontogenia, es decir cada vez que un individuo portador de un sistema nervioso es fecundado. El desarrollo del mamífero durante la gestación recopila así el esquema organizativo evolucionariamente previo no solo de los vertebrados sino (en algunos de sus rasgos) incluso el de los invertebrados como los moluscos y los insectos. Los cientos de millones de años previos de la filogenia aparecen asi comprimidos en los pocos días o meses de cada ontogenia, en cada gestación de un nuevo descendiente. Cada ontogenia se convierte asi en el relato en retrospectivo de los éxitos de la filogenia, de su lentísima y larga historia que resulta súbitamente compilada en una suerte de relato a ultrarrápido en cada nuevo ser que se forma y que se convierte en el portador de ese relato impreso en su sistema nervioso.

La neurona vendría por tanto a cambiar la biosfera como totalidad incorporando nuevos patrones de conducta al interior y entre las diferentes especies animales con nuevos mecanismos de una creciente complejidad, desde la simple percepción a la sensación y de ahí a la emoción y la memoria. Y, como corolario, aquello que vendría a tomar el comando de la biosfera, el raciocinio humano.

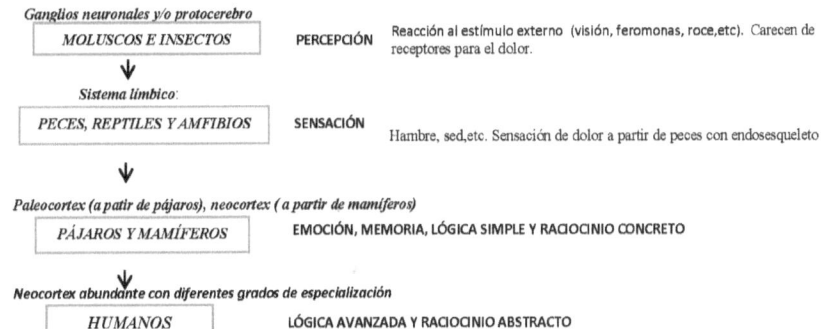

CAPÍTULO VII

EL NACIMIENTO DEL PENSAMIENTO EN LA BIOSFERA

Que todo sistema organizado de neuronas tenga la potencialidad de guardar información en forma de recuerdo aparece como un truco de magia. Y su descubrimiento puede considerarse como uno de los mas grandes avances de la ciencia. El principio usado en la computación moderna para el almacenamiento de la información, puntos eléctricos secuencialmente activados, muestra la naturaleza ya haber usado por millones de años. Ud. puede estudiar al mas minimo detalle el disco duro de una computadora que contiene todo tipo de información y no encontrará allá nada que se asemeje a una letra, un número o una imagen. Ud, puede rebanar un cerebro en las rodajas mas finas posibles y alla tampoco encontrará nada que se asemeje a un recuerdo. En ambos sistemas la informacion está almacenada puntualmente. En el caso del cerebro estos estan dispersamente almacenados en los puntos de conexión entre las neuronas, las sinapses, que secuencialmente activados son capaces de guardar y luego activar el recuerdo a demanda.

Apenas esas primeras neuronas en el Periodo Cámbrico empezaron a formar estructuras relativamente intrincadas ellas sentaron automáticamente la base no solo para los fenómenos de la percepción, la sensación y la emoción sino también para una acumulación informativa. Lo que inicialmente fuera en los animales mas primitivos algo extremadamente simple como es el caso de los reflejos condicionados (la provocación de una nueva reacción generada por el aprendizaje) fue transformandose paulatinamente en operaciones cada vez mas complejas y en una capacidad acumulativa de la información también mayor conforme se fueron generando mejores variantes de organización neuronal.

Especies primitivas que viven en grupo como las hormigas y abejas son capaces de una transmisión mutua de información para ellas relevante como lugares donde encontrar alimento. Muchísimos animales cerebrados muestran una capacidad para la improvisación, la solución de problemas y el recuerdo. Algunas especies de pájaros como los cuervos, enfrentados a un problema nuevo, son capaces de razonar lógicamente y encontrar soluciones. Muchas especies, como las ballenas, los delfines y diversos primates poseen un lenguaje dentro del grupo. El delfín y el chimpancé reconocen su propia imagen en el espejo como una indicación de un sentido de individualidad. Entre los mamíferos, especialmente los depredadores, la transmisión de conocimientos por imitación de una generación a otra es norma y condición para su supervivencia. La vida social entre los animales gregarios revela por lo demás una insospechada complejidad de simpatías y antipatías, lealtades y rencores y algunos mamíferos sueñan.

Estos son apenas unos cuantos ejemplos de la existencia en la biosfera de una creciente actividad mental paralela al avance evolucionario. Los humanos no somos los únicos que pensamos. De hecho los mecanismos neuronales del almacenamiento informativo explicados en este capítulo, aplicables a todos los animales provistos de sistema nervioso, fueron descubiertos por Erik Kendel en un animal tan simple y primitivo como un molusco, la Aplisia californica

Todo cerebro relativamente avanzado tiene incorporadas a su estructura las reglas mas elementales de la lógica y de la física. Todo animal depredador "sabe" que todo efecto tiene una causa, que a todo cuerpo corresponde una substancia, que dos son mas que tres o que la distancia mas corta entre dos puntos es la línea recta actuando en consecuencia en la elección de sus lugares de alimento o durante la persecución de su presa. Todo cerebro de mamífero tiene incorporada la fórmula de energía = masa x aceleración reaccionando en función a ella. Así ese animal juzgará la masa de su presa o de su rival haciendo un cálculo mental de sus propios riesgos y posibilidades respecto a esa masa así como, si esta provisto de audición, reaccionará con la huida al escuchar un estampido que su cerebro interpreta automáticamente como una aceleración brusca y con ello una liberación de energía potencialmente dañina.

Hoy han quedado claros los mecanismos biológicos detrás de lo mental. Algunos de los pioneros en este campo se hicieron justificadamente merecedores del Premio Nobel de Medicina entre ellos Erik Kendel.

Para entender el problema es necesario primero referirse a esa unidad microscópica que lo explica todo: la neurona.

La neurona, esa batería microscópica que produce su propia electricidad disparando permanentemente sus cargas eléctricas a sus congéneres unas 800 veces por segundo, es extremadamente social. Aislada en un cultivo celular de laboratorio lo primero que hace es tirar sus tentáculos (axón y dendritas) en busca de sus congéneres, si no los encuentra se suicida. Cada neurona cuenta asi con un axón transmisor del impulso en ella generado y varias dendritas receptoras de la electricidad proveniente de las otras neuronas. Los puntos de contacto de los axones y dendritas con otras neuronas se denominan sinapses. Por término medio cada neurona está conectada, mediante decenas, centenas o miles de sinapses, a entre 8 y 30 neuronas, mayormente en su proximidad. En el caso de la corteza cerebral humana cada neurona cuenta con un promedio de 1000 terminales sinápticas. Los 100.000 millones de neuronas que se calcula se encuentran empacadas en el cerebro humano dan la respetable cifra de un cuatrillón de conexiones sinápticas.

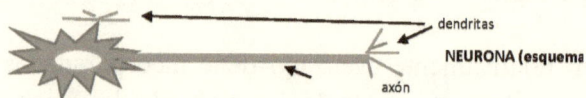

dendritas

NEURONA (esquema

axón

La conexión sinápica entre las neuronas no es directa sino que se encuentra mediada por substancias químicas, o mediadores intersinápticos, que actúan en el espacio intersináptico ya sea estimulando, inhibiendo o de otra manera modificando el paso del impulso eléctrico de una neurona a otra. Cada neurona se encuentra asi permanentemente sometida a un bombardeo de estímulos eléctricos de sus congéneres, unos inhibidores y otros estimulantes dependiendo del mediador químico incorporado a esas sinapses. Que la neurona en cuestión dispare a su vez sus propios impulsos eléctricos a las otras neuronas con las cuales se encuentra conectada dependerá del, por el momento, balance eléctrico entre los impulsos estimulantes e inhibidores que esta reciba. En otras palabras los mediadores intersinápticos acúan a la manera de semáforos reguladores del tráfico eléctrico cerebral dirigiendolo a las direcciones correctas e impidiendo el caos.

Existen al presente identificados alrededor de un centenar de mediadores intersinápticos con 6 de ellos como los mas abundantes e importantes: el glutamato (rápidamente excitante), el GABA (inhibidor y por ello tranquilizante), la dopamina (lentamente excitante e importante para la memoria de largo plazo, la coordinación muscular y la sensación de placer), la serotonina (lentamente excitante y modulador de los estados de ánimo), la noradrenalina (lentamente excitante, modulador de los estados de ánimo y del aparato circulatorio) y la acetilcolina (rápidamente excitante, modulador de la memoria de largo plazo y de las actividades intestinal y circulatoria).

Es en las sinapsis y en las conexiones intersinápticas donde se produce el almacenamiento informativo.¿Como es esto posible?

Todo el contenido cerebral es información guardada o recuerdo, material a partir del cual se genera el pensamiento.

Los seres biológicos estamos permanentemente sometidos a un bombardeo de señales energéticas externas (luz, sonido, roce, temperatura, aromas, etc) que son captadas, las mas subconciencialmente, por nuestros órganos sensoriales y convertidas en impulsos eléctricos trasportados hasta el cerebro. Estos estimulos forman el substrato de nuestros recuerdos. En ausencia de estos estímulos el cerebro se desorganiza (un individuo en un cuarto completamente oscuro y silencioso desarrolla en unas cuantas horas esa forma de desorganización cerebral que llamamos psicosis). Cada especie animal cuenta con su propia y bastante única "ventana" percepcional que nutre a su cerebro con las señales del entorno. En el caso humano sus alrededor de 300 millones de receptores sensoriales, el 90% de ellos visuales, informan al cerebro sobre lo que sucede en el entorno. Este es el material que el cerebro convierte en recuerdo.

El recuerdo, en respuesta al estímulo externo que lo provoca, tiene lugar a nivel de los circuitos sinápticos (neuronas acopladas que trabajan juntas) en intima relación con los mediadores intersinápticos.

El circuito neuronal absolutamente mas simple está compuesto por, en un extremo, una neurona sensorial que reacciona al estímulo externo y, en el otro, por una neurona motora que envía el estímulo al órgano final (por ejemplo un músculo). Entre ambas se encuentran las llamadas interneuronas que procesan el estímulo de la neurona sensorial a tiempo de su traspaso a la neurona motora. Un objeto punzante que alcanza un dedo hace que la neurona receptiva mande el impulso a la interneurona y esta a a su vez a la motora que enviará su impulso a los músculos respectivos para retirar el dedo. La mayor parte de las neuronas cerebrales son interneuronas (la corteza cerebral está prácticamente compuesta de solo interneuronas) y es en estas interneuronas donde se almacenan y procesan los recuerdos.

Este circuito simple es denominado **circuito mediador** y se encuentra mediado por un químico intersináptico rápidamente estimulante, el glutamato.

Una activación fuerte o repetitiva de las sinapses entre las neuronas del circuito mediador provoca un aumento en el químico intersináptico con el resultado de un mas fácil paso del estímulo nervioso entre ellas, un fenómeno llamado **facilitación**. Con este punto de partida y dependiendo de la calidad del estímulo se da lugar a 3 diferentes alternativas:

Habituaciòn: si el estímulo inicialmente activante de la neurona sensorial es repetitivo y débil las neuronas incorporadas al circuito, cada vez que estas reciben el mismo estímulo, darán lugar a un potencial sináptico mas débil que el inicial. Por ejemplo un animal sometido a un sonido débil e inusual este inducirá inicialmente a la alerta pero si el sonido, al ser repetido, muestra ser inofensivo la habituación inducirá a que el animal acabe ignorándolo. El animal, en otras palabras, ha aprendido a reconocer el estímulo como poco importante o inofensivo.

Sensibilizacion: si el estímulo inicial es repetitivo y fuerte este dará lugar a una respuesta neuronal mas vigorosa que la inicial, reacción que se producirá cada vez que la neurona reciba el mismo estímulo. Por ejemplo, si a un animal se le provoca repetitivamente dolor mediante un estímulo eléctrico fuerte, cada vez que el mismo le sea aplicado la respuesta será mas fuerte que la primera vez. El animal ha aprendido ha identificar el estímulo como peligroso o nocivo.

Condicionamiento: si un determinado estímulo débil precede siempre a otro mas fuerte y la secuencia se hace repetitiva la neurona reaccionará al estímulo débil de la misma manera que cuando se le aplica el estímulo fuerte. Por ejemplo, si a un animal se le aplica repetitivamente una caricia previa a un estímulo fuerte doloroso su reacción defensiva partirá ya antes del estímulo doloroso, es decir a tiempo de la caricia.

En los tres casos se ha dado lugar a un almacenamiento de un elemento informativo o **aprendizaje** basado en un cambio en la disponibilidad del mediador químico de acción siempre excitante, el glutamato. En el caso de la habituación una disminución en la acción del glutamato en el espacio intersináptico, en la sensibilización y condicionamiento un aumento. Ese cambio, dependiendo del tiempo y otras circunstancias podrá ser pasajero, de unos segundos a unos pocos minutos (memoria de corto plazo) o mas permanente (memoria de largo plazo).

El circuito mediador arriba esquematizado es sin embargo solo aplicable a los recuerdos pasajeros o memoria de corto plazo. Para una permanentización del recuerdo se hace necesaria la incorporación de un mayor número de neuronas formando el denominado, **circuito modulador,** que vendrá a trabajar conjuntamente con el circuito mediador. Este circuito modulador, para su formación, requiere de series repetitivas del impulso estimulante con periodos intermedios de reposo.

La repetitividad intermitente del impulso estimulante provoca por tanto el acople de neuronas adicionales al proceso, es decir a la formación del circuito modulador cuyas sinapses ya no estarán mediadas por el glutamato sino por un excitante de acción mas lenta, la dopamina (en los moluscos, donde Kendell estudió por primera vez el proceso, este mediador es la serotonina)

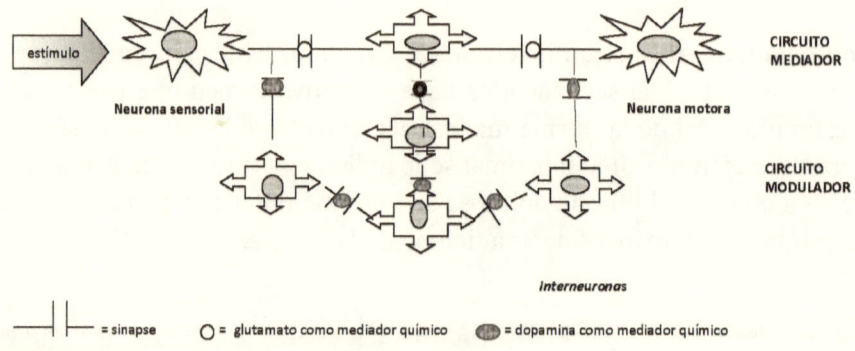

Una vez establecidos y consolidados estos circuitos cada vez que sus sinapses de unión sean conjuntamente activadas la información eléctrica allá almacenada aparecerá en forma de recuerdo

El almacenamiento de la información cerebral es por tanto similar al de una computadora. Si desarmamos el disco duro de una computadora que almacena un gran volumen de información (imágenes, palabras, cálculos, etc) no veremos allá nada que así sea remotamente se asemeje a una imagen, una palabra o un número. De igual manera si tomamos un cerebro y lo cortamos en rebanadas tampoco veremos allá nada que se parezca a un recuerdo. En ambos casos esa información está almacenada en puntos acoplados formando circuitos eléctricamente activables. Se puede decir entonces que cada sinapse interneuronal incorporada a un circuito ya sea mediador o modulador adquiere el valor de un bit computacional (1s y Os o sea puntos eléctricos activables o no activables) mientras la asociación de los circuitos mediador y modulador adquieren el valor de un byte (o secuencia acoplada de bits) portador de una unidad informativa.

El aprendizaje, producto del concurso de ambos circuitos, mediador y modulador, conlleva por tanto en primera instancia y junto a la facilitación un cambio en la solidez y efectividad de la conexión sináptica o LTP (Long Term Potentiation) como consecuencia de un aumento tanto de la cantidad como del tiempo de acción del glutamato y la dopamina en los circuitos mediador y modulador respectivamente. En segunda instancia implica la generación de nuevas sinapsis, es decir una modificación anatómica del circuito. Asi si una neurona sensorial normalmente acoplada, digamos, a 25 diferentes neuronas mediante 1300 sinapses de las cuales solo un 40% son activas, sometida a un proceso de aprendizaje (estímulos seriales repetidos con pausas intermedias) duplicará su número sinapses a 2700 aumentando además el porcentaje de sus sinapses activas a un 60%.

Todo aprendizaje en los animales portadores de cerebro, ya sea motor (como el del cachorro de tigre que aprende a usar sus colmillos y garras que le servirán para la cacería) o espacial (como cuando el animal se enfrenta a nuevos espacios físicos o situaciones) o episódico (como es el caso de las nuevas experiencias propias vivenciales) o semántico (como es aprender a comunicarse con los congéneres de su grupo) implica la formación de nuevos circuitos con sus respectivas sinapses. Todo olvido, por su lado, supone el debilitamiento o la desaparición de aquellas sinapses de sostén del recuerdo en cuestión.

Nuevos recuerdos o habilidades exigen por tanto nuevas sinapses. Solo las sinapses de los circuitos neuronales mediadores dedicados a la percepción, las que regulan el temperamento y las que dan una estructuración básica a la percepción sensorial son genéticamente programadas, o sea congénitas, y por tanto fijas (uno ya nace con las sinapses para ver, oír o sentir dolor). Por el contrario las sinapses de los circuitos neurales generados por el aprendizaje son modificables por el mismo aprendizaje. Mas temprano en la vida tenga lugar ese aprendizaje mas sólidas serán esas sinapses.

La formación inicial del recuerdo toma apenas unas milésimas de segundo aunque su sustento anatómico con nuevas sinapses formando circuitos y consolien el recuerdo exige unos pocos minutos, proceso que también incluye, en los animales mas avanzados, la participación del hipocampo. Las dendritas y el axón tienen ya de hecho sinapses provisorias "pre-empacadas" y listas para, luego de un último retoque, ser presentadas y activadas en respuesta a la demanda del aprendizaje o, lo que es lo mismo, al aumento del mediador químico intersináptico. Esas sinapses recién formadas, dada su fragilidad, necesitarán sin embargo consolidarse y mantenerse con la repetición del estímulo que dio origen al recuerdo. El olvido no es otra cosa que la atrofia de esas sinapses por desuso.

Se trata por tanto, en el cerebro animal como totalidad, de millones de circuitos neuronales en incesante cambio sináptico como producto del aprendizaje durante la vida diaria (nuevos lugares, situaciones, habilidades, ideas, etc) y de una igualmente incesante consolidación de los circuitos anteriromente creados en caso de su uso. Los circuitos activados por el uso se fortalecerán, los en desuso se debilitarán. El trabajo cerebral implica una incansable danza eléctrica, una gigantesca pirotecnia microscópica intracraneal continua, una incesante activación secuencial por lapsos de milésimas de segundo de millones de circuitos en diversas zonas cerebrales y de su inmediata parcial o total desactivación y nueva activación ya sea de los mismos u otros circuitos acoplados dependiendo de las demandas del trabajo cerebral.

CAPÍTULO VIII

EL SURGIMIENTO DE LA NOOSFERA

El mecanismo informativo anteriormente expuesto y válido para todo cerebro animal inclusive el humano, si bien complejo, se puede calificar como lo absolutamente mas básico. El trabajo cerebral humano es, como se sabe, inmensamente mas complejo y es así también el que siempre mas nos ha intrigado.

Que una masa de materia aparentemente amorfa de lugar a sinfonías, catedrales, plegarias, poemas, ecuaciones matemáticas y estaciones espaciales debe considerarse, sino un milagro, al menos un extraordinario truco de magia.

Filósofos y hombres de ciencia se preguntaron desde la antiguedad sobre el origen del pensamiento. ¿Como es que los hombres pensamos?, ¿donde se originan esos pensamientos y que es lo que los forma?. Filósofos de la talla de Platón, Aristóteles y otros llegaron, la mayor parte de ellos y con una suerte de rendida resignación, a la conclusión de algo intangible y supramaterial como fuente del pensamiento. Bajo la fuerte influencia del platonismo el Cristianismo estableció aquello como verdad y artículo de fe. Aún en tiempos algo mas modernos un pensador racionalista y altamente familiarizado con la ciencia de su tiempo, Descartes, tuvo que admitir que dentro del cerebro debía haber un espíritu como responsable de la actividad mental. Adicionalmente y como una suerte de confirmación del espíritu estaban las preguntas carentes por entonces de toda respuesta que no fuera la metafísica: ¿de donde sale la lógica?, ¿ como es que estructuramos el mundo de acuerdo a ciertas categorías ?, ¿como es que podemos establecer razonamientos que nos llevan al conocimiento de la verdad?, ¿como es que creamos mundos imaginarios?.

Por cierto que hubieron rebeldes a la idea del espíritu. Los empiristas ingleses Hobbes, Locke y Hume se inclinaron por la simple idea del pensamiento como solo el resultado de un ordenamiento asociativo y secuencial de las impresiones sensoriales.

Kant, el mas sagaz de los pensadores que le dedicaron su atención al tema, elaboró una respuesta tan impecable que se supuso debería de ser definitiva. Su planteamiento fue tan simple como genial: los humanos poseemos dos tipos de conocimiento, se dijo Kant, los que aprendemos a través de la experiencia como, por ejemplo, "la piedra suele ser mas pesada que el algodón" (a los que llamó a posteriori) y los independientes de la experiencia como, por ejemplo "cinco son mas que cuatro" (a los que llamó a priori). Simultáneamente los humanos tenemos dos tipos de razonamientos, aquellos en los cuales el predicado no añade nada al sujeto por estar este ya incorporado al sujeto como, por ejemplo, "todos los cuerpos tienen extensión" (a los cuales llamó analíticos) y aquellos en los cuales el predicado añade algo nuevo al sujeto, por ejemplo, "dos mas dos son cuatro" (a los cuales llamó sintéticos). Todo aprendizaje tendría que ser por tanto producto de juicios sintéticos ya que los analíticos no aportan nada nuevo. Ahora bien, sostuvo Kant, dado que muchísimos de nuestros conocimientos, como los axiomas matemáticos, son a priori y sintéticos, es decir que no necesitan de ninguna experiencia sensorial previa y además aportan con algo nuevo…¡voila!, no queda sino que admitir la existencia de algo extrasensorial que gobierna nuestro actuar mental, el espíritu.

Esos filósofos, inclusive Kant, estuvieron equivocados. La explicación resultó ser mas sencilla pero, a la vez, infinitamente mas compleja y con enormes lagunas todavía por llenarse. Decenas de centros y miles de científicos a lo largo del mundo estan hoy dedicados a ese estudio. Este capítulo se limita a mencionar tres aspectos básicos: las variantes humanas del recuerdo, el pensamiento analógico y el pensamiento lógico-analítico.

Es necesario anotar en forma previa el pensamiento humano como producto de la evolución. En algún momento, probablemente en la transición del Homo erectus al Sapiens, hacen aproximadamente 2 millones de años, se dieron el suficiente aumento neuronal y el mejoramiento de la microaquitectura cerebral como para permitir la emergencia de un pensamiento crecientemente lógico y del sentido de individualidad. Entre estas dos familias de homínidos el cerebro sufre un significativo aumento en substancia de 1000 c3 a 1400 c3, algo que mayormente tiene lugar en la parte frontal obligando al cráneo a una dilatación hacia adelante. Si alguna zona cerebral tipifica lo humano esta es el lóbulo frontal, centro que en la práctica resume la personalidad. Nuevas conexiones nerviosas entre las diferentes áreas cerebrales fueron simultáneamente generadas con una progresiva especialización de las neuronas que vendrían a ser responsables de las funciones típicamente humanas del lenguaje avanzado, el pensamiento abstracto y del sentido de la individualidad.

En las versiones del mito, especialmente en la bíblica, la conciencia o sentido de existir como algo único e indivisible en un espacio y tiempo concretos fue algo de aparición súbita como dádiva de Dios en un paraíso con el sobreentendido de atribuirle a esta el carácter de estática e inamovible. La conciencia es sin embargo un fenómeno de aparición paulatina y extremadamente dinámica y cambiante. A nivel individual esta muestra significantes fluctuaciones normales durante el curso del día y cambios profundos durante las diferentes etapas de la vida. Multitud de factores circunstanciales la modifican con el cansancio, algunas drogas y diversos trastornos patológicos como los mas corrientes. A nivel colectivo las gradientes de conciencia son prácticamente innumerables dependiendo del grado de desarrollo, del acceso a la información y del tipo de información que la colectividad reciba. El grado de conciencia atribuible al hombre del paleolítico, con una concepción animista y un conocimiento extremadamente limitado del mundo, es muy diferente al del hombre educado del siglo XXI. Su emergencia como fenómeno a lo largo de la evolución tuvo que haber sido paulatino. Lo mismo se puede decir del lenguaje y de los procesos lógicos, elementos de lenta adquisición y paralelos al mejoramiento cerebral con nuevas neuronas encargadas de diferentes funciones, nuevas conexiones nerviosas y, un aspecto de también decisiva importancia, la acumulación informativa a lo largo de la historia como producto del desarrollo de la ciencia, las artes, etc. y de la educación.

El almacenamiento humano de la información a nivel sináptico tiene características propias. Su memoria, basada en los mecanismos neuronales descritos en el capítulo anterior, es mucho mayor que la del resto animal con diferentes formas de procesamiento, de almacenamiento y de evocación de esa información. Alguna información cerebral es evocable otra no. Y en cuanto a la información evocable diferentes recuerdos poseen una relevancia funcional también diferente. El recordar el nombre de la capital de un país tiene para el individuo un valor y funciones distintas que el recordar cuando se enamoró por primera vez y esto, a su vez, lo hará respecto a los automatismos aprendidos para manejar auto o bicicleta. En otras palabras existen diferentes tipos de memoria respaldados por diferentes tipos de sinapses provistas de una mayor o menor solidez o fragilidad, de una mayor o menor susceptibilidad al cambio, de una mayor o menor capacidad para la evocación y de un mayor o menor vínculo con la emocionalidad. Los únicos elementos comunes a todo recuerdo son dos. Primero que para que toda percepción sensorial pase a convertirse en recuerdo de largo plazo tiene necesariamente, ademas de formar un circuito sináptico, que ser eléctricamente sellada por el hipocampo. Y segundo que todo recuerdo, independientemente de su tipo, está acoplado, en mayor o menor medida, a alguna forma de emocionalidad.

Existen diversos tipos de memoria con una división básica entre memoria de corto plazo con recuerdos de una duración de apenas unos segundos a minutos (como recordar un nuevo número de teléfono para solo el momento marcar los dígitos y luego olvidarlo) y la de largo plazo con duración de dias, meses o años. La memoria de corto plazo es tarea del lóbulo frontal y no incorpora al hipocampo mientras el recuerdo de largo plazo deberá ser sellado por el hipocampo. Esta memoria de largo plazo es a su vez dividida en una memoria implícita portadora de recuerdos altamente presentes y generalmente influyentes en la conducta pero no evocables por la conciencia y por ello aparentemente olvidados (especialmente incidentes existenciales de la infancia) y la memoria explícita que almacena la información fácilmente evocable. Esta memoria explícita es a su vez divisible en 3 diferentes categorías: la procedual, que abarca los automatismos aprendidos y que se ejecutan normalmente al margen de la conciencia (como el ejemplo mencionado de manejar auto), la episódica que conforma aquellos incidentes existenciales propios del vivir (como escenas del matrimonio, del bachilerato, de un viaje, lo que se hizo ayer, etc) y la semántica que se refiere a aquellos conocimientos otorgados por la cultura y que pueden ser expresados en el lenguaje (como serían los conocimientos de cultura general, de la profesión de uno, etc). Algunas sinapses de respaldo de los diferentes tipos de memoria son genéticamente programadas e inamovibles. Otras, las generadas por el aprendizaje, son sometidas a un mayor o menor cambio a lo largo de toda la vida.

SINAPSES GENÉTICA Y NO GENÉTICAMENTE PROGRAMADAS

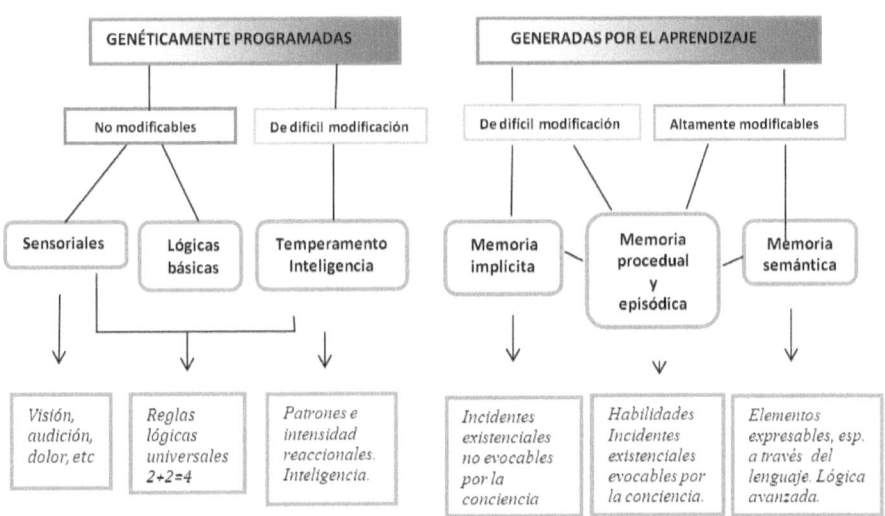

Las sinapses sensoriales genéticamene programadas y altamente similares para toda la especie humana garantizan una captación similar del mundo entre los diferentes individuos permisiva de la comunicación. Todos los humanos reaccionamos a los estímulos sensoriales externos y estructuramos la realidad de una manera básicamente semejante. Los receptores visuales, auditivos, etc reaccionan igual en el Sr A que en el Sr B. Este es también el caso de las sinapses genéticamente programadas para una estructuración lógica básica del mundo en obediencia a ciertos parámetros comunes e indiscutibles necesarios para el entendimiento mutuo como, por ejemplo, que la causa precede al efecto, que cuerpo y substancia son equivalentes o que 3 son mas que 2, Se trata por tanto de elementos ajenos al aprendizaje, circuitos neuronales congénitos y por tanto no modificables. Pero también los humanos somos distintos. Algunos son mas inteligentes que otros o reaccionan de una forma diferente a un estímulo similar. Esa distintividad depende parcialmente det tipo de conexiones neuronales congénitas de respaldo del temperamento y la inteligencia pero, sobre todo, de la información captada a lo largo de la vida, es decir del aprendizaje. Las sinapses congénitas de respaldo del temperamento y la inteligencia son extremadamente difíciles de modificar existiendo sin embargo, al menos en lo que se refiere al temperamento, técnicas especiales con la capacidad de hacerlo. Las sinapses ya no congénitas sino mas bien generadas durante el mismo proceso del aprendizaje son, además de suceptibles a una mayor modificación, las que en gran parte determinan la estructura mental. Cada individuo concibe asi el mundo a su propia manera dependiendo de la etapa de la vida en que se encuentra, de las experiencias personales y del tipo de educación que reciba. Un niño mira el mundo de forma diferente al adulto asi como una mujerlo lo hace respecto a un hombre o un musulmán árabe difiere de un chino taoista o de a un agnóstico francés. En otras palabras las sinapses generadas por el aprendizaje, además de ser altamente personales, responden en su formación a multitud de factores circunstanciales como medio geográfico, experiencias propias existenciales, tipo de colectividad en la que uno actúa o tipo de educación que uno reciba. Estas sinapses, a diferencia de las congénitas, son potencialmente modificables dependiendo del tipo de información que ellas portan y con las de la memoria semántica como las mas fáciles de modificar. En otras palabras si, por ejemplo, le enseñaron a Ud, equivocadamente que la capital de Francia es Londres (memoria semántica) no tendrá mayor problema en modificar a la capital de Francia es Paris. Por el contrario escenas mentales de su matrimonio o su bachillerato (memoria episódica) serán mas estables.

Esta división de la memoria, si bien válida, es esquemática. En el mundo real cerebral todos esos recuerdos se encuentran entremezclados conformando una unidad funcional específica para cada individuo. Lo que para uno es semántico para otro resulta episódico. Para el historiador el Desembarco de Normandía es semántico, para el soldado que participó en el desembarco este es episódico. Un mismo recuerdo (o conjunto de recuerdos) pueden, de igual manera, compartir las cualidades de semántico, episódico e implicito, dependiendo de las circunstancias, como podría ser el caso de la ciudad natal de uno donde un sinfin de elementos de esas categorías se hallan incorporados.

Esa información total está por tanto almacenada en billones de circuitos sinápticos secuencialmente activables y con ello evocantes del recuerdo en cuestión. Se calcula que la cantidad de conexiones sinápticas humanas (genéticas y no genéticas) alcanza el cuatrillón. A ese cuatrillón de diferentes conexiones se ha convenido en llamar conectoma homologizable al, en genética, conjunto acoplado de genes o genoma. Ese conectoma llega a ser así la "huella digital" mental de cada individuo. El conectoma es el que decide el pensamiento pero el pensamiento, a su vez, diseña parcialmente ese conectoma.

Se puede visualizar la interacción de los diferentes tipos de memoria con el ejemplo a continuación cuya compresibilidad demanda sin embargo anotar las dos reglas básicas del trabajo neuronal 1) la ya anotada en el capítulo anterior de que toda informacion permanente requiere del concurso de una serie acoplada de neuronas formando el circuito mediador y el modulador como una unidad informativa y 2) que mientras mas frecuentemente trabajen juntas las neuronas acopladas en un circuito y con otros circuitos mas fácilmente seran estas activables fáciitando el paso del impulso nervioso entre ellas.

Suponga Ud haber vivido en París en su temprana infancia y que Ud mantiene una conversación con un amigo con el cual comparte una cultura y un nivel educativo relativamente similares. Con el objeto de esquematizar el ejemplo otorguemos a la unidad conformada de un circuito mediador y modulador el portar la información de una palabra completa y que esa unidad se encuentra acoplada a otros seis unidades (circuitos mediadores y moduladores) con las que trabaja habitualmente. Al escuchar Ud de su amigo la palabra Paris esta activa en su cerebro la unidad correspondiente portadora de esa palabra y esta, simultáneamente, dado que esa unidad está habituada a trabajar con ciertos otros circuitos, activará también automáticamente esos circuitos. La unidad portadora de París activará así las unidades de Arco del Triunfo, Napoleón, Campos Eliseos, la Marsellesa, Pierre (un amigo parisino al cual Ud visita de vez en cuando) y Nicole (una nñera a la que Ud no recuerda y que se hizo cargo de Ud durante su infancia). La mayor parte de esas unidades pertenecen a la memoria semántica, como Marsellesa, pero su amigo Pierre pertenece ya a la memoria episódica ya con él realizó una serie de actividades. Nicole, por su lado, a quien Ud prácticamente ha olvidado pertenece a la memoria implícita y no le será evocable, es decir que Ud, no sera conciente de esa información almacenada, Este recuerdo implícito podrá sin embargo determinar aspectos subconocienciales como, por ejemplo, su simpatia por un determinado timbre de voz o por un un tipo de rostro relacionados con Nicole que su cerebro la asocia con sensaciones placenteras.

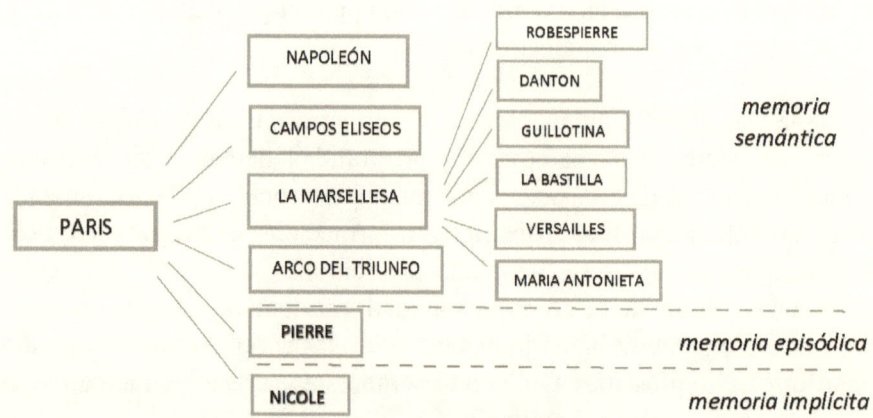

Si en el siguiente momento de la conversación su amigo menciona La Marsellesa, puesto que el circuito ya está previamente activado Ud sabrá a lo que él se está refirien aún antes de que complete la palabra. La unidad de Marsellesa activará a su vez otra serie de circuitos con los que esta unidad trabajó anteriormente (Danton, guillotina, etc), Este contexto de circuitos asociados estará a su disposición en milésimas de segundo de tal manera que incluso podrá, antes de que su amigo acabe la frase, saber de su contenido generando ya su cerebro también una respuesta.

Este es el mecanismo explicatorio, entre otras cosas, de la similitud cultural, de la pertenencia al grupo y de la amistad. El fluido comunicativo entre quienes comparten circuitos cerebrales similares portadores de una información similar permisiva de un sincronismo comunicativo donde mucho está sobreentendido y donde la información proporcionada por uno provoca una reacción previsible en el otro. Personas conviviendo mutuamente durante largos periodos de tiempo, como es el caso de muchos matrimonios, alcanzan tal grado de sincronización neuronal como para hacer la comunicación verbal secundaria con la clásica expresión de "ya se lo que estas pensando". Quien ha aprendido un idioma que no es el suyo propio descubre que, independientemente de cuan bien lo hable, la fluidez comunicativa jamás será la misma que cuando dos nativos se expresan en esa lengua. El idioma por Ud aprendido esta por asi decirlo, "desnudo" faltandole la vestimenta conformada por circuitos sinápticos portadores de las tradiciones, costumbres, pasado histórico, anhelos colectivos y, quizás los mas importante, los elementos incorporados a la memoria implicita durante la infancia.

El trabajo conjunto de esas sinapses genera automática y permanentemente en el individuo una visión tanto real como virtual del entorno induciéndolo a una conducta adaptativa. Este proceso, mayormente automático, subconsciencial y con una latencia de apenas milésimas de segundo, sucede por analogía, es decir mediante un cotejamiento comparativo inmediato de la información incompleta accesible en un momento dado con la ya existente en la memoria. Este mecanismo completa el escenario disponible con supuestos hipotéticos. Así el conductor experimentado de auto, por ejemplo, al acercarse a una zona con niños jugando en la acera bajará automáticamente la velocidad ya que, por analogía y en base a su experiencia, se representará el posible escenario de un niño repentinamente cruzando la calle.

El pensamiento biológico es por tanto, mayormente y en su base, analógico, parcial o totalmente ajeno a la conciencia y altamente automático. La variedad de los químicos intersinápticos incorporados al proceso es probablemente lo que le otorga esa su flexibilidad y su capacidad de trabajo con información incompleta. Esto en oposición al trabajo digital, basado en 1s y 0s, que carece de esa característica con la conocida irritación de todo usuario de una computadora. Lo analógico-biológico es aproximativo, inexacto, fluido y flexible. El pensamiento maquinal digital es exacto, preciso, intermitente, inflexible y, comparativamente visto, muchísimo mas rápido que el analógico. Si Ud pregunta a otro humano por la hora le bastará la respuesta analógica de "son las 11 y 5" o "recién pasadas las 11". Una respuesta digital de 11:05:28 lo tomaría Ud como una broma

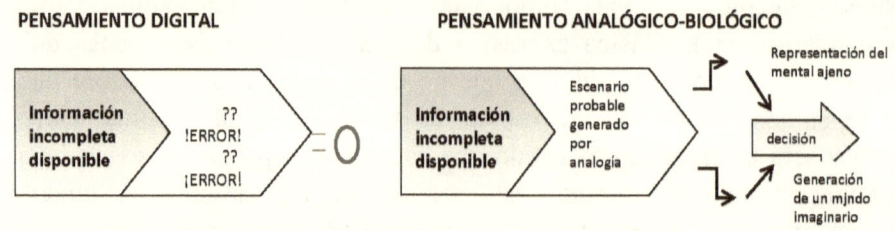

La actividad cerebral analógica, comunmente llamada intuición, tarea mayormente ejecutada en el lóbulo frontal, constituye la base de nuestra concepción de la realidad y de la toma de decisiones desde algo tan banal como llevar a no paraguas dependiendo de la apariencia del cielo hasta decisiones importantes como la elección de la pareja matrimonial o la pertenencia a un determinado partido político. En los estadios primitivos jugó un papel preponderante en lo mágico-religioso estableciendo una analogía no solo teórica (como sucede en el hombre civilizado) sino también práctica entre el objeto y su símbolo. Es por analogía que nos es posible la representación del mundo mental ajeno, la generación de comparaciones, metáforas, prejuicios y racionalizaciones, el descubrimiento de lo cómico que induce a la risa, es la base del arte, de las aspiraciones personales propias al futuro, de la formulación de modelos conductuales, de las ideologías y de los principios generales políticos, religiosos o de otro tipo. Es por analogía que no es posible entender una novela o una obra de teatro. Es también por analogía que las demandas placenteras inmediatas e instintivas procedentes del sistema límbico pueden ser reprimidas o controladas en función de ventajas futuras o de valores de orden ideológico o ético. Los estudios muestran que este mecanismo operativo, en la mayor parte de los casos subconsciencial, actúa como una suerte de autopiloto. La intervención de la conciencia en el proceso de decisión analógico suele ser precedido en varios segundos por la decisión subconsciencial llevando a la conclusión de la decisión conciencial como solo apariencia. Esa constante interacción entre el sistema límbico y el lóbulo frontal genera automática, y las mas de las veces también subconciencialmente, las para el individuo estrategias mas óptimas con su asociada cuota de emocionalidad. La satisfacción de las intransigibles demandas del sistema límbico en un mundo de concurrencia y en constante cambio se hacen así satisfactoriamente viabilizables. El sistema límbico, centro de la misma supervivencia, comanda, el lóbulo frontal obedece pero simultáneamente controla parcialmente esos comandos viabilizandolos inteligentemente mas allá de lo inmediato.

El trabajo analógico, altamente efectivo en lo cotidiano y en el quehacer social, absolutamente necesario para la supervivencia, motivador del actuar diario y generador de multitud de mitos, racionalizaciones, creencias e ideologías es sin embargo insuficiente para el análisis de sistemas de mayor complejidad y no inmediatamente asociados con la supervivencia y las demandas límbicas. Aquello en otras palabras válido para la elección de la pareja matrimonial, del partido político, del grupo religioso o del lugar de vacaciones es insuficiente para la construcción de un puente colgante, para dar una clase de historia o para resolver una ecuación. Estas requieren de un tipo diferente de trabajo mental: el lógico-analítico con base en, fundamentalmente, los lóbulos parietales. El trabajo lógico-analítico, además de su mucha menor emocionalidad, carece del automatismo y de la subconciencialidad del analógico, es conciencial y obedece a reglas fijas y a procesos lógicos universales de orden deductivo (de lo general a lo particular) e inductivo (de lo particular a lo general). Este es el generador de la ciencia y la tecnología con su enorme efecto transformatorio de la biosfera. El subjetivismo e individualismo (con su consiguiente mayor o menor caos) del pensamiento analógico se transforma, en lo lógico-analítico, en claridad, universalidad y fría objetividad (solo un loco puede negar que 2+2 son 4).

Todo indica que el trabajo lógico-analítico, que preocuparan a filósofos como Aristóteles y Kant, responde a vías magnas de conexión cerebral, jerárquicamente superiores, genéticamente programadas y por ello universales. De acuerdo al programa genético estas se van estas desarrollando paulatinamente durante el crecimiento y maduración del individuo para alcanzar su máximo al final de la juventud y en la temprana adultez con un fortalecimiento dependiente en gran manera del uso que se haga de esas conexiones, es decir de la educación. El niño pequeño no puede aún pensar en términos lógicos. La estructuración básica del pensamiento lógico toma varios años y aún mas el del pensamiento abstracto que debuta recïen en la adolescencia. Estudios de resonanca magnética confirman que estas funciones corren paralelaas a la formacion de vias magnas de comunicación entre las diferentes zonas cerebrales donde, al margen de la genética, el entrenamiento educativo y la nutrición juegan un papel importante.

Estas dos formas de procesamiento no están obviamente separadas sino que se entrelazan permanentemente en el quehacer diario. Las racionalizaciones mas simples generadas analógicamente podrán, por ejemplo, ser completadas lógico-analíticamente con argumentaciones sólidamente estructuradas y emocionalmente mas sobrias (como el nazismo alemán y su argumentación "científica" de la superioridad aria o la del marxismo stalinista y su vasta argumentación "científica" y "moral" de sus excesos). Al margen de esas deformaciones se observa sin embargo un fortalecimiento progresivo de la variante lógica-analítica a lo largo en la historia en base a la educación y al trabajo científico acumulativo.

El cerebro humano cuenta asi con la capacidad de trabajar autónomamente con su propio material en un "diälogo interno" ajeno al estímulo externo mediante la evocación y el cotejamiento de la información previamente almacenada. Este proceso, permanente apenas el cerebro se sustrae a los estímulos externos, genera diversas conclusiones y escenarios imaginarios, base de las decisiones reflexionadas, de la innovación científica, de la creación artística y de la generacióm de la autoimagen. La autoimagen actual (desafortunadamente no siempre coincidente con la realidad) basada en la información procedente del entorno social sirve de base para la generación de una autoimagen ideal al futuro y motivante para los esfuerzos individuales.

La información acumulada durante el día es ya sea borrada u ordenada en las conexiones sinápticas durante el sueño dependiendo de su relevancia. El cerebro se deshace así de la información innecesaria y da coherencia a la nueva información revelante. Este último mecanismo, el ordenamiento de la información durante el sueño, explica el frecuentemente experimentado hecho, especialmente entre los investigadores, de despertar por la mañana o a media noche con la solución a un problema antes aparentemente irresolvible.

El cerebro es por tanto un órgano en constante cambio inclusive anatómico, asi sea esto último a un nivel ultramicroscópico. Un órgano continuamente generador de nuevas sinapses y supresor de las innecesarias, adaptativo a los cambios del entorno, o como dice el proverbio hindú "si piensas el jueves exactamente como pensabas el martes quiere decir que el miércoles no te enseñó nada".

ESTACIONES CEREBRALES EN EL PROCESAMIENTO INFORMATIVO

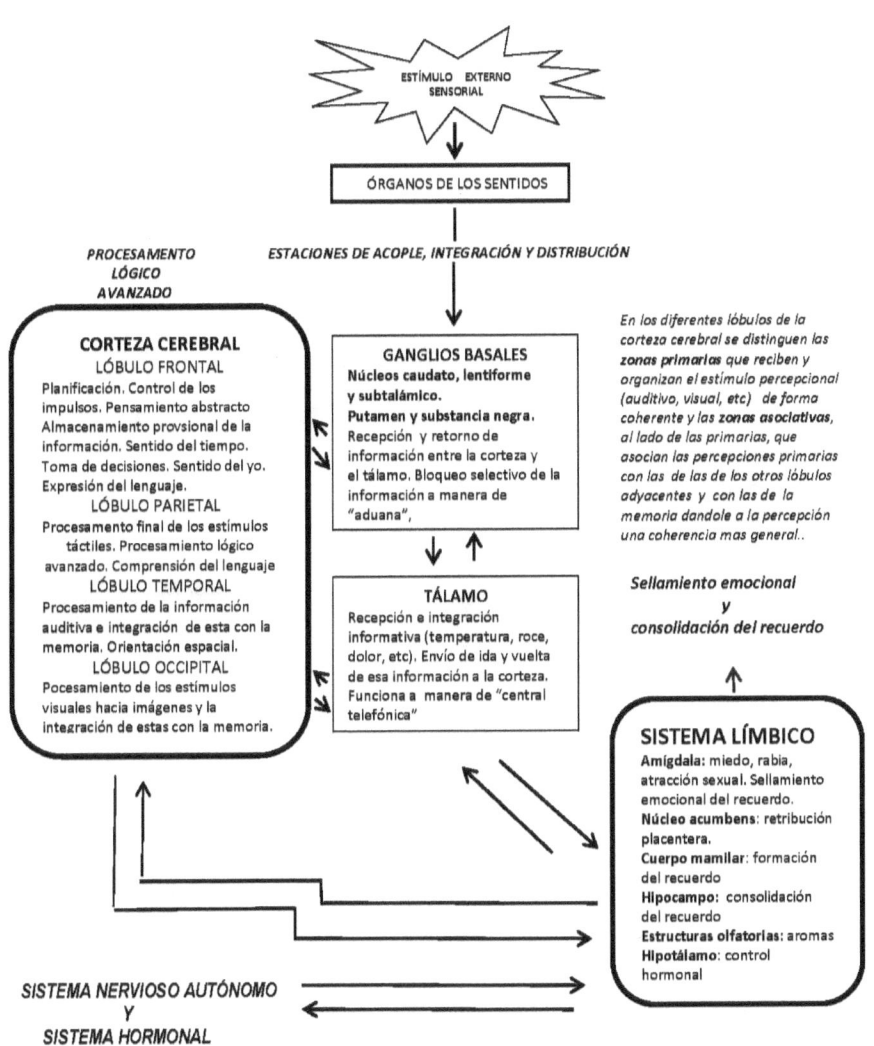

PROCESAMIENTO DE LA INFORMACIÓN
A NIVEL CEREBRAL

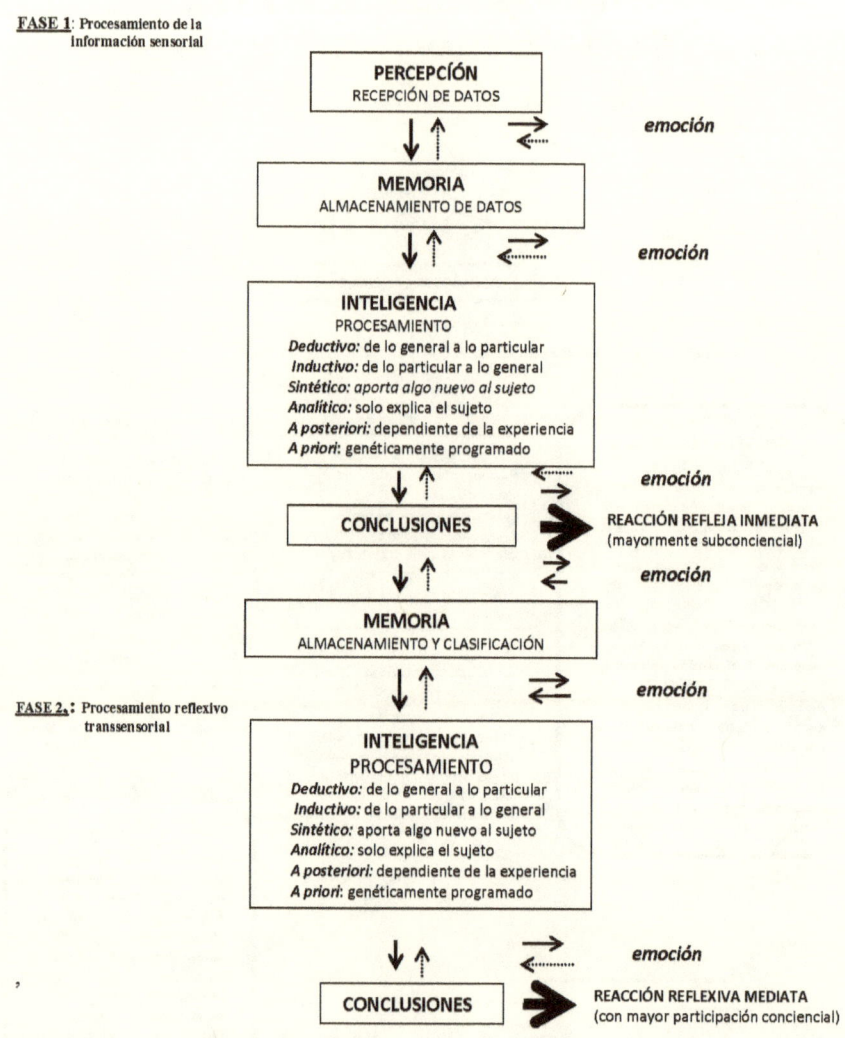

1.- Las transformaciones energéticas a nivel de las sinapses determinan tanto el procesamiento de esa información como su almacenamiento en la memoria. El procesamiento de la información almacenada en la memoria constituye la reflexión o diálogo interno o procesamiento suprasensorial.

2.- Todo el proceso está teñido, en mayor o menor grado, por la emoción y obedece a automatismos cerebrales

3:- El resultado de un proceso informativo funciona como substrato para el siguiente. Esta es la base del aprendizaje.

SEGUNDA PARTE

EL HOMBRE Y SU BIOLOGÍA

"El hombre es la medida de todas las cosas"

Protágoras de Abdera
Siglo V adC

"en manos del hombre todo se deforma.
Él obliga a producir a una tierra los
productos de otra tierra, a un árbol a
llevar los frutos de otro árbol, altera y
mezcla los climas, las estaciones; mutila
a su perro, a su caballo, a su esclavo;
da vuelta a todo, lo deforma todo...
Pero si no fuera así seria aun peor
porque nuestra especie es enemiga de la
imperfección"

Jean-Jacques Rousseau
(Emile o sobre la educación).

CAPÍTULO IX

BIOLOGÍA Y CONDUCTA SOCIOECONÓMICA

En el capítulo referente al desarrollo evolucionario cerebral se anotó la emergencia del lóbulo frontal como lo mas distintivo humano. Hoy ha quedado establecida su importancia como el sitio del sentido de la individualidad y del tiempo, de la representación del futuro, del control de los instintos y del instrumento mental mas común en nuestro enfrentamiento con la realidad, el pensamiento analógico.

En las décadas de los 1930s-1940s los psicofármacos hoy existentes aún no habían sido descubiertos careciéndose de medios para tratar las psicosis, especialmente la esquizofrenia. Las instituciones psiquiátricas no tenían mucho que ofrecer a sus enfermos atormentados por la confusión y la angustia e inmersos en un mundo de las mas bizarras alucinaciones. El maniataje, el aislamiento, el sumergimiento en agua helada y el shock insulínico eran de uso común. En la década de los 1940s se introdujo experimentalmente la lobotomia frontal consistente en la destrucción quirúrgica de las fibras nerviosas de conexión entre el lóbulo frontal y el resto del cerebro. Uno de los pioneros en este campo, el portugués Antonio Egas Moniz, se haría por ello merecedor al Premio Nobel de Medicina en 1949. El método se mostró altamente efectivo como paliativo de la angustia y las alucinaciones pero al precio de un cambio profundo en la personalidad del paciente convertido en la práctica en una suerte de niño grande, impulsivo, irreflexivo y con sus facultades intelectuales disminuidas. Este fue uno de los primeros indicios del rol decisivo del lóbulo frontal para la conformación de la personalidad. La lobotomia cayó en desuso con la introducción de los psicofármacos. Estudios posteriores en pacientes con demencia frontal (degeneración neuronal que afecta mayormente esta área) mostraron también como síntoma dominante la pérdida de lo que llamamos sensatez y buen juicio con una marcada impulsividad, arrebatos de ira, empobrecimiento del lenguaje y una discapacidad para interactuar socialmente. Síntomas similares aparecen en los casos de tumores que afectan esta parte del cerebro. Estudios modernos basados, entre otros, en la resonancia magnética, confirman que las funciones mentales mas elevadas y típicamente humanas se encuentran acopladas al lóbulo frontal.

Si el lóbulo frontal es la ganancia evolucionaria hacia lo humano el sistema límbico, con inicio en los peces y reptiles, es el remanente que une al hombre a un pasado extendible a centenas de millones de años atrás en el tiempo. El sistema límbico vela por el cumplimiento de las funciones básicas del vivir desde el control hormonal hasta las sensaciones de hambre y sed y las emociones primarias de miedo, rabia y de atracción sexual. Una de sus estructuras, la amígdala, juega un papel central en la generación del miedo y en el sellamiento emocional de los recuerdos vivenciales. El hipocampo por su lado, también perteneciente al sistema límbico, se encarga de la permanentización de aquellas impresiones que pasan así a convertirse en recuerdo permanente.

En otras palabras el lóbulo frontal constituye lo "espiritual humano" mientras el sistema límbico lo animal e instintivo.

En la década de los 1990s el neurocientífico norteamericano Joseph Ledoux usando técnicas altamente ingeniosas mostró algo que dada la conducta humana ya podía sospecharse con anterioridad. Las fibras nerviosas de conexión desde la amígdala hacia la corteza cerebral, especialmente la frontal, son mas fuertes y numerosas que las que van desde la corteza hacia la amígdala. En otras palabras la amígdala comanda anatómica y fisiológicamente sobre la corteza o como Ledoux expresa "la amígdala tiene una influencia mayor sobre la corteza que la corteza sobre la amígdala permitiendo a la alerta emocional controlar y dominar el pensamiento".

Esta subordinación anatómica y fisiológica del lóbulo frontal al centro generador del miedo da como resultante conductual un predominio de lo irracional sobre lo racional. Como los miles de años de historia humana lo sugieren la racionalidad se encuentra al servicio de la irracionalidad con la racionalidad como solo funcionabilizante de lo irracional. La naturaleza prioriza lo básico vital ya que sin vida no hay pensamiento.

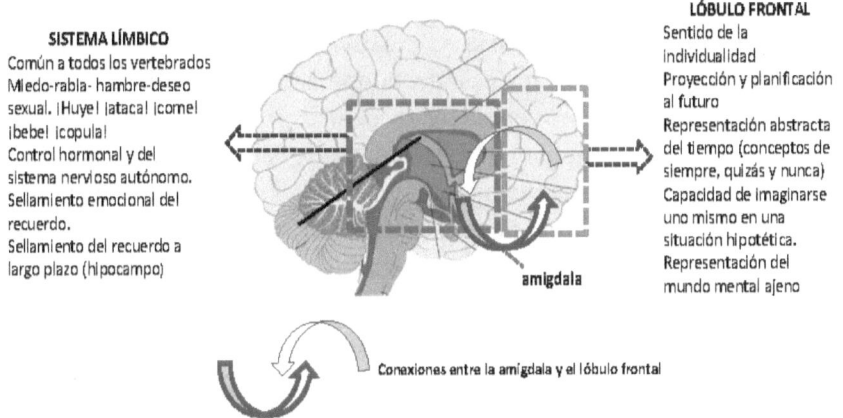

SISTEMA LÍMBICO
Común a todos los vertebrados
Miedo-rabia- hambre-deseo
sexual. ¡Huye! ¡ataca! ¡come!
¡bebe! ¡copula!
Control hormonal y del
sistema nervioso autónomo.
Sellamiento emocional del
recuerdo.
Sellamiento del recuerdo a
largo plazo (hipocampo)

LÓBULO FRONTAL
Sentido de la
individualidad
Proyección y planificación
al futuro
Representación abstracta
del tiempo (conceptos de
siempre, quizás y nunca)
Capacidad de imaginarse
uno mismo en una
situación hipotética.
Representación del
mundo mental ajeno

amígdala

Conexiones entre la amígdala y el lóbulo frontal

La respuesta humana a la amenaza difiere de la animal. Todo animal reacciona activamente frente a un peligro inmediato mostrando también cautela frente a riesgos potenciales de acuerdo a sus experiencias previas. Pero frente a riesgos mediatos que exceden sus experiencias anteriores y dada su incapacidad para generar escenarios hipotéticos, su candidez es evidente. Adicionalmente y enfrentado a contingencias excedentes de su capacidad defensiva como la enfermedad, el envejecimiento o lesiones corporales graves, muestra solo una conmovedora resignación. En el hombre, por el contrario, la proximidad de la muerte propia, así esta no sea esta inmediata, despierta, independientemente de la causa, no solo temor sino incluso pánico. Y la muerte también como incidente solo probable al futuro provoca desasosiego. La vida, en otras palabras, es mas vida en la medida en que se es mas individuo y la muerte se hace mas muerte en la medida que se la extrapola a un sentido de eternidad.

Si el requisito básico de la vida es la energía resulta natural que las características cerebrales anotadas conduzcan a una ambición energética no observable entre el resto de los seres sexuados. Este condicionamiento, profundamente subconciencial y por ello las mas de las veces ajeno a toda reflexión, gobierna coercitivamente la conducta en base a automatismos. Esos automatismos, dependiendo de las circunstancias, generarán a posteriori modelos justificativos lógicos y morales de esa conducta, o ideologías.

La búsqueda de energía en un mundo de concurrencia constituye así el motor conductual primario de todo humano, el mayor estímulo para el desarrollo de sus habilidades, el mas motivante para sus relaciones sociales y el mas demandante de su tiempo y atención en el estado de vigilia. Las inagotables fantasía y creatividad humanas otorgan a esa cacería una infinidad de formas de cooperación y rivalidad, prácticas y ritualizadas, generando estructuras económicas y sociales, normas jurídicas y morales, modelos ideológicos y, obviamente, estados de ánimo. El entrenamiento temprano animal es el educativo humano dirigido a la optimización de esa obtención energética en un mundo cambiante y competitivo. El tigre entrena a sus cachorros para la caza, el padre de familia enseña a su hijo un oficio o lo manda a la escuela y a la universidad. El niño y el adolescente establecen automáticamente amistades y relaciones jerárquicas cementando su pertenencia al grupo al que servirá y el que le servirá de sostén en el futuro. El hombre y la mujer casaderos eligen pareja en función de su optimización energética. Los descendientes son protegidos hacia el futuro con su debida cuota energética en forma de la herencia. La guarida y el territorio de caza animal se transforma en vivienda, granja, empresa, negocio o institución del mas diverso género cuya posesión otorga protección y prestigio y cuya defensa goza de exactamente la misma ferocidad que la de cualquier otro animal que ve amenazado su guarida.

La guerra cooperativa y la cooperación guerrera vigentes en la biosfera se hacen por tanto extendibles a lo social humano. Desde que pisamos el planeta no hemos gozado de un sólo día de paz ni ha pasado un día en que no hayamos buscado la cooperación mutua. En este mismísimo instante millones de personas inteligentes, altamente calificadas y socialmente bien adaptadas están invirtiendo lo mejor de sus intelectos para desarrollar los métodos mas efectivos de aniquilación mutua o entrenándose en el arte de esa aniquilación, actividad considerada tan natural que convierte toda posible supresión de los ejércitos y de la industria bélica en un anhelo (al menos por hoy) irrealista. La elegía del guerrero trasmina la cultura, desde la mitología, los desfiles patrióticos, las maniobras militares periódicas y el rango social de los militares de oficio, hasta la literatura, la cinematografía, las revistas de historietas, los juegos de video y las jugueterías infantiles. Pero, simultáneamente, otros tantos o mas millones están ayudándose mutuamente en la tarea de la supervivencia. La lucha y la cooperación por la energía al interior de las colectividades genera automáticamente una separación entre los mejor adaptados con un eventual acceso a fortunas a veces vergonzosamente grandes y los peor adaptados condenados circunstancialmente a una pobreza extrema. Los sectores intermedios ambicionarán alcanzar el nivel de los ricos o al menos evitar el ser descendidos al nivel de los mas pobres. Ese conjunto intereses genera obviamente una intrincada maraña de rivalidades y cooperación con sus expresiones ideológicas y políticas.

Solo los seres asexuados que se reproducen por clonación como las bacterias o por hermafroditismo como algunas plantas y donde acaparamiento energético y reproducción constituyen partes del mismo proceso, muestran una insaciabilidad energética similar a la humana. En los animales sexuados su actuar va dirigido a tres objetivos: obtención de nueva energía alimenticia, protección y reproducción, es decir a la manutención del individuo y sus descendientes. Una vez obtenida una guarida apta el animal no ambiciona mas guaridas, una vez hartado no piensa mas en el alimento hasta que siente hambre de nuevo. Su representación limitada del futuro hace innecesaria una acumulación a largo plazo (que en el mejor de los casos se extiende a unos pocos días) careciendo además de medios para la conservación de un eventual excedente. El animal sexuado vive para el día y desconoce la codicia, o si la tiene, está impedido de satisfacerla. Animales programados para la acumulación (hormigas, abejas, ardillas, etc) encuentran una natural limitación en los ciclos de oferta del sistema.

Aquello satisfactorio en el resto del mundo animal sexuado le es al humano insatisfactorio. Lo que en el mundo animal pretende espontáneamente a un balance entre inversión y obtención, en el humano se torna en la búsqueda de un acentuamiento del factor obtención. Lo que en el mundo animal es algo prácticamente inexistente (o al menos no objetivamente observable), la codicia acaparatoria a largo plazo, en el humano se transforma (al menos a partir del neolítico) en uno de los motores más básicos de su comportamiento.

Este acaparamiento progresivo de energía, todo lo indica, debuta con el hombre desde sus inicios como especie. En nuestros algo así como 200.000 años en el planeta hemos pasado de un acceso energético equivalente a ¼ de caballo de fuerza a nuestros inicios (la fuerza muscular propia potenciada por instrumentos primitivos como la palanca y la lanza) a los actuales un millón de caballos de fuerza de las centrales nucleares.

Energía como ilusión de imperecibilidad:

La formación de clases sociales, la explotación, la pobreza y la guerra encuentra su explicación en 4 factores de conflicto: riqueza, poder, fama y sexo. Es decir supervivencia física, simbólica y genética. La religión, también motivo de sangrientas rivalidades a lo largo de la historia, encuentra igualmente su explicación en el anhelo de supervivencia en una supuesta vida eterna.

La obtención de mayor energía posible a cambio de la menor inversión posible, o codicia, gobierna lo social constituyendo la causa mas importante de las diferencias socio-económicas y el factor presente en prácticamente todas las actividades como las finanzas, la industria, el comercio, la guerra, el matrimonio y la política.

Las guerras de saqueo, presentes desde tiempos inmemoriales, reflejan su circunstancial ferocidad. Algo similar lo hacen las guerras expansionistas y los múltiples procesos de colonización donde los países colonialistas sencillamente izaron su bandera en tierras ajenas, dieron lectura a algún galimatías jurídico-religioso y se declararon muy sueltos de cuerpo dueños de esas tierras incluyendo sus habitantes. La implacable explotación a los inicios del capitalismo y la criminalidad de todos los tiempos (tráfico de esclavos, drogas y armamentos, trata de blancas, prostitución, contaminación ambiental, lavado de dineros, etc) no son sino también otras de sus expresiones. La política, con raras excepciones, ha sido siempre y todavía lo es en la mayor parte de países una excelente fuente de lucro camuflada detrás de una retórica altruista apelante a los principios mas nobles. La opresión de grandes grupos humanos por pequeñas elites que usufructúan del aparato del estado es, a lo largo de la historia, muchísimo mas la norma que la excepción.

En el mundo industrial y comercial modernos la evasión impositiva, la facturación doble, el convenio secreto, la empresa fantasma, la estafa, el cobro indebido de servicios, la sobreexplotación de la mano de obra, el espionaje industrial, el soborno, el chantaje, la amenaza, la represalia, la contaminación ambiental y la propaganda engañosa, tomadas en su conjunto, pertenecen también mas a la regla que a la excepción. La sola necesidad de leyes y organismos controlantes habla por si misma. El factor determinante para un eventual respeto a la ley, mas que los principios, suele ser el temor al castigo. Aún en países democráticos con una sólida institucionalidad jurídica y de control social, si escarbamos mas allá de las apariencias encontraremos niveles de corrupción inesperados. Los escándalos que con cierta regularidad sacuden esas sociedades, producto de algún periodista sagaz e investigativo o de alguna fuga involuntaria de información reservada, pueden considerarse como solo la punta del iceberg. En muchos países social y políticamente bien organizados el enriquecimiento individual a niveles claramente obscenos y a costa de la pobreza de grandes sectores sociales es de hecho no solo legal sino también jurídicamente estimulado con una menor taxación al capital financiero especulativo que al trabajo asalariado y con las facilidades impositivas para las grandes corporaciones. En los países con una institucionalidad débil y una estructura política autoritaria la corrupción es prácticamente endémica. A lo largo del mundo innumerables etnias y grupos religiosos en la alternativa de compartir o acaparar prefieren esta última así sea al precio del rencor, la inseguridad y la violencia mutuas. La devastación indiscriminada de la naturaleza, al igual que la pobreza y la violencia, tienen a la codicia como su pilar de sostén mas sólido y, en algunos casos, como única explicación posible.

El sorborno para el acceso del ciudadano a los servicios sociales básicos es práctica normativa en los países con bajo nivel de organización como igualmente lo es en las inversiones internacionales de los países desarrollados siendo, en algunos de esos países, legalmente permitido y con derecho a deducción impositiva (camuflada, obviamente, detrás de algún eufemismo presupuestario). Los estados ricos exportadores de tecnología avanzada a los países menos desarrollados no vacilarán en repartir prebendas pecuniarias o similares, incluyendo circunstancialmente irrisorios títulos honoríficos, a las personas claves del país recipiente en conveniencia con sus negocios. Es recién en los últimos decenios que ha emergido una leve actitud prohibitiva del soborno internacional con la pionera Foreing Corrupt Practices Act norteamericana de 1977 y restricciones similares en los países de la OECD en la década del 1990. La evasión impositiva, por su lado, con fuga de dinero de sus propios países a los paraísos fiscales con secreto bancario alcanzan cifras astronómicas (la organización Tax Justice

Network da la cifra de entre 21 y 32 trillones de dólares). La organización internacional One, de lucha contra la probreza, sostiene que la corrupción económica en los países en desarrollo en forma de lavado de dinero y empresas fantasmas alcanza la cifra de un trillón de dólares anuales que acaban en bolsillos privados en lugar de proyectos de beneficio colectivo.

En el mundo financiero la codicia constituye su motor conductual y de ahí sus crisis periódicas. El emisor de las acciones con una búsqueda constante del aumento en el valor de sus acciones, el comprador con la compra mas ventajosa posible y el empleado de la bolsa con el aumento máximo del proceso de compra y venta. El banquero con el incremento de sus créditos, el vendedor de viviendas y el intermediario de las inmobiliarias con el ascenso continuado en el precio de las viviendas, las entidades financieras con nuevos, complejos y riesgosos sistemas de ganancia, el consumidor, a sabiendas y favorecido por el crédito bancario, con una conducta de creciente consumo por encima de sus recursos. El elemental sentido común queda anulado por la codicia que infla el globo hasta su ruptura. La reciente crisis financiera global del 2008 y el extenso salvataje de los sistemas bancarios con dineros estatales, además de revelar la codicia de todos sus actores como causa de la crisis, mostraría a los altos funcionarios bancarios premiándose a si mismos con bonos pecuniarios vergonzosamente altos (sin mostrar obviamente la mas mínima señal de rubor) a pesar de ser ellos los principales responsables de la crisis. Esa descomunal codicia, es de observarse, no proviene de personalidades antisociales o disfuncionales sino de personas totalmente bien adaptadas, con un alto nivel educativo, vida familiar normal y prestigio al interior de sus comunidades.

Una tal conducta, tan permanente en el tiempo, tan universal en su presencia, tan resistente al cambio y tan irracional en su expresión, no puede sino tener su base en el mismo funcionamiento cerebral y cumplir un rol en el desarrollo evolutivo. La clásica explicación metafísica occidental de una lacra moral hereditaria remontable a nuestros primeros ancestros en un paraíso (el Pecado Original) tiene hoy obviamente solo una validez anecdótica. La codicia como solo latente en el hombre del paleolítico pero con expresión práctica a partir del neolítico, rasgo no observable en el resto de los animales cerebrados, solo puede ser explicado por la maquinaria cerebral humana capaz de concebirse a si misma como una entidad individual intransferible y existente en un tiempo extensible a aquella abstracción que llamamos eternidad. La indivisibilidad entre vida y disponibilidad energética genera la ilusión irracional de un acceso ilimitado a la energía como garantía de impericibilidad.

La evidente incoherencia entre lo que se anhela y lo que en realidad se es, entre el afán de eternidad y la real perecibilidad, condena inevitablemente a toda conciencia a un permanente estado de insatisfacción. Personajes míticos como Tántalo que descontento con su riqueza busca igualarse con lo divino o Adán y Eva que quieren "ser como Dios" aún estando en un Paraíso, asi lo reflejan. La literatura está llena de referencias similares como el Calígula de Camus a quien en su embriaguez de poder "*le bastaría con que existiera lo imposible*" o el anhelo del poeta Stephen Spender que "*observando rosa, oro, ojos, un paisaje admirado/ mis sentido como s registran el acto de desear/ deseando ser/ rosa, oro, paisaje...*" La sola mención de los incontables autócratas en la historia llenaría muchas páginas a la manera de Luis XIV de Francia con su "el Estado soy yo" o Cecil Rhodes (colonizador y fundador de la antigua Rodhesia, hoy Zambia Zimbawe) y su "*si pudiera anectaria el mundo entero*" o Hitler y su anhelo de dominio universal. A dos milenios de Nerón y Calígula se podría esperar una actitud diferente pero nuestra producción de tiranos goza del mismo entusiasmo de siempre. El destello de eternidad acoplado al sentido de individualidad, la patética ansia humana por el Ser y el Todo, por la omnipresencia y la omnipotencia convierten a toda individualidad en un frustrado proyecto de divinidad.

Este fenómeno fue grandemente observado, obviamente sin referencia a la biología, por la metafísica. Las Upanishades (la síntesis elaborada de los textos Vedas hindúes precedentes) postulan que "*el que sabe que es Brahman llega a serlo sin que ni siquiera los dioses pueden impedirlo porque él es el yo de estos*"..."*tu mismo eres el alma del mundo, lo divino*". Entre los occidentales Descartes postuló la voluntad humana como "*infinita porque nosotros no percibimos nada que pueda ser objeto de otra voluntad incluyendo aquella otra voluntad inmensa que es Dios y a la cual nuestra voluntad no se puede extender*" (Principia Philosophiae), Fehuerbach que "*la conciencia de Dios es la autoconciencia del hombre, el conocimiento de Dios es el conocimiento del hombre de si mismo*" (La esencia del cristianismo) y R.W. Emerson que "*El reino del hombre sobre la naturaleza....el cual por ahora está mas allá de su sueño de Dios*" (Nature). Nietzsche, por su lado, postuló simplemente que el hombre estaba llamado a ser Dios. No extraña en la literatura la simpatía de John Milton por el derrotado Lucifer que prefiere el señorío en las penumbras a la servidumbre en la luz, ni la rebeldía de Fausto que vende su alma al diablo para eludir las leyes divinas, ni la angustia desesperanzada del existencialismo del siglo XX.

Esa insatisfacción existencial cuenta, al margen de la religión y de la no siempre alcanzable comunidad emocional con los hermanos de especie, con los antídotos embriagantes del sexo, las drogas y el poder con este último provisto de una menor transitoriedad que los primeros y por ello de una mayor atractividad. Acceso a la energía ajena, sometimiento del otro a la voluntad propia, privilegios, alabanzas, servilismo y el ser el centro de la atención por parte de los otros estimulan la dopamina cerebral con la gratificación química euforizante y la ilusión de impericibilidad. De ahí su efecto adictivo con un enamoramiento narcisista del poderoso de si mismo. Una vez activados los receptores cerebrales específicos estos reclaman, como sucede con toda drogadicción, un suministro regular de la droga con el subsecuente malestar en caso de ausencia. Los fenómenos médicos de tolerancia (necesidad de un aumento progresivo de la dosis para el mismo efecto), abstinencia (malestar en caso de no recepción de la dosis) y la, tarde o temprana, pérdida del sentido de realidad explican la dificultad del poderoso a renunciar al poder.

Energía, tiempo y autoconciencia resultan indisolubles en la ecuación existencial humana. La autoconciencia individualiza y potencia el instinto de supervivencia medible en el tiempo y dependiente de la energía. La individualidad capaz de intuir la eternidad se siente coercitivamente impulsada en términos de tiempo a alcanzar esa eternidad y en términos de energía a un acaparamiento ilimitado, mecanismo que dada su alta subconsciencialidad e irracionalidad apenas despierta mayor reflexión moral que la protesta de quienes ven amenazada su supervivencia como consecuencia de la desigualdad distributiva de esa energía.

La supervivencia simbólica:

La biología destruye todo sueño de inmortalidad. Todo lo vivo muere independientemente de cuan grande sea el deseo de vivir y de cuanta energía se disponga. Pero todo lo vivo también se reproduce. Nuevas generaciones resultan portadoras del material genético de las precedentes y, en el caso humano, también de la información cultural. Pero mientras el código genético individual disminuye en un 50% por cada generación (en el lapso de solo 6 generaciones el material genético de un progenitor se ha reducido al 1,56% y en 10 generaciones no llega ni al 0,1%) la información de un individuo puede pasar relativamente inalterada durante cientos de años. La inmortalidad inalcanzable en lo biológico se hace posible en lo simbólico, en la mente de las generaciones futuras. La memoria a largo plazo permite el traspaso intra e intergeneracional de sus contenidos, la cultura.

La coexistencia en la biosfera no es solo energética y genética sino también informativa y emocional. Su evidente vulnerabilidad subordina al hombre a una estrecha cooperación con sus congéneres. El hombre vive físicamente y modela su propia imagen a través de los otros. La coexistencia con sus congéneres le da sentido a su acaparamiento energético mas allá de la supervivencia inmediata. El Robinson Crusoe aislado en su isla y sin nadie con quien compararse y de quienes obtener un reconocimiento no siente ningún deseo mas allá de lo indispensable En la aguda observación de Hegel, mas que el objeto en sí lo que se anhela es el deseo de los otros proyectado en ese objeto. Poseer atrae, pero atrae mas si se posee lo que el otro anhela y no posee.

La búsqueda del reconocimiento social puede ser mas coercitivo que la supervivencia física. La historia esta llena de quienes prefirieron la muerte ya sea por salvar a sus seres queridos, por identificación con una idea (como los mártires), por temor a ser recordados con ignominia, por la simple fama, por obediencia al superior o por miedo a represalias, como frecuentemente sucede con el soldado en la guerra. Todo individuo anhela sobrevivir en la mente de los otros (en lo posible como un recuerdo digno) porque la muerte física solo sumada al olvido llega a ser total y verdadera. Perder la "imagen" propia ante el grupo suele ser muy costoso y fuertemente disminuyente de la autoestima. *"Reputación, reputación, reputación! /Oh! he perdido mi reputación!/ he perdido la parte inmortal de mi mismo y lo que queda es bestial"* es la queja de Casio en el "Otelo" de Shakeaspeare. El bueno de Sócrates prefirió una muerte prematura (que podía haberla evitado) pero garantizadora del recuerdo porque ¿quien lo recordaría si hubiera elegido el exilio en lugar de la cicuta?. Para el ya casi octogenario Gandhi su asesinato le fue, como él mismo poco antes lo expresara, el final deseado para su paso a la posteridad. Para Ulises el amor y la juventud eternas ofrecidas por la ninfa Calipso no compensan el olvido de los suyos y así continúa su azaroso viaje de retorno a su Ithaca natal. La supervivencia simbólica es no solo una abdicación humana a su biología sino también un mecanismo incorporado a su estructura mental.

Honor, fama, gloria, renombre, celebridad, prestigio, merecidas o no, son las calificaciones del grupo garantizadoras al individuo de su paso por el cernidor del tiempo. Su obtención, lo muestra la historia, adquiere a veces la misma o mayor tenacidad, heroísmo, astucia, ferocidad y dramatismo que la lucha por la supervivencia física. El sinergismo entre acceso a la energía y estatus social convierte a este además en altamente ventajoso. Fama genera riqueza y riqueza fama con su consiguiente admiración general. Excepcionalmente ese anhelo de supervivencia simbólica lleva incluso a preferir el repudio en el recuerdo a la anonimidad del olvido.

Las necesarias ética y estética:

La vida es astuta. Individualismo acérrimo, fuerte sentido de la propia supervivencia y capacidad destructiva derivada del intelecto, dejadas a su curso, habrían llevado ya hace mucho tiempo a una autoaniquilación de la especie humana. Basta imaginarse, como lo señalara Konrad Lorenz, un grupo de chimpancés portando machetes. Dos mecanismos moderadores se hicieron evolucionariamente necesarios. La reacción neuronal similar entre el que ejecuta una acción y en el observador de la misma y la capacidad de imaginar el mundo mental ajeno gracias al procesamiento analógico de la información. Neuronas similares reaccionan similarmente. Es mas difícil acuchillar a otro si se es capaz de imaginar el sentir del acuchillado. La empatía es así un mecanismo incorporado a la estructura cerebral humana, universal y evolucionariamente necesaria cuya ausencia convierte instantáneamente al individuo en un riesgo social (como sucede en la psicopatía cuyos síntomas centrales, la ausencia de empatía y de sentido de culpa, conducen a una criminalidad de circunstancialmente incomprensible e innecesaria crueldad).

La generación de normas morales, proceso basado en una reacción neuronal similar entre los miembros de la especie e iniciado con la internalización de las figuras paterna y materna y la socialización en la temprana infancia, descansa en alguna forma de identificación con el sentir ajeno. De otra manera no tiene sentido. Esto deriva en el principio básico de no provocar a al otro un daño indeseable para uno mismo cuya violación genera en el individuo normal una sensación de culpa, en el colectivo un impulso a la sanción y en la víctima un deseo de venganza. A mayor capacidad de procesamiento informativo y a mayor similitud reaccional neuronal con el cerebro ajeno, mayor el grado de empatía. El humano pasa así, entre la infancia y la adultez, de individuo a persona (remontable etimológicamente al "personare" o máscara usada por los actores del teatro romano), es decir a ente en estado comunicativo y con una imagen presentable al entorno y sometida a una valoración por ese entorno. El ser persona es exclusividad humana. El resto de los animales, al carecer de lóbulo frontal, están impedidos de generar una imagen propia presentable. Ellos actúan como son y sienten, sin preguntarse sobre una valoración externa.

Asi todo humano, si bien con enormes variaciones individuales y culturales, es portador de un código normativo orientador, al menos en principio, de su conducta hacia los otros. No en vano la afirmación kantiana que dos cosas despertaban en él su admiración y respeto, el cielo estrellado encima suyo y las normas morales por él mismo portadas. La moral es por tanto espontánea y otorgada por la misma naturaleza.

Existe la creencia, bastante extendida y por lo demás igual de injustificada, de un indisoluble vínculo entre moral y religión dándose por sentado que el ser religioso es sinónimo de ser moral. Sin Dios se estaría el exento de toda forma de principios quedandole al hombre abierto el camino para el robo, el asesinato, la violación y otros crímenes similares exentos de toda sensación de culpa. En otras palabras una suerte de ley de la jungla en las relaciones humanas. Si bien la idea de un castigo divino actúa como elemento circunstancialmente disuasivo para una conducta inmoral la experiencia histórica demuestra que la religión como tal no es ninguna garantía. Muchísmas conductas religioss son o han sido abiertamente inmorales en su quehacer social y muchísmos no creyentes muestran en los hechos una conducta altamente moral, similar y a veces incluso superior a la de muchos creyentes. Las sociedades seculares por lo demás muestran en general una actitud de mayor respeto a los derechos humanos, es decir mas moral, que las sociedades fuertemente religiosas donde los derechos humanos son frecuentemente e impunemente violados.

Esto exige la diferenciación de dos áreas común y errónamente confundidas como sinónimas, moral y ética. La ética, por definición, disciplina normativa en función de aqu ello considerado por el individuo o el grupo como su finalidad última resulta un producto generado por el intelecto, directamente vinculado a la ideología y por tanto no espontáneo. De ahí su relatividad y la emergencia histórica de conductas éticas aberrantes pero en su momento y por una colectividad consideradas adecuadas en función de lo por esta concebida como su finalidad última. Ètica y moral pueden por tanto estar, y frecuentemente lo están, en posiciones contradictorias. Muchas éticas generadas a lo largo de la historia pueden considerarse como moralmente decadentes, como el caso de diversas culturas y sus sacrificios humanos por razones religiosas, la Inquisición Cristiana, el nazismo alemán, el comunismo estalinista, el actual fundamentalismo musulmán, etc. Dada su dependencia de la cultura y de las circunstancias históricas toda ética es por tanto relativa y poco confiable con ejemplos espeluznantes de sociedades y periodos donde los mas loables principios éticos de justicia, igualdad, fraternidad, amor a Dios y al prójimo fueron, y en algunos casos todavía lo son, usados como armas de opresión y maltrato.

La moral, por el contrario, al ser una dádiva funcional espontánea de la naturaleza se exime de las vicisitudes históricas y culturales emergiendo en todo humano como un código básico intuitivo universalmente normativo remontable a los orígenes de la especie. Esta, aunque no siempre definible pero no por ello menos presente, se encuentra como lo diría Kant "inscrito en el alma humana con letras grandes y legibles". Y así también fué Kant (Fundamentación de la metafísica de las costumbres) el que calificaría esos principios como Imperativos Categóricos homologizables, dada su independencia de la condicionalidad y de la experiencia, a sus llamadas ideas a priori o congénitas:

- 1. Actúa sólo de manera que la máxima de tu acción sea susceptible de convertirse en ley universal.
- 2. Actúa de modo que la humanidad, tanto tu propia persona como cualquier otra, sean siempre un fin y no un medio.

- 3. Actúa siempre como si fueras un miembro legislador en un reino universal de fines

Se trata por tanto, dada su universalidad, de principios otorgados no por la religión u otros productos culturales sino por la misma estructura cerebral y, para el hombre de a pié, resumibles en tres normas simples: no provoques al otro un daño que no lo quisieras para ti mismo, respeta al otro como quisieras que a ti te respeten y, si te es posible, ayuda al otro si este lo necesita. En condiciones de normalidad solo sacrificables al principio de la propia supervivencia. En condiciones o individuos especiales sobrepasantes aun de la propia supervivencia. Principios que en el hipotético caso de un desconocimiento de la evolución y de la genética serían el indicio mas evidente de una comunidad ancestral como especie.

Parcialmente vinculado a lo moral, aunque no obstante diferente, se encuentra aquello que los griegos llamaran *kosmos,* lo bello (de ahí su derivado de cosmética) evocante en el humano de un sentido de conexión con una totalidad universal cuyas intrínsecas armonía e infinitud infunden veneración, respeto y un deseo de imitación en el arte. En ética de hecho se diverge y en moral es posible también a veces divergir (la mayoría de los mortales apenas podemos además captar su escencia a la manera kantiana) pero no en la emoción evocada por un cielo estrellado, un atardecer, la cúspide de una montaña o un mar tormentoso. A esa emoción los griegos le llamaron entusiasmo (*en-theo-siasm* = ser uno con Dios), la sensación de ser participante del logos, de un mundo incomprensible pero intuitivamente captado como ordenado, armónico, extraordinariamente multifacético y en su esencia solo expresable mediante aproximaciones. La "cosa en si" kantiana, la revelación parcial y las mas de las veces fugaz de lo oculto detrás del fenómeno. Freud denominó a esa conexión con la totalidad (frecuentemente asociado a una suerte de veneración) como "sentimiento oceánico". Con grandes variaciones individuales (el mismo Freud, incapaz de sentirlo, solo pudo imaginarlo gracias a la descripción hecha por un amigo) este sentimiento ha probablemente existido desde nuestros mismos orígenes y de ahí un arte remontable a las cavernas. Esa conexión emocional con una naturaleza, a los ojos humanos provista de extremo multifacetismo y misterio, se encuentra frecuentemente vinculado a lo religioso. Para las religiones panteistas como una presencia divina trasminante de toda la naturaleza, para las animistas como diversos entes espirituales incorporados a sus diferentes fenómenos, para el Cristianismo-Judaísmo y el Islam como obra de un Dios único e independiente de la materia.

La omisión del factor biológico en las ideologías sociales

Los fundadores de la economía política, los ingleses Adam Smith, David Ricardo y John Stuart Mill del siglo XVIII, partieron del principio de la maximización acaparatoria energética individual traducido en el axioma del individuo prioritariamente actuante en función propia. Tratándose esa maximización energética o, en la terminología económica, el interés individual, de un principio acorde con la naturaleza humana, les resultó obvio que lo económico debía someterse a la libre concurrencia, al laissez faire y al laissez passer, con una minimización del control estatal. Los factores de trabajo, capital, salarios, renta y ganancia debían por tanto responder a ese principio y consecuentemente *"el precio natural del trabajo es el necesario para permitir a los trabajadores mantenerse y reproducir su raza, sin incremento ni disminución"* (David Ricardo-Principios de Economía Política y Tasación). La conversión del principio del interés individual en axioma eximió simultáneamente a este de una explicación acerca de sus causas. El resultado fue el feroz capitalismo del siglo XIX con una masiva e indiscriminada explotación de la mano de obra y su asociado sufrimiento humano.

Para el marxismo, ideología antípoda de los pensadores anotados pero también excluyente de lo biológico, la lucha de clases conformaba el motor de la historia con la propiedad privada como causa de las injusticias. Una abolición de la propiedad privada de los medios de producción debería necesariamente llevar a una sociedad igualitaria y feliz. Si bien Engels analizó el origen y desarrollo de la propiedad privada en una perspectiva histórica no se preguntó, al igual que Ricardo, Adam Smith y Stuart Mill, acerca de la razón de su existencia como tal. Y como se sabe una cosa es identificar y describir el desarrollo de un fenómeno y otra señalar sus causas. Marx (aunque no lo hiciera expreso) partió exactamente del mismo principio metafísico del romanticismo rousseaniano de un hombre naturalmente bueno que solo necesitaba de las condiciones adecuadas para la expresión de esa bondad. Una abolición de las clases sociales mediante un cambio estructural económico-político debería de llevar a la instauración de una sociedad

igualitaria y pacífica. El grito de guerra"!*proletarios del mundo, uníos!*"
del Manifiesto Comunista de 1848, apelando al principio mas básico
de lo biológico, la obtención energética, sumado al deseo de venganza
de millones de humanos sometidos a las desigualdades del capitalismo,
tuvo un enorme efecto movilizador. Sin embargo al pretender un orden
social bajo el principio *"de cada uno de acuerdo a su capacidad y a
cada uno de acuerdo a sus necesidades"* contrario a la concurrencia,
sentenciaba esa lucha, a pesar de su elemental racionalidad y justicia, a
su propio aniquilamiento. La realidad histórica fue, como era de esperar,
brutal, encargándose el deprimente fracaso marxista de demostrar, no
obstante el sacrificio de millones de vidas a esa utopía, que el impulso
acaparatorio humano supera todo razonamiento lógico. Las clases
económicas del capitalismo fueron substituidas por la "aristocracia roja"
partidista del socialismo. George Orwell en su metafórica Rebelión en
la Granja resumiría irónica y magistralmente *"todos los animales son
iguales pero algunos animales son mas iguales que otros"*. El marxismo,
el mas grande sueño de igualdad que emergiera en la historia después del
Cristianismo, se aniquiló a si mismo. El Imperio Soviético y sus aliados
se desmoronaron como castillos de naipes, la China maoísta sufrió una
metamorfosis hacia un capitalismo elitista-unipartidista y los últimos
remanentes, Cuba y Corea del Norte, se transformaron en propiedades
familiares. La indoctrinación socialista masiva de7 decenios en el bloque
soviético se esfumó en unos pocos meses dando lugar a un sistema
feroz basado en el salvese quien pueda. Funcionando a la manera de la
ideología de los perdedores los movimientos marxistas sirvieron no
obstante como atenuantes de un acaparamiento energético ilimitado de los
mejor adaptados en los inicios del capitalismo catalizando el desarrollo
hacia sistemas algo más equitativos.

Lo primario radica en el programa biológico cuyas características
de irracionalidad y subconciencialidad le otorgan el carácter de
sobreentendido.

La subsconsciencialidad convierte la obediencia de los sistemas sociales
a las reglas de lo biológico en algo casi imperceptible. La estratificación
social en diferentes rangos al interior de un gallinero al igual que el
irresistible impulso de los congéneres de la gallina herida de picotearle la
herida sangrante, es algo perfectamente visible. La fría impasibilidad de
los antes súbditos del macho o la hembra alfa derrotados y susbstituidos

por un nuevo líder al interior de un grupo de felinos, caninos o primates tampoco admite dudas. El comportamiento animal es simple, directo y revelador de sus intenciones y emociones. El humano se expresa a través de infinidad de mecanismos indirectos, prácticos y ritualizados, cuya única función es, en muchos casos, justamente el de ocultar sus verdaderas intenciones.

Dada su complejidad social, su inagotable capacidad para la racionalización y su sorprendente astucia, esa misma conducta animal se expresa en lo humano a través de instrumentos cuya extrema subtilidad hace que no evoquen, a menos de existir un riesgo evidente para la propia supervivencia, una mayor reflexión. El castigo al débil, si bien con la misma irrestibilidad que en el gallinero, tendrá así lugar a través de intrincados mecanismos socio-económicos y culturales. Los sistemas de distribución de artículos de consumo castigarán al pobre con artículos de menor calidad y comparativamente mas caros que los que le llegan al rico. Los tribunales de justicia (como diversos estudios lo demuestran) juzgarán, sin que los jueces sean mayormente conscientes de ello, con mayor severidad al socialmente débil que al poderoso. Los hospitales mas caros recrutarán a los mejores médicos, tendrán los equipos mas sofisticados y brindarán al solvente un servicio de mas alta calidad que el de los hospitales pobres. La manera mas fácil de obtener un crédito bancario será siempre mostrar que uno no lo necesita ya que el banquero tendrá la tranquilidad de estar ante un prestatario solvente, mientras que a ese mismo banquero se le prenderá la luz roja de advertencia frente a un cliente que demande desesperadamente un préstamo para comer. Mudarse de una zona residencial a otra le aparecerá al casero como algo perfectamente natural pero el prentendiente a inquilino procedente de un barrio pobre despertará inmediatamente las sospechas de ese casero. Los habitantes de las diferentes zonas en las metrópolis "saben su lugar" y el habitante del barrio pobre que ponga el pié en una zona residencial descubrirá inmediatamente las señales destinadas a hacérselo notar. La riqueza, por su propia dinámica, abrirá las puertas al rico hacia una mayor riqueza y la pobreza tenderá a cerrar al pobre las oportunidades para salir de la pobreza. El socialmente débil, en resumen, vivirá en barrios peor organizados, respirará aire mas contaminado, contará con una menor protección policial y seguridad jurídica, estará sometido a mas bullicio, tendrá menos acceso a la cultura, a la higiene y a los servicios médicos, sufrirá mas las inclemencias del clima, tendrá menos libertad de acción y de expresión y morirá mas pronto. Y todo ello como parte de una dinámica social, en lo básico, independiente de la mala o buena voluntad de sus protagonistas y en su base similar a la conducta del gallinero.

Los mejor adaptados generarán automática y subconsciencialmente productos culturales moral e intelectualmente validantes de su posición en la cúspide como dirigentes y responsables del buen funcionamiento de su sociedad. Sus privilegios serán visto como naturales y bien merecidos (las monarquías tuvieron durante siglos lo divino como validante, los brahamanes hindúes su buen karma, el rico norteamericano el premio divino al trabajo duro, etc) haciendo uso de los mecanismos sociales, incluyendo la violencia, para la mantención de esos privilegios. Su mayor acceso a los medios de comunicación, o sencillamente la propiedad de estos, extenderá ese mensaje, de forma comúnmente velada e indirecta, al resto de la sociedad. Su comportamiento social e ideología, sus rasgos étnicos, linguisticos y de vestuario establecerán los marcos considerados correctos señalizando asi su superioridad e incitando a la imitación pero cohibiendo el desafío. En los rangos inferiores de la pirámide social cada grupo generará su propia escala de valores, normas, principios, variantes idiomáticas, vestimenta y comportamiento social identificatorios de su nivel en la pirámide con una, respecto a las minorías en la cúspide, ambivalencia fluctuante entre la imitación y el rechazo.

Esa irracionalidad acaparatoria con su resultado en forma de una estratificación social explica la espontánea búsqueda por parte de los mejor adaptados de un acaparamiento energético ilimitado a costa de los menos adaptados quienes obviamente harán resistencia. La cooperación animal se reduce a la obtención energética que le es circunstancialmente necesaria. La humana, mucho mas compleja y provista de estructuras jerárquicas de cooperación al interior de los grupos, generará modelos ideológicos moral y socialmente justificantes de ese impulso irracional. Esos modelos ideológicos adquirirán obviamente rasgos específicos dependiendo de las condiciones locales y el momento histórico. Las ideologías políticas llegan asi a ser racionalizaciones mas o menos estructuradas de acuerdo a cierto rigor lógico, autoengaños cuasi-lógicos del intelecto justificantes del impulso irracional de defender las propias fuentes de energía y acaparar las ajenas como algo "racional" y moral. Una vez establecida su funcionalidad y la respectiva identificación del individuo con una determinada racionalización ideológica, ella vive, por así decirlo, "su propia vida" (como sucede con el tan mentado patriotismo u otras formas del lealtad al grupo) desarrollándose en forma parcialmente autónoma acoplada a elementos emocionales circunstancialmente forzantes al individuo a sacrificios extremos. Esas racionalizaciones tenderán también espontáneamente, especialmente entre los jóvenes, a dar sentido a la existencia. Las ilusiones son, como se sabe, uno de los motores básicos del actuar humano.

Racionalidad versus irracionalidad en el pensamiento económico

La posibilidad o esperanza de modelos económicos estrictamente basados en la racionalidad y consecuentemente garantizadores de un clima de paz y concordia entre los competidores ha ocupado el pensamiento económico en los últimos decenios y así también varios de sus gestores han sido galardonados con el Premio Nóbel de Economía.

Gary Becker de la Universidad de Chicago recibió el Premio Nobel de Economía en 1992 por sus descubrimientos sobre la conducta socio-económica humana que, en la formulación del Comité del Premio Nobel, está "basada en lo que él (Gary Becker) llama un enfrentamiento económico,…. el principio de la conducta racional optimizante en áreas donde los anteriores investigadores supusieron un comportamiento habitual y frecuentemente bastante irracional. Para describir su filosofía metodológica Becker ha usado un aforismo de Bernard Shaw: economía es el arte de sacar el máximo de la vida". Becker reveló con nitidez un comportamiento económicamente maximizador de las ganancias propias en diversas áreas tradicionalmente consideradas como no regidas por el principio de ganancia como son el matrimonio, la discriminación social y racial y los sistemas penales. En otras palabras el supuesto de que el uso de la razón en una actividad dada convierte automáticamente a esta actividad en racional. El problema radica en la confusión entre racionalidad y funcionalidad. Un comportamiento que se usa de la razón para un objetivo irracional puede ser altamente funcional pero no racional. Aún mas, esa funcionabilidad disfraza frecuentemente lo irracional haciendolo aparecer como racional. Un comportamiento profundamente subconsciencial en su origen, frecuentemente brutal en su expresión e intransigente en su coerción, es sin lugar a dudas y gracias a los automatismos cerebrales, altamente funcional, pero, aún con la mejor voluntad del mundo, apenas racional. Las pirámides de Egipto fueron indudablemente obras extremadamente "racionales" en su diseño y construcción despertando hasta hoy una admiración universal pero es difícil encontrar una mayor y mas patética irracionalidad que el motivo detrás de su construcción. Un general que en la guerra planea un operación mortífera es altamente racional en el frío análisis de su propia capacidad de fuego y sus previsibles "bajas" pero la aniquilación de sus hermanos de especie no puede considerarse otra cosa que irracional. Nadie duda de la funcionalidad y "racionalidad" del nazismo alemán con su alta efectividad exterminatoria en el tratamiento de la cuestión judía pero la motivación de ese actuar salta a ojos vista como excepcionalmente irracional. Funcionalidad no es sinónimo de racionalidad. La razón solo impide la estupidez del granjero de Esopo de descuartizar al ganso de los huevos de oro pero no el deseo irracional de una cantidad preferiblemente ilimitada de esos huevos que incluye también al granjero "racional" que deja vivir al ganso. La milenaria ilusión humana de homologizar la capacidad de razonar con una conducta racional es solo eso, una ilusión.

Otros Premios Nobel de Economía fueron concedidos a economistas y matemáticos vinculados a la llamada Teoría del Juego (o Teoría de la Decisión Interactiva en la denominación de Aumann) dirigida a explicar racional y matemáticamente la conducta empírica humana de rivalidad y cooperación y cuyos fundamentos fueron sentados von Newmann y Morgestern en 1944 (Teoría de los juegos y conducta económica). Nash, Harsanyl y Selten (Premios Nobel de Economía 1994) desarrollaron modelos complementarios específicos con aplicatividad en la macroeconomía, la planificación de los recursos naturales y el comercio exterior. Nash estableció la diferencia entre juegos cooperativos y no cooperativos, Selten la dinámica de la interacción estratégica entre los competidores-cooperadores por las mismas fuentes energéticas y Harsanyl el análisis de los juegos de información incompleta dirigidos a maximizar la ganancia o, en el peor de los casos, a minimizar las pérdidas. Algunos de estos juegos son de suma cero donde un protagonista puede perder o ganar en relación al otro dentro del grupo pero donde la suma total del capital permanece inalterada, como sucede, por ejemplo, en una partida de póker. Otros, los mas frecuentes, de suma mayor a cero, implican que, independientemente de que todos ganen o algunos pierdan, la suma final resultará mayor que al inicio de juego, como sucede en toda empresa comercial o industrial exitosa.

El Premio Nobel de 2005 fue concedido a dos continuadores de los arriba mencionados, Schelling y Aumann. Thomas Schelling, concentrado en situaciones de negociación bilateral, examinó las tácticas usadas por el jugador para obtener la máxima ventaja propia incluyendo la disminución de sus propias ambiciones en función de obtener concesiones del oponente las que deberían de ser irreversibles o, caso contrario, se daría un enfrentamiento. En situaciones de intereses opuestos aparentemente insolubles la sola identificación de las ventajas futuras para ambos antagonistas debería conducir a un acuerdo. Aumann, por su lado, desarrolló metodologías investigativas aplicando la Teoría del Juego a áreas tan dispares como la biología y la política. Con especial acento en la cooperación a largo plazo entre, por ejemplo, grupos sociales y países, identificó una suerte de equilibrio óptimo teórico, por él llamado equilibrio fuerte, donde ningún grupo de jugadores puede, cambiando sus estrategias, obtener una ganancia mayor que las ofrecida por la estrategia pactada.

Se trata por tanto, por una parte, de visualizar aquella lógica subconsciencial matemática, cerebralmente pre-programada, espontáneamente usada por el hombre desde sus orígenes y orientadora de sus estrategias de rivalidad y cooperación a lo largo de la historia y, por otra, la de generar modelos matemáticos optimizantes de esas estrategias. El concepto central, el llamado equilibrio de Nash (en lo básico el mismo que el equilibrio fuerte de Aumann) establece que la estrategia óptima en un juego con dos o mas jugadores es aquella en la que ninguno de los jugadores aumenta sus ganancias modificando la estrategia pactada ya que un cambio de la misma conllevaría solo desventajas. Ese equilibrio exige obviamente de sus protagonistas, además de una comprensión cabal y racional de las ventajas del mismo, honradez, ausencia de emocionalidad y capacidad de ver mas allá de lo inmediato. En otras palabras la mas alta (y utópica) racionalidad matemática y altura moral al servicio del acaparamiento. La definición de Aumann de un jugador racional es la esperada "un jugador es racional si maximiza sus utilidades dada una determinada información". La óptima racionalidad al servicio de la irracionalidad.

La irracionalidad comanda

Al tratarse de mecanismos altamente racionales al servicio de la irracionalidad una hipotética permanentización y universalización del equilibrio de Nash conduciría obviamente a una maximización colectiva en el aprovechamiento energético y a un clima de paz entre los competidores. Los requisitos irrealistas exigidos a los protagonistas y el hecho de ser todo equilibrio por definición estable y con ello opuesto al cambio, es decir a la evolución, lo hace sin embargo incompatible con la estructura biológica. La estructura orgánica humana, conformada por una impulsividad irracional con base en el sistema limbico y una racionalidad cortical optimizante de esa irracionalidad, queda suprimida.

Lo real es que la absoluta mayor parte de las decisiones acaparatorias humanas, lo sabe cualquier individuo por experiencia propia, se toman en base a información incompleta completada con la intuición o "sexto sentido", es decir con información procesada mayormente a nivel subconsciencial y con la emocionalidad como altamente decisiva. Esto es también aplicable y en alto grado a las decisiones colectivas o como Konrad Lorenz anota *"Estamos acostumbrados a creer que quienes dirigen las sociedad actúan racionalmente en cuestiones políticas y este acostumbramiento a la irracionalidad hace que los mas no nos demos cuenta de cuan estúpida e inmediatista es y ha sido la conducta de la humanidad a lo largo de la historia"*. La racionalidad óptima reclamada en los modelos teóricos anotados, lo sabe todo neurólogo y siquiatra, es solo observable en individuos con lesiones cerebrales o en personalidades psicopáticas y esquizoides cuyas funciones lógicas permanecen intactas pero cuya patología los imposibilita para las emociones características de la normalidad. Esos modelos constituyen así en la práctica solo eso, teóricos, cuya validez surge, paradójicamente, de su capacidad de funcionabilizar racionalmente lo irracional.

Incorporadas a la estructura y dinámica del sistema vital global, la irracionalidad y su asociada emocionalidad, parcialmente canalizadas por la razón, determinan el quehacer económico y social sin dar cabida al status quo. Los estados de equilibrio son siempre pasajeros ya que todo equilibrio implica estancamiento y, a largo plazo, retroceso. Quien no lucha y conquista se somete, quien no coopera cultiva su derrota. La guerra cooperativa y la cooperación guerrera de la biosfera encuentran su natural continuidad en la sociedad. Todo país y compañía, industrial, comercial o financiera que deja de crecer empieza instantáneamente a decrecer. Todo país está imposibilitado de sentirse satisfecho con un crecimiento cero de su PBI porque ello se considerará un fracaso.

Toda compañía esta imposibilitada de decir "no quiero mas" porque a partir de ese instante empezará a tener menos. La compañía que en la bolsa de valores muestre niveles de ganancia iguales al periodo anterior provocará automáticamente la desvalorización de sus acciones. El sistema es igual de punitivo con el status quo en lo económico como lo hace en lo biológico respondiendo a la misma regla básica: el acaparamiento energético (y su paralela ganancia informativa) obligatoriamente ascendente.

Las Sociedades Anónimas, motores energéticos y tecnológicos de la sociedad capitalista contemporánea, cuyo mayor (y a veces único) objetivo es el aumento de su capital y cuya primera lealtad es con sus accionistas, son obviamente altamente "racionales" en su actuar y de ahí su éxito. Astucia, audacia, tenacidad, inventiva, sorpresa, camuflaje, trampa y emboscada son observables en la biosfera. En las entidades económicas se convierten en investigación científica, innovaciones tecnológicas, prospecciones, lucha por mercados, espionaje industrial, empresas fantasmas, lavado de dinero, manipulación en la bolsa de valores, doble contabilidad, good will, soborno, propaganda engañosa, etc La depredación económica llevará espontáneamente a la empresa grande y exitosa a engullir a la pequeña y el impulso de supervivencia en un mundo competitivo conducirá a diversas formas de cooperación en forma de trusts, corporaciones o monopolios. La insaciabilidad acaparatoria, no conocerá otros límites que los establecidos por el agotamiento energético del medio (materia prima o mano de obra) o la saturación del mercado o los otros competidores (mejor tecnología o productos mas baratos) o el control social (leyes antimonopolio, controles impositivos y leyes de protección al trabajador).

Este es probablemente el argumento mas fuerte en favor de la democracia. La democracia no es sino la solución inteligente a la necesidad práctica de limitar ese impulso irracional acaparatorio que en ausencia de restricciones lleva inevitablemente a una tan exagerada desigualdad entre los individuos en su disponibilidad energética (y su sinónimo de poder) que, tarde o temprano, conduce a la confrontación. La democracia es el acuerdo social de control mutuo obstaculizante de una concentración exagerada del poder político y económico en manos de los mejor adaptados a la que toda colectividaen dejada a su curso tiende espontáneamente. La rotatividad periódica de los diferentes individuos y grupos en el ejercicio del poder le otorga al sistema una suerte de autocontrol abriendo a diferentes sectores la posibilidad, al menos teórica, de acceder a una cuota de ese poder. Las diferentes instancias de control mutuo aportan con la garantía, al menos parcial, del uso de ese poder en concordancia con los acuerdos pactados.

Esa relativa restrictividad acaparatoria conlleva la posibilidad de un aporte positivo teórico y práctico de los miembros a un desarrollo común. En otras palabras a un buen uso del raciocinio y la emocionalidad al servicio de la irracionalidad, la irracionalidad llevada a un adecuado nivel de eficiencia gracias al raciocinio en balance con la emocionalidad. La democracia es el intervencionismo de la racionalidad sobre lo instintivo en aras de la funcionalidad. Si bien la participación democrática es por razones prácticas y en la mayor parte de los casos mas ficción que realidad, ella otorga al individuo aquello que es lo mas importante: el sentimiento de participación en un proyecto común y la posibilidad, así sea esta remota, de poder modificar con su actuar, a través de los mecanismos sociales pactados, su propio desarrollo individual y el de su sociedad. En resumen, cooperación.

La democracia, cualesquiera sean sus formas prácticas de expresión, y la libertad de pensamiento y una, al menos teóricamente posible, distribución relativamente equitativa del poder-energía a esta asociada, tiene que ver con la evolución. Sus principios ideológicos usualmente considerados inalienables (y de los cuales los políticos hacen uso cotidianamente) de libertad, igualdad y fraternidad, llegan a ser así, mas que objetivos en si, instrumentos potenciadores de la supervivencia y de la calidad de vida. Cuando el grupo deja de ser solo un medio garantizador de la supervivencia inmediata para convertirse además en fuente de reconocimiento y orgullo personal ello conduce a una enorme potenciación del aporte individual al colectivo. Eso es ya observable desde los inicios de la democracia como sistema con las primeras democracias, la ateniense y la de la Roma Republicana, cuyos resultados no tienen parangón en la historia antigua.

La historia muestra por cierto ejemplos de pueblos que guiados por líderes carismáticos y dictatoriales lograron sorprendentes triunfos militares. Este es el caso, por ejemplo, de los hunos en el siglo V bajo el mando de Atila y el de los mongoles en el siglo XIII bajo Gengis Khan.

Pero, mirado a largo plazo el aporte de ninguno de ellos puede, ni siquiera aproximadamente, compararse con el de los sistemas democráticos.

La democracia no es sino concurrencia controlada mediante un acuerdo de cooperación mutua y solidaria y es, igual o mas que un principio de vinculación moral, un requisito inteligente y funcional para el desarrollo de todo pueblo, o lo que es lo mismo y en última instancia, para su supervivencia. Así como entre los individuos también entre los pueblos toda relación de respeto mutuo y estabilidad está basada en una cierta (o al menos teóricamente posible) igualdad de posibilidades siendo así que toda marcada desigualdad entre los individuos y los pueblos conduce, tarde o temprano, a una situación de sometimiento o enfrentamiento. El precio del mal uso de la racionalidad al servicio de lo irracional es alto, el fracaso. Y, en el peor de los casos, la sumisión. Se pueden contar por centenas, o quizá miles, los pueblos cuyo precio a pagar por su menor desarrollo ha sido su sometimiento o incluso su aniquilación por otros de mayor desarrollo a nombre, por supuesto, de innumerables racionalizaciones. Como en todo lo biológico la historia es despiadada.

CAPÍTULO X

SEXUALIDAD HUMANA Y EVOLUCIÓN

Garcia Lorca escribía este poema en la España pre-franquista: *"¿Donde vas, niña mía, de sol y nieve?/ Voy a las margaritas del prado verde/ El prado está muy lejos y miedo tiene/ Al aire y a las sombras mi amor no teme/" .... "¿Quién eres, blanca niña? ¿De donde vienes?/ Vengo de los amores y de las fuentes/ ¿Qué llevas en la boca que se te enciende?/ La estrella de mi amante que vive y muere/ ¿Qué llevas en el pecho tan fino y leve?/ La espada de mi amante que vive y muere"* (Balada de Julio).

D.H. Lawrence, por su lado, lo hacía así en su promiscuosa vida parisiense: *"Te amo, podrida/ deliciosa podredumbre.... Amo el chupar de tus membranas/ tan marronas y blandas, llegándome suaves/ tan mórbidas…"*

Dos enfoques, bastante distintos, del mismo fenómeno.

El hombre es el animal mas "sexuado" de la biosfera y probablemente, al margen de los monos bonobos, el mas promiscuoso. El resto animal aparece comparativamente como sorprendentemente casto. Ningún otro animal se encuentra tan atrapado en su propia sexualidad como el hombre. Piensa en el sexo decenas de veces por día, ejerce su sexualidad en una enorme variedad de formas sin relación directa con la reproducción, su madurez genital precede en varios años a su madurez cerebral (el púber sicológicamente todavía inmaduro para hacerse cargo de si mismo ya es fisiológicamente apto para engendrar hijos) y prolonga su vida sexual mucho mas allá de su edad reproductiva. La prostitución y la pornografía al igual que los productos eróticos, afrodisíacos y potenciadores de la sexualidad han sido en todos los tiempos altamente rentables. La prostitución y la violación les son exclusivas como especie y, exceptuando a los monos bonobos, es la única especie que se masturba. Entre los mamíferos es el único dispuesto a pagar un precio a veces descomunal, tanto en lo biológico (contagio y otros riesgos físicos) como en lo socioeconómico (estigma social y pérdida de estatus), en aras de satisfacer su sexualidad, El turismo sexual es una empresa rentable en tiempos modernos con miles, especialmente europeos del norte, que sexualmente frustrados en sus propios países no vacilan en cruzar medio mundo (hasta Thailandia, las Filipianas o África) en aras de satisfacer su sexualidad. Que en el lapso de 150.000-200.000 años haya pasado de un puñado de individuos a los casi 7 billones de la actualidad habla de su gran entusiasmo copulatorio.

El costo de esa sexualidad es alto. El embarazo y el parto han sido durante miles de años, y todavía lo son en muchos países, causas comunes de enfermedad y muerte. El periodo menstrual implica para millones de mujeres molestias fisiológicas y prácticas. La crianza de los descendientes demanda una gran cantidad de tiempo y sacrificios. Algunas de las enfermedades sexualmente transmisibles (sífilis, gonorrea, chancro blando, clamidia, sida, hepatitis B y C, condiloma acuminata y herpes) han constituido en el pasado (como es caso de la sífilis) y todavía constituyen al presente (como en el caso del sida y las hepatitis) verdaderas plagas. El estigma social asociado a ciertas prácticas sexuales ha implicado para incontables individuos a lo largo de la historia una alta cuota de sufrimiento y otros tantos han hecho sacrificios heroicos por el acceso al objeto de su atracción sexual. Las mujeres han sido en todos los tiempos objetos de esclavitud para satisfacer la sexualidad masculina y otras son todavía hoy mutiladas (amputación del clítoris en las niñas prepuberales) o violentamente forzadas a matrimonios indeseados o inhibidas en su libertad de acción debido a su sexo (pueblos musulmanes y otros). El abuso sexual de las niñas y niños menores es fenómeno universalmente extendido (la Organización Mundial de la Salud calculaba en el 2002 que 150 millones de niñas y 73 millones de niños habian sido violados u obligados a alguna otra forma de contacto físico sexual, siendo aún mayor la cifra de menores explotados en la pornografía y la prostitución). En las guerras tribales la mujer suele ser un botín corriente y en prácticamente todo tipo de guerra la violación de la mujer del enemigo es instrumento común de terror y venganza. Todo esto es naturalmente compensado por una sexualidad fuertemente gratificante, no solo por el placer asociado al coito y la posibilidad de engendrar hijos, sino también por, en condiciones normales, su función tranquilizante, reforzante de la autoestima y cohesionadora al interior de la pareja. El circunstancial deseo de contacto con el cuerpo del otro despierta en ese otro una reciprocidad sinérgica en un proceso de retroalimentación temporalmente anulante del control de la conciencia. A menor conciencia mayor emocionalidad y a mayor emocionalidad mejor sexo. El sexo resulta así, en condiciones normales, la droga milagrosa que cura la ansiedad, refuerza la autoestima, neutraliza la soledad y combate el tedio.

La actitud humana frente a su sexualidad, como en todo lo que tiene que ver con su biología, está saturada de ambivalencia. Por un lado el anhelo de un *coitus ininterruptus* a la manera del Uranus y la Gaia mitológicas o del tantrismo hindú con un orgasmo ilimitado y, por otro, la sujeción de lo sexual a la pura racionalidad o incluso su omisión. Por un lado la envidia por el Casanova afortunadamente copulador que disemina placentera y despreocupadamente su esperma en las vaginas femeninas y por otro la admiración por el asceta que reprime su sexualidad en función de algo superior. La coerción del sexo induce a una suerte de rebelión. El Cristianismo redujo durante siglos la sexualidad a lo estrictamente genital y reproductivo emparentándolo con lo pecaminoso mientras el Budismo, el Jainismo, el Hinduismo y el Taoísmo, si bien desprovistos del sentido de culpabilidad cristiano, propusieron el dominio de la sexualidad como requisito para la perfección. En el Islam la represión sexual femenina constituye unos de sus rasgos mas notorios con, entre otros, un obsesivo ocultamiento de su corporalidad. No extraña que la sexualidad esté plagada de confusión y contradicciones donde amor y sexualidad se mezclan en una ensalada ininteligible, unas veces como sinónimos, otras como diferentes pero complementarios y, unas terceras, como sencillamente antagónicos.

Freud agitó el avispero al postular la sexualidad como totalizante del individuo con inicio ya a partir del nacimiento pasando por diferentes etapas: la oral (del niño pequeño), la anal (del infante prepuberal) y la genital (a partir de la pubertad). En su propuesta de la estructura de la personalidad en tres niveles ubicó la sexualidad en lo mas profundo del hombre, su id, cuyas demandas colisionan con las normas morales incorporadas por la cultura en forma del superego controlante, siendo tarea del ego la de armonizar los impulsos instintivos del id con el superego sancionador. Una falla en esa armonización explicaría, entre otras cosas, el comportamiento neurótico. Adicionalmente pondría al tapete de discusión los impulsos sexuales encapsulados por la moral en forma de tabúes como los complejos de Edipo y Electra y las divergencias sexuales latentes o expresas como el sadismo, el masoquismo, el voyerismo, el fetichismo y la homosexualidad. El acople de sexualidad con erotismo llevaría a Freud a la conclusión del placer, con el sexual como prioritario, como el motor básico de la conducta. El conglomerado percepcional y emocional placentero encontraría su contrapartida en el dolor como representación del aniquilamiento y la muerte. Eros versus Tánatos.

La naturaleza otorgó a la sexualidad humana una asombrosa sofisticación y con ella una suerte de advertencia "¡cuidado!, !terreno peligroso!". Apenas el niño y la niña empiezan a ser concientes de si mismos y aparece inmediata y espontáneamente un sentido del pudor abarcante de justamente los genitales. Cualquier otra zona corporal será accesible al juego o la comtemplación pero no la genital que ese niño o niña la considerará como altamente privada. Ninguna otra especie animal cubre sus genitales, algo tan naturalmente humano que, con escasísimas excepciones, es observable en prácticamente todos los pueblos primitivos como una indicación de su temprana aparición. Nuestro primo hermano el chimpancé que, por una una u otra razón, resulta tener una erección en el pene no vacila en mostrarla displicentemente al resto del grupo que, por lo demás, no suele ponerle al asunto una mayor atención. Pero ¿podría el lector imaginarse a un adolescente humano haciendo lo mismo frente a sus primas, tías y abuela? La dimensiones del escándalo familiar serían probablemente cataclísmicas.

La pragmática sexualidad

La sexualidad humana, con todos sus demandantes mecanismos y sus confusas expresiones, responde a exactamente las mismas reglas y objetivos impuestos por la biología a toda sexualidad cual es la producción de copias nuevas dirigidas a la evolución. Pero, en el caso humano, esa evolución esta fuerte e íntimamente ligada al traspaso informativo. El encandilamiento del placer, la euforia del enamoramiento y la complicada parafernalia de rituales y escaramuzas que rodea toda relación romántica y que llevadas a la literatura y al cine suelen arrancar mas de un suspiro y una que otra lágrima, no son sino la confirmación de cuan astuta es la vida para obligar imperceptiblemente al individuo al cumplimiento de su función reproductiva y evolucionaria. Consiguientemente esa sexualidad se somete al principio básico y bastante prosaico válido en toda la biosfera de una correlación entre la disponibilidad energética (poder, salud, vitalidad, juventud, y de ahí su rol afrodisíaco) y las posibilidades reproductivas.

Las hormonas sexuales (los estrógenos femeninos y la testosterona masculina) regulan el proceso. Los estrógenos señalizando sobre las cualidades para la fertilidad-maternidad, la testosterona sobre las cualidades del macho para la defensa y el ataque. Sin testosterona no hay deseo de conquista, sin estrógenos no hay impulso maternal, ambas regulan la atracción sexual y sus automatismos. Al tratarse los humanos de máquinas biológicas extremadamente complejas es de suponer la existencia de otros mecanismos mas subtiles regulantes de la atracción sexual y por hoy todavía desconocidos. Este el caso de las feromonas, partículas químicas no olorosas expelidas por el cuerpo de uno y provocantes de una reacción fisiológica en el otro. El único efecto al presente científicamente verificado es el de su influencia en el ciclo menstrual. Mujeres fértiles viviendo en un recinto cerrado durante largo tiempo sincronizan sus ciclos menstruales por influencia de las ferromonas. Existen indicios adicionales de las feromonas como señalizantes de la compatibilidad inmunológica entre los posibles contrayentes. Mujeres experimentalmente dadas a elegir pareja con solo oliendo una camiseta sudada de varón mostraron elegir la pareja inmunológicamente compatible en la mayor parte de los casos.

Al ser la inversión biológica femenina mucho mayor que la masculina la evolución ha dotado a esta de una serie de mecanismos en su sistema límbico, mas sofisticados que los masculinos, para un instantáneo registro de las cualidades genéticas y el grado de masculinidad del pretendiente (nivel de testosterona, estado de salud, compatibilidad histológica, actitud emocional básica frente a la vida, etc). Ese veredicto subconsciencial activa los mecanismos de señalización sobre una eventual disponibilidad hacia la potencial pareja con el premio químico en forma de contento en caso de reciprocidad. El veredicto límbico inicial, "amor a primera vista", no es modificable por la corteza cerebral la misma que se limita a la regulación de las señales de reciprocidad en concordancia a las normas sociales y morales. La presión socio-cultural ejercida sobre la mujer (virginidad prematrimonial y sobriedad sexual) convierte esa señalización en un proceso delicado. El coito no consensuado o incluso la abierta violación a consecuencia de una señalización malentendida no son del todo infrecuentes y un coito, aún consensuado, que conduzca a un embarazo pre-matrimonial suele despertar la reprobación social. En las sociedades mas tradicionales (como las musulmanas fundamentalistas y algunas hindúes) la estigmatización social al coito prematrimonial de la mujer puede incluso conducir a su asesinato en manos del propio grupo. No en vano en todo colonialismo la relación sexual entre colonizadora y colonizado evocó siempre la mas fuerte condena en contraste con la tolerancia a la del colonizador con la colonizada.

Se trata por tanto de un sofisticado balance entre lo límbico subconsciencial responsable de lo estrictamente biológico y lo conciencial cortical incorporante de los aspectos socio-económicos, culturales y morales. La sexualidad resulta así una inversión similar pero mas relevante que la financiera dadas sus implicaciones no solo económico-sociales sino también, y estas a largo plazo, biológicas.

En la evaluación cerebral es el factor energético el decisivo. Dentro de su multitud de aspectos, muchos de ellos altamente casuales y mayormente "psicológicos" como admiración, compatibilidad socio-cultural, etc. esa evaluación, mayormente subconsciencial, se hace homologizable a cualquier transacción financiera de la maximización, actual o potencial, de acceso a la energía. Sexo y energía (traducida esta última en poder socio-económico y energía vital) van mano a mano. El factor estético, altamente determinante en la elección de la pareja, actúa como potenciador tanto del erotismo como de la valoración social. La belleza es una obra de arte de la naturaleza y, como toda obra de arte, escasa, cara y con alto poder sugestivo. Quien la posee podrá exigir su precio, quien la adquiere tendrá que pagarla, ya sea con belleza propia o con otro convertible. En la elección de la pareja corre el principio de equivalencia entre el dar y el tomar y quien recibe mas de lo que da no rechazará usualmente este golpe de suerte. Puesto que la realidad, a diferencia de los cuentos de hadas, ofrece muy raramente la pareja perfecta, cada cerebro hace su cálculo regido por el principio de realidad sacrificando algunos aspectos en función de otros bajo el principio rector de la optimización energética propia (incluyendo el estatus social y el balance emocional) y la garantía de un buen traspaso genético a sus descendientes.

El relato fantástico y en sus mas variadas formas repetido de la Cenicienta bella y pobre que gana a su rico príncipe azul o el del héroe apuesto y pobre premiado con la bella princesa heredera de un reino refleja con extraordinaria claridad esa íntima ligazón entre sexualidad y energía. En los casos excepcionales en que una de las partes contrayentes pareciera sacrificar su propia ganancia, como el hombre sano y bien parecido que se casa con una mujer enfermiza y poco atractiva, o la de la mujer joven que se casa con un hombre mayor, esa inversión busca optimizar ya sea su estabilidad económica o emocional lo que, en último análisis y a largo plazo, favorece su ganancia o al menos su conservación energética. Que estos y otros procesos similares se encuentren camuflados detrás de mil y una racionalizaciones y sublimaciones, es otra historia.

Históricamente la mayoría de los acuerdos acumulatorios de energía entre los sectores de poder (casas reales, dinastías, emporios industriales o financieros) fueron, y en gran manera todavía lo son, consolidados mediante el pacto genital de los hijos considerado mas confiable que el frágil papel o pergamino. La historia lo revela. En la Roma Antigua con su complejísima telaraña de vínculos familiares y su mortal concurrencia mutua por el poder el pacto genital jugó un papel preponderante para la subsistencia durante siglos de un puñado de familias patricias. Lo mismo sucedió con las otras casas reales europeas y entre los musulmanes durante el Imperio Otomano. En la dinastía Ptolomeica de Egipto durante casi tres siglos y en la mas corta dinastía incaica de América el incesto dirigido a la manutención del poder en el círculo familiar fue sistemático. En la transición entre el feudalismo terrateniente y el capitalismo mercantil-industrial el pacto genital, frecuentemente entre el hijo del nuevo rico plebeyo-burgués en ascenso y la joven aristócrata en vías de empobrecerse, garantizaron al primero el acceso al prestigio social y a la segunda su permanencia en la cúspide del poder económico. En las culturas musulmana, hindú, al igual que en muchas culturas africanas, el matrimonio arreglado basado en ventajas económicas y sociales es todavía norma.

No existe relación humana sexual, energética o emocionalmente neutra y los automatismos cerebrales acomodan en uno o pocos segundos y con precisión matemática a todo aquel que entra en la esfera percepcional de uno de acuerdo a esos parámetros. La sexualidad, en condiciones de normalidad, actúa con la misma inescrupulosidad de todo lo vital no habiendo mayor ofensa al amante (al menos al joven) que la de saberse aceptado por su objeto amado por solo compasión, generosidad o solidaridad. Las relaciones fortuitas regidas por el placer circunstancial, si bien altamente frecuentes, no suelen, de no mediar un embarazo o un contagio venéreo (y entonces si con consecuencias duraderas) dejar en el individuo mayor huella que el sabor de la aventura y quizás algo de nostalgia. La precisión matemática del proceso explica la reacción de sorpresa, ofensa o hilaridad, de quien recibe una oferta copulatoria de otro al que considera biológica, estética y/o socialmente como su inferior. Esa meticulosidad matemática solo se esfuma en situaciones inusuales como aislamiento prolongado, guerras, hacinamiento, etc

Automatismo y subconsciencialidad trasminan la sexualidad estableciendo una serie de correspondencias jerárgicas. Basta observar la conducta de los adolescentes en una discoteca y su intercambio de señales de mayor o menor subtilidad dirigidas a revelar su masculinidad, posición social y otras cualidades personales al sexo opuesto resumibles en: ¡mírame! soy la pareja mas ventajosa para tu copulación. Obviamente ninguno de esos muchachos actuará a la manera de Rasputín en los burdeles de San Petersburgo mostrando su órgano genital para jolgorio de las meretrices jactandonse simultáneamente de su amistad con la aristocracia zarista, pero el mensaje, así sea de una manera muchísimo mas subtil y pudorosa, es el mismo, la oferta de placer y de acceso al estatus social. Gran parte de la educación de los padres a los hijos durante la niñez y la adolescencia va de hecho dirigida al desarrollo de las cualidades sociales optimizantes en el mercado matrimonial. Este acople sexualidad-acceso a la energía trasminan también, con mayor o menor subconsciencialidad, la moda y los diferentes rituales de la convivencia social. Las sofisticadas, subtiles e intricadas escaramuzas de salón, de la oficina, del club y de la misma calle incorporan de hecho multitud de señales con trasfondo de una mayor o menor "innocente" sexualidad no exenta de cierta picardía, los mas de ellos no verbales o incluso algunas subliminales determinando la dinámica del grupo. Las hembra animal señaliza sobre su disponibilidad para el coito únicamente cuando esta está realmente dispuesta a ello, sino no lo hace. La de la mujer (y obviamente también del hombre), por el contrario, adquiere una enorme gama en forma de vestimenta, gestos, ademanes, vocablos, entonaciones de voz, etc desde el inocente "!mirame!, ¿es que no soy atractiva?" hasta el abiertamente provocativo de ¿"y que esperas tonto?, ¿no ves que estoy disponible?. Usualmente estas señales no buscan el coito inmediato sino sobre todo la certificación de la atractividad propia y del estatus dentro del mismo sexo. La señalización por defecto resultará en el descuido o el ocultamiento del cuerpo mientras que otras señales formalmente pactadas clarificarán la no disponibilidad a otro que la propia pareja como el anillo de matrimonio de occidente o la mancha roja en la frente en la India. Una malinterpretación de esas señales podrá llevar fácilmente a situaciones embarazozas

Los caminos del encuentro genital humano son confusos, azarosos y complejos con, en algunos casos, decisiva influencia para los pueblos (léase Helena en laTroya del mundo griego antiguo, Cleopatra en el Egipto y la Roma antiguas, Teodora en la Bizancio del siglo VI, Catarina de Aragón en la Inglaterra del siglo XVI, Rasputin en la Rusia zarista, Wallis Simpson en la Inglaterra pre-Segunda Guerra Mundial, Eva Perón en la Argentina de mediados del siglo XX, Jiang Qing en la China maoísta, etc). Si bien el libido actúa, dentro de su irracionalidad y gracias a los automatismos cerebrales, con una alta "racionalidad", las distorsiones del placer y los urdimientos de la fantasía pueden conllevan para el individuo resultados eventualmente catastróficos. La pasión de Abelardo por su Eloise parisina con su desmesurado precio biológico-social (castramiento) o el desvarío quijotesco de querer ver en una granjera ruda y pizpireta a una virtuosa y distinguida Dulcinea, no son nada inusuales. Innumerables humanos han tenido que pagar un precio descomunal por un mal cálculo, por relaciones sexuales socialmente condenadas o, sencillamente, por unos minutos de placer con la persona equivocada (léase, por ejemplo, los contagiados de sida o las incontables mujeres musulmanas social o físicamente aniquiladas por un coito prematrimonial o el Presidente del Fondo Monetario Internacional transformado en pocas horas de una de las personalidades mas poderosas del planeta en simple reo en una prisión neoyorquina debido a una mucama o Julian Asange, fundador de Wikileaks, confinado por tiempo indefinido a un cuarto de la embajada ecuatoriana en Londres por compartir una noche con 2 suecas ligeras de cascos).

No extraña que un pueblo naturalmente racionalista como el griego antiguo generara la idea mítica de Pandora, la creación de la mujer como castigo divino a la humanidad, en una suerte de obviedad que sin opuesto sexual no hay atracción desapareciendo simultáneamente la coerción del deseo. Aún un pueblo fuertemente teocentrista como el judío no pudo evitar la asociación subconciencial de una simultaneidad entre el final de una vida despreocupada y paradisíaca con el despertar del libido concientizador de la desnudez induciendo a Adán y Eva a cubrir púdicamente sus genitales antes de su expulsión del Edén. La intuición, como suele suceder con muchos mitos, si bien simbólica y subconsciencialmente, pero no por ello con menor nitidez, refleja lo real.

Sexualidad, erotismo y evolución

La, comparativamente con los otros animales, hipersexualidad humana con su asociado y muchas veces desmesurado costo biológico y social, plantea la pregunta de una posible mayor funcionalidad de una sexualidad sometida al control de la racionalidad y con ello menos costosa.

La respuesta a esa pregunta incluye dos aspectos. Primero, lo anotado en capítulo precedente de la sexualidad como método mas evolucionario que reproductivo y, segundo, el rol del erotismo como instrumento acoplado al traspaso informativo.

En una especie generadora de descendientes destinados a vivir en una organización social de una alta y creciente complejidad las exigencias de una armonización informativa (conocimientos, valores sociales, éticos, políticos, culturales y religiosos) dentro de la pareja y con los descendientes aumentan exponencialmente. El erotismo, y con este la sexualidad, cumple así en el hombre un papel muchísimo mayor que en los otros mamíferos y paralelo al avance de su civilización. Del hombre de las cavernas al civilizado moderno se da un avance obligatorio del erotismo. El ritual moderno de la "luna de miel", periodo de dedicación mutua de los recién casados parcialmente aislados de su grupo habitual, cumple la función de una brusca intensificación del intercambio informativo, sexual y de otro tipo, al interior de la pareja en forma previa al engendro de los hijos. El matrimonio resulta la solución práctica que unifica los tres factores socialmente relevantes de la sexualidad: la reproducción, la satisfacción sexual a demanda y la permanente proximidad con los descendientes para el traspaso informativo..

El subconsciente "adivina" simbólicamente la realidad. El Eros mitológico, la fuerza originalmente ordenadora del cosmos y contraria al Caos, es, en su acepción posterior, una deidad mas nacida junto a Afrodita, acoplada a la sexualidad y representada como un niño travieso con su flecha. El Eros ordenador primario del cosmos resulta secundariamente el elemento regocijante y armonizante de los amantes. El erotismo cementa la unión del individuo con el mundo premiando con el placer al esfuerzo de vivir. El "chantaje" del sistema a todo ser neuronado incorporándolo a una globalidad en creciente oposición al caos.

La experiencia confirma el erotismo como incorporante de la sexualidad a un contexto global. Lo genital como parte de la sexualidad, la sexualidad como parte del erotismo y el erotismo como instrumento de cohesión. No se elige una pareja pensando primeramente en el órgano genital de esta aunque, llegado el momento, sea lo genital y el placer orgásmico lo mas anhelado y el resumen de los esfuerzos. No obstante la extrema y casi absoluta importancia de lo genital la sexualidad tenderá a superar lo genital y el erotismo a trascender la sexualidad. En la creciente interacción evolucionaria entre las especies y dentro de la especie se da un progresivo desarrollo del erotismo. Lo que en las sociedades humanas mas primitivas del paleolítico con un promedio de vida de 30 años y una alta mortalidad infantil jugó un papel quizás mas bien secundario, en la sociedades modernas a partir del neolítico, se hace demandante como una respuesta funcional a la necesidad creciente de una armonización informativa intergeneracional ligada a la emocionalidad. La naturaleza ha equipado al hombre para el cometido con una piel carente de pelaje fácilmente revelante de su irrigación sanguínea con el sonrrojo de la verguenza y la ira o la palidez del miedo, una alta sensibilidad táctil, una rica musculatura facial (32 músculos en comparación a los 23 de nuestro pariente mas cercano, el chimpancé) denunciante de sus diferentes estados de ánimo, un aparato oro-laríngeo capaz de la palabra, la risa y el llanto y un acople de sus glándulas lagrimales y sudoríparas a los centros reguladores de la emoción. En otras palabras un animal altamente expresivo con emociones fácilmente contagiables al grupo.

El sexo une pero también aisla estableciendo una barrera natural entre los amantes y el resto de la comunidad y entre los individuos entre los cuales el sexo está socialmente prohibido (basta ver la barrera inmediata en el contacto físico entre padres e hijos a la llegada de estos a la pubertad o la reserva en el contacto físico entre hombres para evitar el malentendido de homosexualidad). El sexo es coercitivo, excluyente, posesivo y circunstancialmente unido a la violencia (como sucede en el sadismo o en la violación u otras formas de coito no consensuado), a la denigración (como sucede en la prostitución) o a la frustración emocional (como en el caso de los matrimonios de conveniencia económica pero en lo demás incompatibles). Algunas de sus prácticas como la pederastría y la necrofilia son tenebrosas, otras, como el voyerismo y el exibicionismo, embarazosas, o bizarras como el fetichismo. El líbido empuja a una íntima proximidad con los orificios corporales ajenos los que, suprimido el líbido, provocan solo una espontánea aprehensión. El sexo fascina, obnubila y confunde, con una siempre agazapada faceta tendiente a la degradación de lo orgánico.

El erotismo como globalidad, por el contrario, al exceder lo sexual genera siempre un sentimiento de comunidad mas allá de la pareja. Bajo el supuesto de sobriedad, es siempre unificante, expansivo y afirmatorio de lo vital. Como fenómeno se acentúa hacia y dentro de lo humano como una condición para su desarrollo con productos culturales que refuerzan su rol civilizador. La emocionalidad asociada a esos productos culturales como la música, la poesía y otras formas de arte alcanza cicunstancialmente una subtilidad tal que borra las fronteras entre lo erótico y lo sublime en una suerte de evocación de una armonía universal. La vivencia mística, por su lado, si bien menos frecuente pero no por ello menos real, de comunidad emocional del individuo con una totalidad universal conlleva así, a pesar de la ausencia de un componente sexual, una evidente similitud con la experiencia erótica.

Toda armonización sexual y emocional exitosa entre dos individuos aparece como tema importante en la literatura y la música de todo pueblo. La infinidad de factores casuales coincidentes para un enamoramiento exitoso convierte intuitivamente el proceso en una suerte de milagro con su asociado sentimiento de euforia. La naturaleza gratifica generosamente con los químicos del placer a la oferta del código genético propio para combinarse con el ajeno. La experiencia erótica vinculada a la sexualidad exitosa es frecuentemente descrita como cercana al éxtasis y colindante con lo religioso no habiendo enamorado joven, por muy prosaico que éste sea, al que la euforia de su enamoramiento no le despierte evocaciones, así sean éstas difusas y transitorias, con una globalidad universal. El lenguaje romántico está de hecho plagado de metáforas aludientes a lo cósmico y a lo religioso: *"Ven amable noche, ven oscura, triste y amorosa noche/ dame mi Romeo y cuando él muera/ llévatelo y córtalo en pequeñas estrellas/ y él embellecerá tanto la faz del cielo/ que todo el mundo amará la noche/ y dejará de venerar al sol encandilante"* proclama Julieta en el Romeo y Julieta sheakespeariano. El enamorado, si bien altamente concentrado en las cualidades físicas de su objeto amado, en las posibilidades placenteras, de ganancia energética y de estabilidad emocional por este ofrecidas, tendrá dificultades para conceptualizar su enamoramiento obligándose a apelar a lo metafórico con el objeto amado como el *leit motiv* de su existencia. *"Sin apetito, sin ganas de dormir, sin interés por nada solo por los amigos, ni un pensamiento en el honor o en la Patria, solo tu. El resto del mundo no tiene ningún interés para mí"*, escribía (valga como ejemplo) el joven Napóleon Bonaparte a su Josefina al comienzo de su glorias militares en 1796.

La cultura resume aquello bajo el rótulo de romántico cuyos contenidos al exceder la lógica formal sólo pueden ser adecuadamente expresados en el arte, especialmente la música y la poesía. Lo romántico, expresión cultural de la faceta erótica ligada a lo copulatorio, al anhelo insatisfecho de comunicación total con el objeto amado y al temor constante de su pérdida, conduce a una mezcla de alegría y melancolía con evocaciones tanáticas (no es del todo inusual que romances fracasados e incluso algunos exitosos acaben en el suicidio o en el asesinato). El erotismo es el eslabón natural entre sexualidad y una globalidad evolutiva, el romanticismo es la expresión emocional y cultural que liga lo copulatorio a esa globalidad. El romanticismo de una u otra forma y tarde o temprano tiende a lo copulatorio, el erotismo lo trasciende. En téminos globales el erotismo cosmifica la sexualidad, el romanticismo genitaliza el cosmos. Ambos universalizan la sexualidad como mecanismo incorporado a un avance global.

Este proceso es en su base químico con sus resultados biológicos incluyendo lo emocional. Sin cromosomas X y Y no hay hormonas sexuales y por tanto no hay romanticismo. El eunuco (hecho eunuco antes de la pubertad) y los niños más pequeños, al carecer de los niveles de testosterona necesarios, estan liberados del sentir romántico. Sin testosterona y estrógenos no se hubiera escrito nunca una sola línea romántica. Muchísimos poetas habrían tenido que tirar su pluma al basurero y músicos de la talla de Bethoven, Chopin o Litsz se habrían declarado cesantes por falta de inspiración. El avasallador amor de los jóvenes supone el llamado demandante de su testosterona o sus estrógenos. Adicionalmente sin dopamina y ocitocina no hay placer en el contacto físico incluyendo el orgasmo y sin placer el contacto físico pierde sentido. El motor del romanticismo, cuan sublime y poético este sea, es en esencia químico, demostrando la extrema e indisoluble interacción entre lo químico y las expresiones espirituales humanas.

La biosfera es no sólo un inmenso sistema de intercambio energético sino también una maquinaria de copiado coercitivo mediado en los animales por la atracción sexual y el placer erótico y estrechamente vinculado a la emoción y al traspaso informativo. Un laboratorio gigantesco de experimentación que incorpora al hombre a un sistema donde cada copia, seleccionada por el azar, el medio y la concurrencia, constituye un test de supervivencia, de adaptación y de posibilidades evolucionarias.

CAPITULO XI

EL ANTIBIOLOGISMO PROGRAMÁTICO HUMANO

Si alguien lo llamara animal ¿lo tomaría Ud. como un insulto? Mas que probable. El aristócrata considera una afrenta ser tomado como plebeyo. Los casi doscientos mil años transcurridos desde que anduvimos greñudos y hambrientos por las savana africana compartiendo con otros animales los restos dejados por los grandes depredadores han borrado de la memoria colectiva nuestros modestos orígenes. Nuestros primeros filósofos se encargaron de convencernos de que somos mas espirituales que materiales. El Judaísmo, el Cristianismo, el Islam, el Hinduismo y otras religiones hicieron el resto. Para el Judeo-Cristianismo y el Islam estamos hechos, nada mas ni nada menos, que a imagen y semejanza de Dios y vimos la luz por vez primera en un paraíso. En Hinduismo, sin paraísos específicos, homologiza igualmente lo humano con Brahman, lo divino. Su enfado parece entonces justificado. Y si Ud tuviera la suficiente presencia de ánimo para explicar sobriamente la razón de su molestia lo primero que diría es que Ud. es una persona racional e inteligente. Y, para evitar malentendidos, si bien es cierto que Ud cumple una serie de funciones similares a las de cualquier animal (comer, beber, defecar, copular, etc), ello es algo altamente circunstancial ya que ese cuerpo suyo no es sino un préstamo para su estadía en el planeta. Porque, a decir verdad, Ud. pertenece al mundo del espíritu al cual retornará en su momento. Entonces ese cuerpo ya no le será obviamente de utilidad y será desechado.

Pero a pesar de su convencida espiritualidad y de la displicencia con la que Ud pareciera referirse a su corporalidad, Ud. ofrecerá la mas feroz resistencia ante cualquier amenaza contra esa corporalidad y, en condiciones normales, no vacilará en satisfacer sus demandas. Y, para ser sincero, aquella llamada transitoriedad suya en el planeta quedrá Ud. prolongarla indefinidamente. O sea que la ecuación no encaja y en algún lado hay gato encerrado.

La conducta humana es difícil de ser juzgada. El grueso muro de racionalizaciones edificado durante milenios constituye un efectivo mecanismo de defensa del yo colectivo obligando al observador a abrirse campo entre esa jungla de racionalizaciones. De ahí la necesidad de mirar a nuestros inicios como especie cuando todavía convivíamos con los animales y aún no alcanzamos a construir nuestro muro protector.

La relación humana con la vida es ambivalente. Ningún animal defiende su propia vida con tanto ahínco y, simultáneamente, adopta una actitud tan crítica. Sus poetas lanzan las loas mas conmovedoras al fenómeno vital mientras sus científicos, técnicos e ingenieros no vacilan un segundo en modificarla a su antojo y, si es necesario, liquidarla. O como aquel digno representante del romanticismo, Rousseau, observara *"en manos del hombre todo se deforma. Él obliga a producir a una tierra los productos de otra tierra, a un árbol a llevar los frutos de otro árbol, altera y mezcla los climas, las estaciones; mutila a su perro, a su caballo, a su esclavo; da vuelta a todo, lo deforma todo…"* añadiendo sin embargo" *Pero si no fuera así seria aun peor porque nuestra especie es enemiga de la imperfección"* (Emile o sobre la educación). Lo que trasladado a términos modernos sería que altera el curso de los grandes ríos, perfora túneles a través de mares y montañas, convierte los desiertos en vergeles y las selvas en desiertos, industrializa la crianza y matanza de animales a gran escala, transplanta órganos de un ser vivo a otro, manipula el código genético, genera artificialmente elementos atómicos, viaja por el espacio exterior, etc. siendo no obstante todavia válido "pero si no fuera asi seria aún peor porque nuestra especie es enemiga de la imperfección".

Las distorsiones de la naturaleza han conllevado hasta el presente una retribución evidente. En la permanente y las mas de las veces violenta búsqueda de hegemonía de los grupos humanos entre si han sido siempre los mas distorsionantes los que se han impuesto sobre aquellos cuyo precio a pagar por vivir en armonía con la naturaleza ha sido su sometimiento a los primeros. Todas las colonizaciones y la sujeción de los países mas desarrollados a los menos desarrollados lo confirman.

El mantenerse por milenios en un equilibrio energético con su entorno (como los aborígenes australianos, los de Nueva Guinea, los de la Amazonia, etc) ha sido muy mal negocio. Dada la equivalencia entre equilibrio energético y estancamiento todo avance humano exige alguna forma de violencia y sometimiento de los sistemas biológicos ya que todo desarrollo civilizatorio implica acaparamiento de la energía disponible en la naturaleza para fines propios.

Todo avance supone una distorsión del curso natural de los fenómenos. Lo natural es que los animales generados salvajes por la biosfera permanezcan como tales y no sean domesticados. Lo natural que solo el fértil se reproduzca y el genéticamente defectuoso o no nazca o muera prematuramente. Lo natural es que quien no produzca su propia insulina muera ya que el proporcionarle insulina externa es una distorsión de lo natural. O que el humano infectado reaccione en concordancia con el sistema inmunológico que le es naturalmente otorgado y no reciba antibióticos por vía artificial. No es natural volar sin tener alas, ni permanecer bajo el agua sin tener branquias, ni clonar seres vivos. Pero esas distorsiones apenas hay alguien que las cuestione. Porque en el mismo momento en que la biosfera genera el cerebro humano lo hasta entonces considerado natural (o lo que es lo mismo gobernado por lo genético) pasa automática y progresivamente a subordinarse a las sinapsis cerebrales.

En el sistema piramidal de traspaso energético que es la biosfera donde el aporte de energía de una especie al sistema es inversamente proporcional a su proximidad a la cúspide (las especies primitivas en la base aportan mas, las avanzadas en la cúspide menos) el aporte energético humano es prácticamente cero. Su eventual y súbita desaparición sería solo percibida por la biosfera mediante un mejoramiento de su vitalidad y las mas de las especies tendrían razones válidas para su regocijo. La especie humana es exclusivamente consumidora. Tan consumidora que se ve obligada a apelar hasta a los restos fosilizados de los otros seres vivos para satisfacer su glotonería.

No extraña entonces esa ambivalencia conductual frente a lo vital observable al menos en cinco áreas específicas: a) la existencial: o rebelión contra la muerte como fenómeno incorporado a los procesos vitales b) la moral: o resistencia a aceptar las reglas de la libre concurrencia vigente en la biosfera c) la social: o toma de distancia de su propia corporalidad d) la científica: u oposición a la imprevisibilidad vigente en los procesos de la naturaleza y e) la estética: o forzamiento de la naturaleza a los cánones de su propia simetría. La civilización humana adquiere su forma específica como resultado de esas áreas de divergencia con la rebelión contra la muerte como la mas básica y decisiva. Nada extraño si se piensa que los incidentes existenciales realmente significativos para el individuo son solo dos, el nacer y el morir. El resto es relleno.

La lucha contra la muerte

El poeta peruano César Vallejo escribía este poema en su autoexilio parisiense: *Al fin de la batalla,/y muerto el combatiente, vino hacia él un hombre/ y le dijo "No mueras, te amo tanto!"/ pero el cadáver !ay! siguió muriendo/ Se le acercaron dos y repitiéronle/"no nos dejes! ¡Valor! ¡Vuelve a la vida!/ pero el cadáver ¡ay! siguió muriendo/ Acudieron a él veinte, cien, mil, quinientos mil,/clamando: ¡Tanto amor y no poder nada contra la muerte! Pero el cadáver ¡ay! siguió muriendo/Le rodearon millones de individuos/con un ruego común: ¡Quedate hermano! Pero el cadáver ¡ay! siguió muriendo/Entonces todos los hombres de la tierra/ le rodearon: les vio el cadáver triste, emocionado; /incorporóse lentamente/ abrazó al primer hombre: echóse a andar…"*.

Todo ser vivo está programado para oponerse a su propia muerte (y en algunos casos también a la de sus crías), adoptando sin embargo una actitud de indiferencia hacia toda otra muerte excedente de ese marco. Un escorpión, un cocodrilo o una tortuga no cuestionan la muerte como fenómeno y es apenas imaginable que sientan pena frente a la muerte del otro incluyendo la de sus semejantes mas cercanos. En animales evolucionariamente mas avanzados pareciera existir alguna forma de tristeza frente a la muerte de un miembro de la bandada o del rebaño, o de la cría, o del compañero de vida en el caso de los animales monógamos y entre los chimpancés y orangutanes se observan actitudes interpretables como un deseo de revertir esa muerte. La muerte como incidente pareciera por tanto evocar desagrado, incluso dolor y pena entre algunas especies cerebradas pero sin provocar rebeldía. A la muerte del congénere, aún entre las especies mas avanzadas, la vida sigue su curso natural, quizás con dolor pero sin insurrecciones y con una resignación a los ojos humanos circunstancialmente conmovedora.

La oposición humana a la muerte, espontánea, subconsciencial y activa, sobrepasa lo personal y lo genéticamente mas próximo (hermanos, padres, hijos) abarcando en algunas ideologías como el Jainismo y el Hinduismo incluso todo lo animal. La muerte le es al hombre emocionalmente repulsiva y evocante, en el caso de afectar a sus seres queridos, de un profundo dolor circunstancialmente irreconciliable con el paso del tiempo. La vida es luz, certidumbre y alegría, la muerte tinieblas y desdicha, no habiendo profeta en la historia que prometiendo una vida eterna no haya convocado a millones de seguidores encandilados por esa ilusión de impericibilidad ni secta esotérica o charlatán que no haya despertado una irreprimible fascinación por el "mas allá'". Todo avance significativo de la medicina evoca así siempre júbilo y pocos relatos se venden mejor en las librerías y despiertan mayor simpatía que los de aquellos que venciendo las adversidades lograron burlar a la muerte.

No interesa que racionalmente concibamos el vivir por una sola vez y por tiempo limitado como lo que otorga a la existencia su sentido de responsabilidad y su valor real. En la práctica reaccionaremos siempre contra la muerte sin transigencias ni resignación, un rasgo ya observable en nuestros mismos inicios como especie.

Es fácil imaginarse la perplejidad de los primeros hombres del paleolítico enfrentados a la muerte como incidente cotidiano. Obligados a un estado de vigilancia constante, a los riesgos diarios en su búsqueda de alimento, a su lucha contra las inclemencias del clima, las enfermedades y los desastres naturales, el promedio de vida del Sapiens sapiens primitivo apenas llegaba a alrededor de los 30 años. Las mujeres quedaban embarazadas tan pronto alcanzaban la pubertad y daban lugar (en el mejor de los casos) a una media docena de hijos antes de sucumbir a una vejez y a una muerte prematuras (el embarazo y el parto en esas duras condiciones de nomadismo eran especialmente azarosas). La mortalidad materno-infantil era muy elevada. El hombre del paleolítico convivía literal y diariamente con la muerte que al no poder ser ocultada ni glorificada como en las sociedades posteriores aparecía en toda su cruda realidad. Pero la resignación ante la muerte observable en todos los otros animales evolucionariamente previos, está, en el hombre del paleolítico y por primera vez en la historia del planeta, ausente. A diferencia de los otros animales el hombre del paleolítico muestra ya en sus estadios mas tempranos una actitud insurrectoria que marcaría el desarrollo de la especie insistiendo tozudamente en la prolongación de esa vida así sea en el recuerdo, en el símbolo de la tumba, en el ritual religioso o en la conservación del amuleto heredado. En algunos casos esa insurrección adquirió características muy propias como el comer el cerebro del muerto como garantía de continuidad en el cuerpo de los sobrevivientes (Nueva Guinea).

Nuestros primeros antepasados no nos dejaron ningún testimonio escrito, la única referencia disponible son los indicios en forma de una que otra tumba, de algún monumento monolítico primitivo o, en el mejor de lo casos, alguna tosca obra de arte. Esas huellas revelan, al margen de su homenaje a la vida, el elemento evolucionariamente novedoso de una ausencia de resignación frente a la muerte y de una esperanza, así sea remota, de continuación de la vida o de alguna otra forma de existencia. Ya en el paleolítico se dieron lugar a ritos funerarios con su previsible efecto psicológico. Quien se hace cargo de sus muertos está obligado a presenciar la descomposición física de un ser humano y la pérdida de las cualidades que le fueron identificatorias, proceso que en el observador despierta una natural repugnancia y sentimientos de perplejidad, tristeza y rabia con sus asociadas interrogantes existenciales.

Toda rebelión demanda de una cuota de éxito para su subsistencia ya que fracasos reiterados transforman a esta en demasiada costosa para mantenerse en forma indefinida. Derrotas repetidas obligan al rebelde a un cambio de estrategia ya sea abdicando en sus anhelos o creándose aliados, reales o imaginarios, que conviertan esa rebeldía en una empresa sicológicamente tolerable. La actitud del hombre del paleolítico fue la segunda con un mundo imaginario basado en la idea de un componente suyo supracorporal sobreviviente en un mas allá gobernado por aliados poderosos. Ese componente suyo, inmortal, apareció también como su elemento mas definitorio. Así como el hombre se crea un pasado imaginario para explicar su presencia en el mundo lo hace también generando un mundo mítico con el cual interactuar para derrotar a la muerte. La universalidad de este mecanismo, base de toda religión, revela su indispensabilidad. Su ausencia, dada la capacidad reflexiva humana y con la muerte como un fenómeno cotidiano, convertiría la realidad en intolerable.

Esa oposición no puede considerarse como el resultado de una actitud mental elaborada sino como una reacción instintiva, congénita y subconsciencial. Así como en muchos animales depredadores la huida de otro animal despierta el reflejo de ataque, la muerte del congénere evoca en el hombre una reacción de rechazo y rebeldia.

Sin bien lo afirmado acerca del paleolítico se mueve parcialmente en lo hipotético las sociedades del neolítico y la edad del bronce, donde si existen multitud de evidencias, confirman, y con creces, esta predisposición instintiva humana. Ofrendas dirigidas a los dioses y frecuentemente también comida para el muerto en su camino hacia la otra vida son frecuentes en sus tumbas. Al inicio del agrarismo sedentario la observación de los ciclos de la naturaleza llevó a muchos pueblos a generar la idea de la inmortalidad del espíritu humano mediante la reencarnación. Esa negación de la muerte como definitiva, básicamente universal, genera en todas ellas mitologías, rituales y monumentos mortuorios de diversa grandiosidad así sea, paradójicamente, a un elevadísimo costo en vidas y sufrimiento. Este es el caso, por ejemplo, de las pirámides de Egipto o la tumba del emperador Shih huang-ti en la China del siglo II adC. El convencimiento de la existencia de otra vida llevó en casos excepcionales (sumerios de Mesopotamia y la China antigua) a sepultar expeditivamente a los vasallos mas próximos del déspota para seguirle sirviendo también en la otra vida. La "negociación" humana con las fuerzas sobrenaturales en aras de una inmortalidad adquirió en algunas culturas como la egipcia con sus complejos rituales, sus momificaciones, su rica mitología y sus mega monumentos mortuorios, una nitidez especialmente deslumbrante. El documento literario mas antiguo conocido, el poema sumerio de Gilgamesh (el rey mesopotámico de Ururk de alrededor del año 2700 a.d.C), no hace sino confirmar ese dolor frente a la muerte del ser querido y el anhelo de una inmortalidad extensible a toda la especie humana ("esta es la hierba de la vida. Si la como recuperaré mi juventud. La llevaré Uruk. También los ancianos allá la comerán y de nuevo gozarán de la fuerza y belleza de la juventud"). El taoísta Lieh-Tsi en la China del siglo IV adC soñaría con sus "islas de la buena venturanza" donde la muerte no existía, mientras el hinduismo y los griegos Pitágoras y Platón sostendrían alguna forma de reencarnación.

Todas las grandes religiones centran gran parte de su doctrina en una victoria sobre la muerte. El Budismo enfrentó el problema de una manera algo diferente identificando el deseo de vivir (y sus asociados placeres) como causa del problema proponiendo la abolición de ese deseo para alcanzar el nirvana: "Esta es, monjes, la verdad santa sobre el origen del sufrimiento: la sed (de vivir)... Esta es, monjes, la noble verdad sobre la supresión del sufrimiento: mediante la anulación del deseo, mediante el rechazo del deseo, mediante un evitar la satisfacción del deseo, mediante la liberación del mismo y de no darle lugar, esa sed puede apagarse". Jesús, por su lado, altamente personalista en su doctrina, ofreció a sus seguidores la continuidad de la individualidad en una vida eterna substitutiva y superior a la terrenal. Otro tanto lo hace el Islam. El medioevo europeo, no del todo satisfecho con la promesa cristiana, alentaría la esperanza de una vida material indefinida mediante el elixir mágico de la juventud eterna.

En la sociedad occidental contemporánea, secularizada y racionalista, ese anhelo de imperecibilidad se refleja en el desarrollo de la ciencia en general y de la médica en particular cuya función no es otra que la maximización de la vida. Ninguna inversión económica en el campo médico se la considera exagerada y todo avance científico que prolongue la vida es recibido con regocijo. Enormes inversiones son hechas en nuevas terapias para las enfermedades mortales mas comunes, en la investigación de los mecanismos del envejecimiento, de las células madres capaces de regenerar órganos y de substitutos artificiales de órganos gastados. No interesa que, como consecuencia de esos avances, el aumento significativo de la longevidad esté implicando una pesada y creciente carga económica para las sociedades. El amor a la vida lo justifica todo. Deseando los mas de los médicos, para ellos mismos y una vez llegados a la vejez, una muerte súbita previa a la decrepitud no vacilan en invertir su tiempo y conocimientos para prolongar al máximo la vida de sus pacientes ancianos independientemente de cuan baja sea esa calidad de vida. Para quienes alientan una confianza en la ciencia del futuro la compañía norteamericana Algor Life Extension Foundation ofrece desde hace décadas la conservación del cuerpo del fallecido en nitrógno liquido a 196 grados bajo cero en espera de un desarrollo científico capaz de resucitar y rejuvenecer esos cuerpos. Los trasnhumanistas juegan con la idea de ganar la eternidad mediante el traspaso de los contenidos cerebrales a una computadora.

No obstante el secularismo contemporáneo y la prolongación relativa de la vida por medios científicos tradicionales, subsisten al presente multitud de movimientos religiosos, doctrinas, iglesias y sectas con la oferta central de una vida eterna a cambio de la lealtad a sus principios. El anhelo de eternidad despertado en el paleolítico permanece inalterado. Si la muerte es el componente indispensable de la vida la oposición a esta es lo que impulsa y da estructura a la civilización.

No a la libre concurrencia

La vida es concurrencia, sino ella no hay vida. Esta concurrencia lleva obligatoriamente incorporadas la violencia, la inescrupulosidad y el egoísmo. La biosfera premia el cooperativismo pero castiga el altruismo. Las relaciones al interior de los grupos responden a un frío pragmatismo. El fuerte y el mejor adaptado somete al débil o al menos adaptado quien acepta este sometimiento si ello ayuda a su supervivencia. En caso contrario se opone y combate. El objetivo de la vida no es ni la justicia ni la solidaridad sino la supervivencia y la evolución. Los primeros signos de cierto altruismo y generosidad son recién observables en los animales evolucionariamente mas modernos, los primates (observaciones en chimpancés, monos capuchinos y bonobos).

Aplicable al hombre es su sentido de concurrencia muchísimas veces expresado en términos de una ferocidad incomprensiblemente superior a la del resto animal. No solo que su raciocinio le otorga instrumentos mucho mas destructivos sino que dadas su fantasía y su memoria de largo plazo estos se dirigen no solo contra el enemigo actual sino también contra el antiguo (venganza) y el potencial (guerras preventivas). Adicionalmente ningún otro animal cerebrado posee un deseo acaparatorio energético tan grande como el hombre que aún excediendo en mucho sus necesidades reales constituye el factor explicatorio mas importante de sus agresiones. La agresividad humana es por tanto muchísimo mas destructiva y menos racional que la animal.

El hombre obedece asi y en extremo a la concurrencia. Pero esa obediencia es sólo parcial. Ya en sus inicios como especie muestra una pretensión espontánea al cuidado y protección de los enfermos y de los viejos, actividad contraria a la supervivencia inmediata dado que estos restan movilidad al grupo y aumentan los riesgos. Si bien en el caso de los viejos resulta parcialmente explicable por los valiosos conocimientos por estos portados ello no se hace extensible a los enfermos. Probablemente la explicación radique en su instintivo rechazo a la muerte en general, en el factor empatia y en, dada su capacidad de abstracción temporal, una pragmática reciprocidad a largo plazo (si hoy me hago cargo del enfermo y del viejo otros se harán cargo de mi cuando llegue viejo o me enferme).

Toda sociedad que ya cuenta con instrumentos de agresión mas allá de los puños y los dientes genera alguna forma de restricción de las agresiones. Inicialmente en forma de tabúes religiosos y, posteriormente, en normas de coerción legal. A mayor grado organización social mayor la capacidad destructiva, mayor y mas duradero el efecto desordenador de la violencia y mayor la necesidad de control de las agresiones. De la sociedad nómada a la mas organizada sedentaria se pasa así, en la medida de lo posible, de la agresividad abierta a una mas ritualizada en forma de combates ceremoniales con menor derramamiento de sangre que los reales. Las actividades de defensa y ataque se van también delegando a individuos con mayor inclinación o aptitudes y la consiguiente formación de las castas militares. La actividad bélica, dada su importancia para la protección del colectivo y las ventajas del botín, lleva obviamente a otorgar privilegios al guerrero. Con el advenimiento del sedentarismo la negociación y la cooperación como eventualmente superiores al enfrentamiento van tambien haciendo entrada en la mentalidad colectiva.

La introducción del bronce con fines bélicos llevaría a un control mas sistemático de las agresiones. Las leyes de Hammurabis en la Babilonia de alrededor de 1760 adC, el primer código escrito de la historia, contiene mas de 250 normas como la prohibición de resolver los conflictos de manera sangrienta, la invalidez del matrimonio mediante el secuestro de la mujer, la obligación solidaria del individuo con la familia y el distrito, el castigo al falso testimonio, etc. Latinizada en su denominación como Lex Talionis (del latín, talio-retalion= por tanto, de igual manera) del "ojo por ojo y diente por diente", establece una equivalencia por así decirlo aritmética entre el daño ocasionado a la víctima y el castigo que esta o el grupo tienen derecho a provocar al agresor. Esa lógica, preventiva de la agresión y reguladora del factor venganza, significa ya una ruptura radical y definitiva con el pragmatismo animal. Las algo posteriores leyes judías del Éxodo y las, siglos mas tarde, del Deuteronomío obedecen igualmente a una lógica estrictamente taliónica pudiendo, en esencia, resumirse en dos: venera a Dios sobre todas las cosas, preventiva de la ira divina, y respeta al prójimo que comparte tus creencias religiosas, preventiva del daño al otro y del propio al evitar la venganza.

A partir del siglo VI adC se daría el desarrollo paulatino, primero en oriente (budismo) y mas tarde en occidente (cristianismo), de un pensamiento religioso tendiente no sólo a la limitación y prevención de las agresiones sino también a la anulación de la concurrencia como tal. Bajo el principio de una distintividad humana respecto al resto de la naturaleza estas religiones establecieron una moral basada en el altruismo y la cooperación. El Budismo propondría la abolición del deseo como fuente de felicidad y armonia quedando implícita la supresión simultánea de la rivalidad mientras la moral cristiana de amor al prójimo y el sacrificio propio en función del bienestar ajeno vendría a constituir una ruptura aun mas radical y militante. La obediencia ciega al Dios irascible del Antiguo Testamento se transforma en el Nuevo en una obediencia a lo divino ligado al amor entre humanos.

La aparición histórica del hierro, material de mayor efectividad bélica que el bronce y cuyo abaratamiento había democratizado la tenencia de armas en el mundo antiguo, condujo a una nueva forma de pensamiento jurídico. El surgimiento de un imperio basado en la guerra, el terror y el saqueo, el de los asirios mesopotámicos en el siglo VIII a.d.C, y el colapso de las culturas aledañas fue también factor determinante para un cambio de mentalidad que tendría lugar en el entonces emergente mundo Helénico. Las leyes de Licurgo (Esparta) y de Zaleucus, Charantas y Andródamas (sur de Italia) menos teocéntricas, mas detalladas y mas modernizantes que las judías regularían aspectos como la tenencia de la tierra, las transacciones económicas y la relación entre individuo y Estado. En la Atenas de 620 adC. las leyes de Draco, mayormente concentradas en el homicidio y con la pena de muerte también para delitos menores, no obstante su extrema severidad, contribuirían con la novedad de tribunales autónomos especializados.

Solón (uno de los 6 sabios de la antiguedad) suavizaría en 580 adC las leyes draconianas ampliándolas a los derechos políticos y económicos mediante una distribución mas equitativa de la tierra y la imposibilidad de convertir al prestatario insolvente en esclavo en el preámbulo de lo que sería poco mas tarde el primer sistema democrático de la historia. Después de un corto periodo de contra reacción ese sistema encontraría su forma prácticamente definitiva con la reforma de Cleistenes el año 509 adC y su culmen bajo la regencia de Pericles en el siglo IV adC generando el clima adecuado para la extraordinaria explosión intelectual griega. El poder político pasó al demos, pueblo, y todo ateniense (excluidos los esclavos, las mujeres y los inmigrantes) llegó a ser un politai o ciudadano con derecho a isonomia o igualdad ante la ley, a parrhesia o libertad de expresión y a isopsefia o derecho al voto. Sin referencia alguna a lo religioso, alentando un compromiso individual con el colectivo y la reflexión, la autocrítica y el debate, esa normativa provocaría un desarrollo sin precedentes en la filosofía, las ciencias y las artes formativas de occidente.

No extraña que la mas genial jurisprudencia de la antigüedad apareciera en una sociedad altamente militarizada como la romana, fuertemente influida por el pensamiento ateniense y en una época de una amplia masificación del hierro y el caballo con fines bélicos. Secular como la griega, con un modelo tempranamente republicano y al menos en teoría democrático, los romanos generaron un complejo sistema jurídico inspirador para occidente durante dos milenios. Sus cónsules (encargados del poder ejecutivo), senadores (legisladores y controlantes de los cónsules), pretores (jueces en materia civil y militar), censores (encargados de velar por la moral pública, las finanzas y el censo poblacional), tribunos (representante de la plebe y con capacidad de proponer leyes y vetar las propuestas del senado), quaestores (supervisores del tesoro nacional, finanzas y asuntos militares) y ediles (encargados de los suministros, de los edificios públicos y de la regulación de las festividades) fueron autoridades directa o indirectamente electivas. Si bien elitista, brutal y guerrera, la sociedad romana centró su preocupación en los derechos ciudadanos con un sistema abierto de tribunales especializados (los juicios en Roma fueron siempre públicos y una bien apreciada atracción popular) bajo los dos principios fundamentales hasta hoy vigentes en la jurisprudencia occidental, el derecho del acusado a una defensa y la presunción de su inocencia hasta no ser demostrada su culpabilidad.

Mientras el mundo musulmán, especialmente a partir del Imperio Otomano de los siglos XV-XVI, implementaría en la sociedad civil el ordenamiento punitivo del shari`ah coránico cuya severidad recuerda el taliónico, el occidente europeo desarrollaría a partir del Renacimiento el concepto del humanismo con referencias al cristianismo y la Grecia y Roma clásicas. El enorme efecto civilizador grecorromano sobre los bárbaros en cuanto al lenguaje, la filosofía, la ciencia y la organización política, encontró paulatinamente en el Cristianismo pacifista el elemento parcialmente neutralizador de la agresividad guerrera de esos pueblos. Si el racionalismo grecolatino actuó como neutralizante del fanatismo religioso cristiano el cristianismo lo hizo como atenuante de la agresividad pagana. El humanismo, si bien ya bosquejado por los estoicos de la Roma Antigua, se perfiló a partir del Renacimiento y en asociación al cristianismo como un modelo ideológico coherente con impacto social. Basado en derechos considerados inmanentes a la naturaleza humana se establecería una toma de distancia respecto a la libre competitividad animal con el objetivo de generar un clima social de respeto mutuo preventivo de las agresiones. Las artes liberales romanas (retórica, dialéctica, gramática, astronomía, aritmética, geometría y música) recibirían en el *studia humanitatis* renacentista el complemento de la ética y la historia. El humanismo nace por tanto y toma cuerpo en los siglos XV y XVI en un periodo coincidente con la aparición, desarrollo y masificación de nuevas y muchísimo mas efectivas formas de aniquilamiento mutuo, las armas de fuego. Esa ideología encontraría su expresión social y política en una distribución mas equitativa del poder, en formas crecientemente participativas del ciudadano en los asuntos del estado y en estructuras jurídicas mas justas e igualitarias.

El posterior desarrollo de explosivos cada vez mas efectivos y el uso del acero para la producción de armas crecientemente sofisticadas abrieron un campo prácticamente ilimitado para esa efectividad bélica pasándose de la milenaria lucha cuerpo a cuerpo a la matanza del enemigo a distancia. Este rápido desarrollo armamentista llevaría durante los siglos XVIII- XIX a una progresiva anulación del contacto visual entre atacante y atacado hacia la aniquilación de un enemigo impersonal y a distancia. Esas armas fueron también ampliando el campo de combate a los medios antes ajenos del espacio aéreo y la profundidad del agua y a la posibilidad de matanza del enemigo a escala colectiva.

Las experiencias de la Primera y Segunda Guerra Mundiales tuvieron un efecto traumático en la mentalidad colectiva. La Primera Guerra Mundial con sus 9 millones de soldados muertos llevaría a la fundación de la Liga de las Naciones en 1920 (de subsistencia, sin embargo, de apenas 10 años). La mas mortal Segunda Guerra Mundial, con 22 a 25 millones de soldados muertos, llevaría al establecimiento de las hoy vigentes Organización de las Naciones Unidas y de la Corte Internacional de Justicia (1945) al igual que a la posterior Convención de Ginebra (1948).

La posterior Guerra Fría y el simultáneo advenimiento de armas de destrucción masiva (nucleares, químicas, bacteriológicas) superantes de las fronteras nacionales e incluso continentales condujo obligatoriamente a una internacionalización de las normas inhibitorias y a la institucionalización de órganos de control supranacionales. El Consejo de Seguridad de la ONU, conformado por los países con mayor poder bélico, iniciaría sus actividades en 1945 y el Tribunal Penal Internacional, destinado a juzgar los crímenes de guerra, sería fundado en 1998. A mayor capacidad aniquilatoria mutua mayor la necesidad de control de las agresiones y mejores las formas de cooperación con sus respectivas estructuras ideológicas y jurídicas de respaldo.

La extrema vulnerabilidad de la altamente tecnologizada sociedad contemporánea con centrales nucleares, bombas atómicas, fábricas de productos químicos altamente tóxicos, comunicación satelital, laboratorios biológicos de alto riesgo, etc demanda una prevención de las agresiones así sea a costo de la privacidad e integridad personales (vigilancia satelital, cámaras de vigilancia, control de las conversaciones telefónicas y del tráfico de la internet, bancos de registro genético, etc).

El humanismo, si bien mas proyecto que actualidad, refleja no obstante su inviabilidad y dentro de su pragmatismo, ese anhelo humano obligatorio y negatorio de su animalidad expresado en la superación de la concurrencia substituida por los principios de solidaridad y altruismo en un mundo provisto de una creciente efectividad aniquilatoria. El humanismo surge como un intento abolicionista de la concurrencia ilimitada vigente en lo biológico, como la expresión cultural de un insoslayable, necesario y progresivo control de las agresiones paralelo a la efectividad de los instrumentos de destrucción. Una demanda cooperativa con su forma embrionaria ya en los inicios de la especie y cuyo desarrollo histórico corre paralelo a la creciente amenaza de destrucción mutua. Una rebeldía inevitable que se construye en la línea del tiempo, una inhibición vigilante de nuestra agresividad animal progresivamente efectiva, siempre al acecho y dispuesta a romper nuestra tenue cubierta inhibitoria. Un avance lleno de retrocesos circunstanciales y, como lo demuestra la historia, plagada de innumerables episodios de violencia explosivamente destructora pero que, no obstante esos defectos, se incorpora como elemento imprescindible en el proyecto evolucionario.

¡Cuidado con ese cuerpo!

La relación humana con su propio cuerpo está plagada de ambivalencia y confusión. Ama su cuerpo porque es gracias a este que vive pero dadas su vulnerabilidad y limitaciones también le evoca desconfianza. Le rinde culto en certámenes de belleza y en competencias deportivas e invierte dinero y energía en su cuidado pero también lo mira con ojos críticos y como algo no del todo definitorio de su individualidad. Los humores ajenos le despiertan solo desconfianza. El escupir a otro es universalmente una muestra de desprecio, las expresiones mas peyorativas aluden a los excrementos y a los genitales y las funciones de copular, orinar y defecar tienden espontáneamente a la privacidad. El contacto obligado con los humores del otro es instrumento frecuentemente usado en la tortura y la mezcla forzada de humores, como sucede en la violación, despierta en la víctima un fuerte sentimiento de humillación. No extraña que el Evangelio muestre a Jesús lavando los pies de sus discípulos como muestra de extrema humildad ni que prácticamente todas las religiones recomienden la limpieza corporal previa a sus rituales. El hombre es el único animal obligado a observar un cuidado personal como muestra de respeto a sus congéneres.

La relación del resto animal con sus humores orgánicos esta libre de conflictos. La mezcla mutua de saliva entre loss que comparten la misma presa no despierta entre ellos la menor incomodidad. La mayor parte de los pájaros marinos alimentan a sus crías con su vómito y entre los mamíferos herbívoros es regla que la madre recién parida lama a su cria todavía húmeda y se coma su propia placenta. El canguro madre, que lleva a su cria recién nacida en su marsupio durante meses, no vacila en comer la defecación de esta para mantener limpio su marsupio. Animales que viven hacinados en recintos cerrados como los roedores no muestran ningún signo de malestar por los olores de sus congéneres. Las termitas edifican sus viviendas con sus propios excrementos y muchos felinos se lamen mutuamente con gran satisfacción y en señal de amistad. Copular, orinar y defecar carecen en el mundo animal de toda forma de privacidad. El mundo animal, a diferencia del humano, muestra una conducta de completa armonía con sus actividades corporales.

La única fuerza humana transformadora de la mezcla mutua de humores orgánicos en emocional y socialmente aceptable es el libido. El placer y la voluntariedad incorporados al coito se encuentran sin embargo naturalmente acoplados a intimidad y reserva con el pudor y multitud de eufemismos como garantes de esa privacidad. Sin intimidad y reserva lo sexual se torna fácilmente en soez y lo soez rara vez despierta erotismo. Así toda referencia al coito, incluyendo a los pueblos primitivos donde la sexualidad carece de connotaciones morales, adquiere la categoría de "picante" induciendo espontáneamente la jocosidad de lo anhelado y prohibido. De no mediar el libido nuestros receptores sensoriales interpretan los humores y los orificios corporales ajenos como desagradables despertando usualmente aprehensión.

El olfato humano está programado para un rechazo mayor a los productos de la descomposición animal que la vegetal dada la mayor patogenicidad de las bacterias responsables de la descomposición animal en comparación a las de la vegetal.

Es mas que probable que las condiciones de vida extremadamente duras en el paleolítico no dieron mucha cabida al pudor ni a miramientos higiénicos. Los niños pequeños fueron seguramente alimentados con comida previamente masticada por los adultos y la copulación no estuvo rodeada de gran privacidad. Sin embargo el uso diseminado en las sociedades neolíticas mas avanzadas (minoica, mesopotámicas y la egipcia) de sales aromáticas y aceites perfumantes y la importancia que se dio ya entonces a la higiene personal y de la vivienda, al igual que la privacidad respecto de lo sexual, hablan en favor de un debut temprano de esa latente desconfianza humana hacia lo corporal. Y así toda sociedad cuyo excedente energético permite superar lo mas inmediato de comida y protección invierte prioritariamente parte de ese excedente en el mejoramiento higiénico y estético de su entorno ambiental.

Este rasgo conductual encuentra obviamente su inmediata correspondencia en la ideología. En prácticamente todas las religiones el cuerpo aparece como confuso, falso, perecible y contaminado en contraste con el espíritu como radiante, confiable, eterno y limpio. El cuerpo tiene así, en forma previa a su aproximación a lo divino, que ser descontaminado mediante rituales de limpieza como el sumergimiento en el agua del bautismo original cristiano, el lavado de pies y rostro de los musulmanes previo a sus oficios religiosos, el baño anual en el Ganges de los hindúes, la observación de la higiene previa a las oraciones entre los shintoistas, etc. El Budismo, el Jainismo, el Hinduismo, el Sufismo islamista y el Cristianismo original alientan adicionalmente el ascetismo como fuente de virtud incluyendo el dominio de la sexualidad.

El antagonismo entre cuerpo y espíritu o, lo que es lo mismo, entre racionalidad e instinto, constituyó el hilo conductor de la cultura griega antigua. El limpio, ordenado y racionalista Apolo contra el instintivo, confuso y contaminado Dionisio. En la posterior simbiosis de platonismo y cristianismo se dio una búsqueda de una supracorporalidad afirmante del espíritu y represiva del instinto. Comprensible el escándalo y el epíteto que los furiosos atenienses del siglo III adC dieran a Diógenes y sus discípulos cuya provocativa propuesta del ejercicio público de las funciones de orinar, copular y defecar, el de cínicos (de kynes=perro). El mismo epíteto sería hoy también aplicado, y con la misma vehemencia, a quien tuviera una ocurrencia similar. Aunque nuestro contemporáneo amigo de la corporalidad, para que no le queden dudas de su despiste, tendría probablemente también que visitar una celda policial, soportar una enérgica amonestación judicial y pagar una multa. Porque determinadas funciones corporales podrán ser tan naturales y necesarias como Ud. quiera pero ¿mostrarlas?, ¡valgame Dios!, ¡mire que verguenza!

No a la imprevisibilidad

La vida juega a la ruleta. Desde la mezcla del material genético de los progenitores a tiempo de la fecundación hasta el destino de la semilla de la flor tirada al viento o el del huevo del pez sujeto a la corriente del río el azar juega un rol decisivo. Lo biológico, al igual que el mundo en general, es el resultado de infinidad de factores cuya enorme y compleja interacción sobrepasa toda previsible proporcionalidad entre causa y efecto. Un factor aparentemente insignificante puede y suele llevar a resultados imprevisibles y que dada esa desproporcionalidad provoca la protesta intelectual humana. El azar rige la materia viva desde las combinaciones genéticas hasta el comportamiento de los sistemas ecológicos pasando por los fenómenos fisiológicos individuales. La naturaleza se perfila como un gigantesco calidoscopio gobernado por el azar, la casualidad y el desorden en el orden. El efecto Lorentz no es solo aplicable a la meteorología.

La ciencia es el conjunto de principios explicativos del comportamiento del mundo estructurándolo de acuerdo a una lógica que otorgue a ese mundo una cierta previsibilidad. A mayor desarrollo de una ciencia mayor la exactitud con que podrá predecir el comportamiento del aspecto material que la ocupa. El objetivo de toda ciencia es reducir la incertidumbre, oponerse al azar. Lo imprevisible es siempre una derrota científica.

El hombre, además de cooperar, está obligado a prever, a hacer ciencia. Su, comparativamente a los otros animales, extrema vulnerabilidad convierten imprevisión y ausencia de cooperación en equivalentes a una muerte segura. Un hombre solo, desnudo, sin herramientas y en un medio salvaje, es probablemente el animal mas vulnerable del planeta. Una araña, un león o una serpiente requieren de muchísima menor previsión que la exigida al hombre haciendo que previsión y supervivencia le sean elementos paralelos acentuados por el factor aditivo y obligatorio de su evolución como especie. La adaptación para la supervivencia se muestra en el caso humano no tanto relacionado a su propia adaptación al medio sino mas bien a la adaptación del medio a sus propias características como especie. Este es el fundamento de su progreso.

La supervivencia humana exige una reducción de la incertidumbre o acumulación informativa. Es sólo cuando un fenómeno es comprendido que se es capaz de interactuar óptimamente con ese fenómeno. Lo instintivo e intuitivo, a veces suficientes para la supervivencia inmediata, no lo son para la supervivencia a largo plazo y menos aún para el progreso.

A mayor previsibilidad mejor interacción y a mejor interacción mayor civilización. Ya se trate del curso de los astros, el de un río, el de un proceso químico o el crecimiento de una planta el hombre buscará, instintiva e inconscientemente, descubrir los mecanismos de los procesos naturales ubicándolos en un contexto lógico. Todo avance civilizatorio supone una ganancia en previsibilidad.

Es su estructura cerebral, como una dádiva evolucionaria, la que incorpora una lógica avanzada en el procesamiento informativo aunque tuviera que demorar miles de años, hasta Aristóteles, para descubrir sus reglas. El procesamiento lógico precedió obviamente a este pensador siendo precisamente esa lógica incorporada a su estructura cerebral la que le permitió mostrar sus reglas y revelar sus espejismos. El desarrollo humano fue y será siempre el perfeccionamiento de esa lógica pre-programada a nivel neuronal, susceptible de un desarrollo colectivo mediante el entrenamiento educativo y el mejoramiento de las condiciones de vida. Un quehacer colectivo sólido pero también frágil ya que bastaría suprimir una generación para que todo ese mejoramiento sináptico logrado a lo largo de decenas de miles de años se derrumbara como un castillo de naipes. La brecha entre el hombre de Cromagnon y Descartes está llenada por el mejoramiento sináptico de cientos de generaciones dirigido a convertir el mundo en estructurado, comprensible y previsible, mejoramiento transmisible de generación en generación a través del entrenamiento lógico y la acumulación informativa.

El hombre del paleolítico se vio obligado a estudiar el comportamiento de los animales a fin de garantizar una cacería menos azarosa y el de las plantas para una recolección mas efectiva diferenciando las nutritivas de las venenosas. El el neolítico la selección de las plantas cultivables en base a una incansable experimentación repetitiva sumada a la observación de los ciclos climáticos pudieron dar inicio la agricultura. La experimentación audaz con diferentes materiales permitió determinar sus cualidades para sus herramientas. El navegante antiguo logró un mayor rendimiento de su barco en la medida en que pudo predecir e interactuar con los vientos, las corrientes marinas y el curso de los astros. Un proceso obligatorio y acelerado con un incremento del conocimiento conducente a una interacción crecientemente efectiva con el entorno y, en el plano energético, un mayor acceso a la energía. Aplicable a prácticamente todas las ciencias esto se hace, en las biológicas, observable en áreas como la agricultura y la medicina con la previsibilidad como condición pa asu éxito. Un animal que circula a su libre albedrío en una granja será siempre menos predecible y rentable que otro encerrado en una jaula pequeña y sometido a un riguroso suministro de alimento y a un gasto energético controlado y los cultivos dependientes de la impredecibilidad de las lluvias serán menos rentables que los sometidos a un riego y abono mensurables. Un individuo expuesto a la imprevisibilidad de una mayor o menor formación de anticuerpos a tiempo de una infección casual será siempre mas vulnerable que aquél sometido a una vacunación controlada, etc Previsibilidad implica efectividad, la maximización de la ganancia energética en relación a una determinada inversión de trabajo.

Esa ganancia en previsibilidad incluye la temporalidad. El hombre del paleolítico dejaba a lo circunstancial del refugio y la comida estructurar su día. Los del neolítico, de la edad del bronce, de la edad del hierro y del medioevo pudieron ya planificar su dia rigiéndose por el curso del sol y las estaciones del año sin preocuparse sin embargo por las horas ni los minutos, fuera de su capacidad de medición. El impulso de control temporal estuvo no obstante presente con los relojes de sol, de agua y de arena. El año astronómico y su correspondencia con el calendario de todas las grandes culturas de la antigüedad permitió las actividades agrícolas en armonía con los ciclos climáticos adecuando a ello sus diferentes festividades. La demanda de periodos regulares para las oraciones nocturnas en los monasterios llevó al desarrollo del reloj mecánico de los siglos XIII-XIV desmenuzador del día en horas pero con un margen de error de hasta una hora por día. La exigencia de la navegación marítima condujo al mas exacto reloj de péndulo del siglo XVII desmenuzador de la hora en minutos y con margen de error menor a un minuto por día. A partir del capitalismo, otorgante de un valor económico al tiempo, este fue descompuesto en segundos obligando al hombre contemporáneo a planificar su tiempo de forma cada vez mas exacta y detallada. El desarrollo científico y técnico actual impone una creciente exactitud temporal con relojes electrónicos y atómicos con precisión de centésimas y diezmillonésimas de segundo respectivamente.

La modernidad en la industria, los transportes, las comunicaciones, el comercio y los mismos procesos biológicos (producción de alimentos, hospitales, etc) demandan una creciente predecibilidad. Los gigantescos riesgos ambientales, económicos y en vidas humanas asociados a actividades industriales como las centrales nucleares, la explotación petrolera en zonas marítimas, el transporte de materiales explosivos y radiactivos, los viajes espaciales, los laboratorios de alto riesgo, etc exigen un alto nivel de previsión minimizante del riesgo de catástrofe. En el campo biológico enormes recursos son invertidos en el estudio del código genético con la pretensión de crear seres biológicos con características elegibles y predeterminadas (altamente presente en la medicina, la agricultura y la ganadería modernas). Este impulso subconciencial, sobrepasante de cualquier consideración ética o de posibles riesgos para el futuro, conlleva una coercitividad impuesta por el mismo sistema impidiendo, de no mediar factores externos como catástrofes, su frenamiento o retroceso. El avance humano tiene que pasar, inevitable y necesariamente, por el control intelectual de la vida, por hacerla previsible.

Simetría a todo precio

La única norma en el ordenamiento del mundo macroscópico vivo es el copamiento competitivo de las fuentes de energía otorgante de su incalculable polimorfismo. Las montañas, ríos, bosques, praderas y los sistemas ecológicos adquieren las formas mas variadas y caprichosas eludiendo, desde la perspectiva humana, toda forma de simetría. La simetría bilateral de los seres vivos, individualmente considerados, no es casi nunca perfecta y la perfección observable en algunas flores y animales como ciertas medusas al igual que los hexágonos de las colmenas de las abejas, pertenecen mas bien a la excepción. Ningún animal modifica su cueva o su nido para darle una forma geométrica siendo para el animal lo simétrico algo indiferente o incluso elemento de desorientación. La simetría de algunas telarañas o ciertos nidos de pájaros son, para el animal en cuestión, algo exclusivo para esos hábitats, genéticamente programados, repetitivos y ajenos a la variación y al experimento.

El hombre muestra una tendencia compulsiva hacia una simetría transformante del espacio amorfo en comprensible, ordenable y clasificable. Si bien raras veces se siente mas en armonía consigo mismo que cuando se encuentra inmerso en un medio salvaje regido por el azar, la variedad, la espontaneidad y el desorden, en cuanto entra en posesión de la naturaleza, sentirá el impulso del sometimiento de esta a los cánones de una geometría. Un pedazo de naturaleza en manos del jardinero, del arquitecto, del ingeniero, del planificador urbano, del albañil, del plomero, del alfarero o del carpintero provocará instantáneamente la aparición de la plomada, la escuadra, la cinta métrica y la regla de cálculo generando círculos, cilindros, cubos, triángulos, etc convertidores del espacio amorfo en geométricamente simétrico. La nostalgia humana por el desorden de lo espontáneo y lo primitivo es así comparable a la del adulto por la espontaneidad de la infancia, apetecible pero tan irrealizable como volver atrás en el tiempo.

Benoit Mandelbrot mostró en 1982 que también aquello aparentemente caótico en términos de simetría (nubes, líneas costeras, una coliflor, la superficie de la corteza de un árbol, etc) obedece en el fondo a formas simétricas repetitivas para el hombre percepcionalmente ocultas a las que llamó fractales. Esa simetría subpercepcional aparece sin embargo funcionalmente insuficiente. Simetría y funcionalidad surgen en términos de civilización como paralelas, complementarias y necesarias. Una cuota de asimetría en una choza rústica no aventura su funcionalidad pero esa misma asimetría en obras que reflejan el avance de la civilización como la cúpula de una catedral, un rascacielos o un avión supersónico podrían llevar al colapso. Basta imaginarse el caos que provocaría una carretera o una pista de aterrizaje sin un paralelismo estricto en sus laterales o un rascacielos cuyos pisos no respondieran a la horizontalidad. La naturaleza viva puede sentirse satisfecha con círculos, cuadrados u otras formas macroscópicas semiperfectas que no afectan su funcionalidad, pero una semiperfección similar llevará al fracaso en productos tecnológicos como la rueda, el engranaje o la hélice. Todo avance civilizatorio implica una ganancia en funcionalidad y toda funcionalidad exige simetría. La estética deja de ser solo estética para hacerse también función.

Multitud de indicios señalan esta característica humana como biológicamente incorporada a su estructura cerebral y no otorgada por la cultura la que solo la refuerza y desarrolla. Un estudio (el del Centro Nacional para Estudios Científicos de Francia sobre los indígenas amazónicos de la tribu Mundurucu (Revista *Proceedings of the National Academy of Sciences*, 2011) revela la geometría euclidiana como intuitiva, espontánea e incorporada al pensamiento así se carezca aún del lenguaje para nominar sus formas.

Ya al inicio de la agricultura en el neolítico la arquitectura del hogar y el trazo de los cultivos tendió a buscar una geometría ordenatoria en respuesta a la necesidad de dividir los terrenos en términos de propiedad y efectividad (geo=tierra, metros = medir). Todos los templos religiosos antiguos y los monumentos mundanos de mayor significación (pirámides egipcias o mayas, Partenón griego, Circo Romano, etc.) reflejan esa perfección geométrica como fuente de su belleza y funcionalidad. Las primeras urbes (Jericó en Palestina y Catalhöyuk en Turquía de 6500 adC, Mohenjo-Daro a las orillas del Hindus de 3000 años adC, Kahun en Egipto de 1890 adC, la Babilonia mesopotámica, la Mileto jónica, la Alejandría egipcia, etc) respondieron todas a la cuadriculación del tablero de ajedrez.

Esta equivalencia entre simetría y perfección debuta tempranamente en la ideología. Los textos Vedas de 8 siglos antes de Cristo establecen una ligazón entre las medidas y formas geométricas exactas de sus altares con el efecto deseado a través de sus rituales. Pitágoras, en el siglo VI adC, propuso el mundo como regido por el número, otorgándole al punto la valorativa de 1, a la línea el de 2, la superficie el de 3 a y al volumen el de 4 concluyendo que la suma de esas cifras, el 10, debería de ser sagrado. Platón para quien "Dios anda siempre haciendo geometría", consideró la esfera como la perfección de la forma y el círculo como la única posibilidad del movimiento planetario. En el pensamiento platónico los 4 componentes del mundo de acuerdo a la ciencia griega (aire, tierra, agua y fuego) tenían, cada uno de ellos, su correspondencia geométrica. Aristóteles concibió el universo como conformado por dos esferas concéntricas, la terrenal y la celestial. El resultado fue una astronomía pitagorizada, platonizada y aristotelizada durante dos milenios. La doctrina cabalística judía de los siglos III-VIII ddC, por su lado, consideró la creación del mundo como un proceso abarcante de 10 números sagrados, 6 dimensiones espaciales y 4 categorías (el espíritu divino, el aire, el agua y el fuego) que sumadas a las 22 letras del alfabeto hebreo lo explicarían todo. Entre los musulmanes cuyo profeta impusiera la exótica prohibición de toda representación gráfica de lo viviente sus arquitectos, artistas y matemáticos se vieron obligados, en sus mezquitas y monumentos, al desarrollo de una arte geométrico de imponente variedad y belleza bajo el sobreentendido de la única forma artística de venerar lo divino.

CAPÍTULO XII

EL ANTIBIOLOGISMO IDEOLÒGICO DE OCCIDENTE

El siglo VI aC marca el primer bosquejo de la cultura de occidente y su divergencia respecto a oriente. Los modeladores del pensamiento universal durante los milenios por venir, tanto en oriente como en occidente, nacieron aproximadamente en esa época. Occidente adoptaría una actitud racionalista, analítica y extrospectiva. Oriente una actitud holística, meditativa e introspectiva.

Exceptuando a Confucio y su pragmatismo basado en la tradición, la acumulación del conocimiento, la obediencia a la autoridad y la veneración de los antepasados, la atención oriental se centraría en lo religioso con una metafísica subestimante del análisis. Buda, partiendo de una unidad universal y de la reencarnación coincidentes con el hinduismo precedente, plantearía el camino de la austeridad y la meditación negatoria del análisis como método de comprensión de la realidad. Mahavira, contemporáneo de Buda y también hindú, oficialmente considerado el fundador del jainismo, alentaría, al margen de un ascetismo y pacifismo extremos, una actitud meditativa no analítica similar a la del budismo. Lao-tzé, en China, oficialmente considerado como el inspirador del taoismo, iría aún mas lejos proponiendo una suerte de lógica antilógica extremadamente intuitiva como camino para la comprensión y conexión con una totalidad universal indefinible. Los escritos atribuidos a Lao Tze, Confucio, Mahavira y Buda, dos milenios y medio mas tarde, continuan brindando en Oriente la misma inspiración y se siguen leyendo en con la misma fruición de siempre.

Occidente, con sus raíces remontables a Pitágoras y a las escuelas de Mileto y Elea, adoptaría mas bien la idea de un mundo accesible a una explicación racional mediante la observación y el análisis (del griego analusis=disolver, desatar). La totalidad, indivisible para oriente, se tornaría para esos pensadores en susceptible a su desmenuzamiento en parcialidades. Subestimando la meditación introspectiva se acentuó la observación. Aquello reconocible para oriente como verdadero justamente por su imposibilidad para una formulación, surgió para occidente como aquello que mas bien debería obligatoriamente formularse para poder ser entendida como verdad. Descartes, siglos mas tarde, llevaría ese desmenuzamiento al extremo de "dividir cada una de las dificultades que examino en la mayor cantidad de partes posibles". Esta forma de enfrentamiento intelectual, la parcialidad como base para el entendimiento de la totalidad, una falacia para oriente, se constituiría en la base del desarrollo mental de occidente.

A diferencia de Oriente los escritos de los iniciadores del pensamiento occidental fueron perdidos prácticamente en su totalidad subsistiendo solo en forma de referencias hechas por pensadores posteriores. Los escritos de Platón y Aristóteles, por el contario, tuvieron mejor suerte subsistiendo, al menos parcialmente, hasta el presente. Aunque, y esto también a diferencia a Oriente, los escritos de esos pensadores son leídos en la práctica en occidente solo por los especialistas su impacto en la mentalidad colectiva sería no obstante enorme a través del Cristianismo. La estructura filosófica brindada por el platonismo al Cristianismo lleva a afirmar la, prácticamente vista, inexistencia de una diferencia básica entre ambos. La fuerte influencia de Pitágoras sobre el pensamiento de Platón y la influencia de este sobre su discípulo Aristóteles le da a ese desarrollo histórico del pensamiento occidental una línea de continuidad. Se podría por tanto afirmar, asi sea con una pizca de exageración para visualizar mejor el razonamiento, que la filosofía de occidente a lo largo de su historia (con obvia excepción de los filósofos materialistas) no es sino un largo comentario a la obra de Platón.

Esa divergencia básica entre oriente y occidente, a expresarse durante los siglos venideros en prácticamente todas la áreas del pensamiento, se haría visible con especial nitidez en la medicina. La actitud holística oriental con la enfermedad como resultado de un desbalance entre las fuerzas vitales del Ying y el Yang surgirían en contraste con la actitud occiental de la enfermedad como falla en un órgano o en un grupo de órganos específicos. La medicina oriental resultaría asi dirigida al restablecimiento del balance energético corporal, la occidental a la corrección del defecto en el órgano en cuestión. La medicina occidental basada en la disección anatómica y en el experimento fisiológico, la oriental con muchísimo menos interés por el detalle y mas bien dirigida al restablecimeinto del equlibrio orgánico a través de métodos como la acupuntura y la moxibustión.

Roma, heredera directa del pensamiento griego, se encargaría política y militarmente de su diseminación. Con algo de posterioridad, en la Roma de los siglos IV-V ddC, el platonismo encontraría su simbiosis con el cristianismo y, un milenio mas tarde, el aristotelismo sería absorbido por el cristianismo en el preámbulo de lo que vendría a ser el Renacimiento.

Con punto de partida en el siglo VI adC la ideología de occidente llegó a ser el resultado de la convergencia de 4 raíces formativas:

1) el pensamiento de la Grecia Antigua con su filosofía analítica-racionalista
2) las bases político-jurídicas y la actitud militar y conquistadora de la Roma Antigua
3) la concepción mitológica, ontológica y ética de la tradición judeo-cristiana
4) el griego y el latín como base de su expresión lingüística

Un mundo dual

Heráclitos, Pitágoras y, los posteriores, Sócrates, Platón y Aristóteles argumentaron a favor del mundo compuesto de materia y espíritu y del hombre provisto de un elemento espiritual y eterno diferente de su cuerpo material y perecible. El intelecto como lo distintivamente humano y el elemento de conexión con el logos rector del mundo El cuerpo, perfeccionable mediante la sobriedad y la disciplina, encontró su ideal en la figura de Apolo y su expresión cultural en las olimpiadas. La discrepancia entre ese anhelo de perfección y la realidad generó una permanente tensión entre lo racional y lo instintivo trasminante del quehacer griego. Apolo, aristocrático, estéticamente bello y sexualmente insatisfecho contra Dionisio, instintivo, populachero y sensual. La sublimidad, la sobriedad y la sabiduría apolíneas contra el éxtasis de la danza, el vino y la lujuria dionisiacas. Ese antagonismo entre espiritualidad y animalidad encontró circunstancialmente su expresión en el teatro en obras magistrales como Las Bacantes de Eurípides.

Entre los romanos, considerados a si mismos descendientes de los griegos a través del Eneas de la Iliada y con una mitología entre ambos pueblos compartida, el areté de la perfección griega encontró su equivalente en el civitas romano. Pragmático, militarista, brillante político y buen organizador, el romano centró su atención en el reconocimiento social y en la hoja de servicios de sus ciudadanos en un proyecto de conquista. Su pragmatismo delegó a los griegos la tarea de filosofar. Sus intelectuales se limitaron a comentar el pensamiento griego cuyo dualismo conceptual les fue trasmitido, si bien con menor intensidad, sin mayor cambio. Su desconfianza frente al sensualismo y la voluptuosidad, para ellos minantes de la masculinidad guerrera, condujo entre sus líderes a divergencias a veces mas marcadas entre sus estilos de vida que entre sus convicciones políticas. La contradicción entre el ideal purista apolíneo, con expresión mayor en el estoicismo, con la realidad práctica (de echo el lujo extremo, la sensualidad y muchas distorsiones sexuales florecieron a todos los niveles) estuvo siempre presente. Figuras literarias influyentes como Petronio y Ovidio alentadores de un sensualismo de menor sobriedad que el griego contrastaron con un Cato, un Séneca, un Cicerón, un Galeno, un Lucrecio y un Marco Aurelio defensores del espíritu, la austeridad y el intelectualismo.

Entre los judíos el culto a la perfección corporal y la ambición de entender el mundo de una forma racional estuvieron prácticamente ausentes. Sus esfuerzos ideológicos estuvieron centrados a interpretar y obedecer la palabra de Jehová a través de sus profetas. La aceptación natural del cuerpo y sus demandas, incluyendo la sexualidad, hizo que el conflicto entre intelecto e instinto les fuera inexistente y así algunos de sus profetas dieron muestra de una extraordinaria inclinación a la buena vida incluyendo lo sexual. Pero no obstante estos rasgos, estuvo también entre ellos presente la dualidad de materia y espíritu con una humanidad, por origen y derecho, prioritariamente perteneciente al mundo del espíritu.

El hombre, culmen de la creación

Para los judíos estaba tan claro que no admitía dudas. Lo establecía el Génesis: "y pasó Dios a decir: hagamos un hombre a nuestra imagen, según nuestra semejanza" cap1, v. 26, "Les dijo Dios (a Adán y Eva): sean fructíferos y háganse muchos y llenen la tierra y sojuzguenla, y tengan en sujeción los peces del mar y las criaturas que vuelan en los cielos y toda criatura viviente" cap. 1, v:28.. El hombre un Dios en miniatura con el mundo a su servicio.

Para los griegos fue mas bien el producto de su trabajo reflexivo. El hombre, un ser especial y único gracias a su raciocinio. Protágoras en el siglo IV adC postularía al hombre como "la medida de todas las cosas" y Sófocles haría cantar en su Antígone que "hay mucho que es poderoso pero nada mas poderoso que el hombre" Para Platón y Aristotéleles el hombre era único por ser racional y estar provisto de un componente espiritual siendo este, para Platón, también inmortal.

Lo animal fue para el judío un objeto de simple alimento o de sacrificio ritual. Para el griego también objeto de estudio y de rivalidad (como el minotauro y la hidra). En ambas culturas careció de toda forma de derechos. La naturaleza surgió para los judíos como un campo de colonización por mandato divino, para los griegos como enigmática pero conocible y aprovechable gracias a las potencialidades de su intelecto.

Al pragmatismo romano no le preocupó la argumentación intelectual de la superioridad humana sino su demostración práctica. Su desprecio hacia lo animal y por contagio hacia lo bárbaro para ellos emparentado con la animalidad, fue evidente. Bajo el principio de lo animal al servicio de lo humano y lo bárbaro como lo humanamente mas próximo a la animalidad, su mesianismo convocó a someter a ambos bajo la consigna de "!Romano!, ¡tu destino es gobernar el mundo" (La Eneida). Con lo bárbaro Roma fue implacable pero a la vez generosa otorgando la ciudadanía romana a quien aceptara sus reglas. Con lo animal fue simplemente despiadada. Miles de animales salvajes fueron trasladados durante siglos a Roma desde África y Asia pero no para su estudio o su sacrificio ritual sino para sangrientas luchas con sus gladiadores. En contraste con el Asoka hindú que convertido al budismo emitía decretos para la instauración de hospitales para tanto humanos como animales, en Roma eran estos últimos festivamente sacrificados. Su aristocracia mostró así la olímpica arrogancia de una civilización donde las bestias mas fuertes y feroces brindaban a las masas motivo de jolgorio y al esclavo bárbaro transformado en gladiador la posibilidad de obtener su libertad y ganar la honra. El teatro y las olimpiadas griegas se convirtieron entre los romanos en combates circenses y competencias hípicas.

El pensamiento judío introduciría, a través del Cristianismo, dos elementos nuevos y altamente modulantes de la mentalidad occidental: la concepción lineal del tiempo y la idea de pecado. El Dios judío, separado de lo humano, único, asexuado, malhumorado y vigilante mostró, por un lado, una evidente inclinación al enjuiciamiento moral y al castigo correspondiente y, por otro, comandó a sus vasallos a la cooperación en un proyecto divino con inicio en el Génesis y un final en el Apocalipsis Para los griegos (al menos para Pitágoras), por el contrario, el tiempo era circular y ni los griegos ni los romanos concibieron la idea del pecado. Los dioses greco-latinos estaban demasiado absorbidos en sus propios enrredos y pasiones como para que sus juicios morales fueran tomados especialmente en serio y la línea divisoria griega entre lo humano y lo divino fue siempre difusa y fluctuante con una interacción mutua incluyente de lo sexual.

La emergencia del Cristianismo vendría a poner claridad en un punto no definido ni en el pensamiento judío ni en el greco-latino, la inmortalidad humana. Entre los judíos era solo la fracción farisea la defensora de esa idea. Entre los griegos, si bien hubo quienes abrogaron por esta (especialmente Pitágoras y Platón), su enraizamiento en la mentalidad colectiva fue débil y no del todo atractiva. La inmortalidad para el griego y el romano de a pié era solo una dádiva caprichosa otorgada por los dioses a una minoría selecta y cuyas ventajas eran bastante dudosas. A diferencia de la idea semita de un paraíso en los cielos el reino de Hades era lúgubre, frío y poco acogedor (el Ulises de Homero, en su viaje de retorno a su Itaca natal y haciendo una visita al reino de la muerte, recibe esta queja de su amigo Aquiles: *"no me consueles sobre mi muerte insigne Ulises, yo preferiría vivir en el campo como el siervo del labrador mas pobre que apenas tiene para comer que gobernar aquí sobre las almas fallecidas"*).

El Cristianismo, heredero directo del monoteísmo judío y posterior incorporador del racionalismo griego al pensamiento religioso, implicó un fuerte reforzamiento del dualismo conceptual del hombre, de su inmortalidad y antropocentrismo, aportando con dos elementos adicionales y altamente decisivos. Por un lado el de una mayor incompatibilidad entre cuerpo y espíritu, y por otro, la promesa de una vida eterna paradisíaca como triunfo definitivo del espíritu. A diferencia de los profetas judíos precedentes, varios de ellos inclinados al goce de los sentidos, Jesús, además de ser concebido por vía divina y en el seno de una mujer virginal, incorporó el ascetismo a la tradición judía precedente. Ya en forma previa a su actividad predicativa, y como una condición para ésta, Jesús se somete a un ayuno prolongado dirigido justamente a probarse a si mismo de su capacidad de sumisión del cuerpo a las demandas del espíritu. Y así también su actividad predicativa concluye con su propio, y de alguna manera voluntario, martirio.

La simbiosis del Cristianismo con la cultura grecolatina, dadas sus premisas ideológicas y un escenario histórico favorable, no resutó ser mas que una cuestión de tiempo.

La actividad predicativa de Jesús tuvo lugar en una Judea y Galilea cosmopolitas y plurilingües sometidas militar y políticamente a la Roma Imperial y bajo una fuerte influencia cultural helénica. El Medio Oriente había ya sido helenizado durante 3 siglos y romanizado durante casi un siglo. Si bien el idioma de Jesús fue el arameo siendo probable (dada su similitud) que también entendiera el hebreo, en Nazaret y en las rutas comerciales y los mercados de Galilea, Judea, Samaria y Palestina las lenguas de comunicación entre los diferentes grupos nacionales fueron el griego y el latín. Y así también los textos originales del Nuevo Testamento fueron, prácticamente en su totalidad, escritos en griego.

Nacida como una doctrina minoritaria y exótica en una provincia marginal y concebida como una mas entre decenas de otras sectas de la época, los cristianos no despertaron inicialmente mayor atención. Pero dado su carácter rebelde, sus ritos clandestinos y el extraordinario trabajo organizativo del apóstol Pablo la respuesta romana fue la de una esporádicamente fuerte persecución en la que el soprendente heroismo de sus seguidores despertó la adhesión de las masas empobrecidas. El secreto que rodeara a sus oficios religiosos en contraste con los ritos paganos abiertos al público y la negación cristiana de venerar a los dioses romanos y al Emperador, fueron motivo de diferentes, y a veces para los cristianos sangrientas, fricciones. La mas conocida de estas fué la de 64 ddC cuando Nerón acusara a los cristianos como autores del incendio que desvastara gran parte de Roma. El martirio se convirtió así en una suerte de prédica y testimonio convincentes para el gran público (de hecho martirio, del griego *martus*, significa testimonio).

¿Pero como introducir un mensaje tan exótico como el cristiano en los sofisticados círculos de poder romanos inclinados al racionalismo heredado de los griegos? ¿ O debatir con corrientes de pensamiento estructuradas y sólidamente establecidas como el estoicismo, el sofismo o el epicureismo? La respuesta fue el platonismo que se mostró encajar como anillo al dedo con la dualidad conceptual cristiana de alma y cuerpo, con la existencia de un cielo y con la deconfianza en lo carnal dándole a este su estructura filósofica. Platón había sostenido ideas como que *"el cuerpo nos llena de ganas y consupisciencias, de aprensiones y de todo tipo de ilusiones"* ...*"por culpa del cuerpo no podemos alcanzar la verdad"...*" Pero el alma, lo invisible, se dirige al lugar que es hermoso, limpio e invisible, a lo del verdadero Hades, al Dios sabio y bueno, allá, si Dios quiere, irá también mi alma"* (Faidon). Así los primeros y mas influyentes patriarcas de la cristiandad, Justino el Mártir, Clemente de Alejandría, Orígenes, Plotinus y Porfirio, apelaron todos al platonismo en su argumentación con los intelectuales paganos en una simbiosis que se mostró efectiva. Ya a inicios del siglo II la esposa del Emperador Caracalla y madre del Emperador Severus Alexander, Julia Mamaea, mantendría conversaciones con el patriarca Orígenes sobre la idea de un *imperium romanum christianum* y el mismo Severus Alexander veneraría en su capilla personal a Abraham, Jesús y Orfeo.

La apelación del cristianismo al modelo platónico fue una movida maestra. Al fin y al cabo la admiración romana por lo griego era incondicional. Todo niño romano de familia influyente y de quien se esperaba algo al futuro tenía que aprender el griego, familiarizarse con la Iliada y la Odisea y tener a Aquiles como el sumum del heroismo. Un esclavo griego educado le daba a toda familia romana un automático toque de distinción. El mas grande anhelo de todo general romano era el de algún día ser comparado con, para ellos, el mas brillante militar de todos los tiempos, el griego Alejandro Magno. Citar a Platón en esas condiciones daba estatus y permeabilizaba el mensaje. Mas o menos como mas tarde sería citar en el Senado norteamericano a Washington o a Jefferson o en un Concilio del Vaticano a Agustín de Tagaste o a Tomás de Aquino. Algo que inspira respeto y no se discute.

En una época en que Roma mostraba ya evidentes signos de desintegración el mensaje universalista de amor al prójimo, tolerancia y perdón apareció para la elite romana como políticamente útil. No solo por su creciente aceptación entre grandes sectores de población sino también como atenuante de los conflictos en ese mosaico cultural y nacional que era el Imperio. Asi el emperador Constantino I, en el siglo IV, adoptó el cristianismo como el elemento ideológico cohesionador de su Imperio cuya extensión y diversidad étnico-cultural demandaba una ideología común y compatible en lo básico con la grecolatina. El primer concilio de la cristiandad, el de Nicea del año 325, convocado por Constantino (aunque él mismo siguiera orando a Apolo y fuera bautizado recién en su lecho de muerte), marcaría la incorporación oficial del Cristianismo como religión de Estado. En algo mas de tres siglos el Cristianismo se había convertido en la religión oficial del Imperio pasando de perseguida y reprimida a perseguidora y represiva. Esa incorporación formal del Cristianismo a la estructura política de occidente encontraría con prontitud su equivalente ideológico en el *Civita Dei* de Agustín de Tagaste (354-430), síntesis del pensamiento platónico con las Sagradas Escrituras, en un periodo ya coincidente con el colapso de la Roma Imperial

En el siglo V queda por tanto consumada la simbiosis entre el racionalismo dualista griego, el sueño antropomorfo romano de dominio universal, la linealidad temporal judía y el espiritualismo cristiano sometedor de la corporalidad. La síntesis del Cristianismo con el aristotelismo tendría que esperar casi un milenio mas, hasta el siglo XIV y la *Suma Teológica* de Tomás de Aquino.

El Cristianismo: no a la biología

Jesús, ese líder rebelde y carismático, vendría a modelar el pensamiento de occidente. Si bien los escritos que sustentan su doctrina tienen algo asi como 100 años de posterioridad a sus prédicas y no estan en el idioma nativo de su gestor, el arameo, sino en griego, existen buenas razones para creer que, a pesar del tiempo y la traducción, estos reflejan con bastante fidelidad su mensaje. Dos historiadores romanos, Tácito y Plinio el joven, se refieren a él (aunque sin nombrarlo específicamente) confirmando la veracidad de su existencia.

En una época conflictiva y con su propio pueblo bajo dominación romana Jesús creció en una atmósfera de rebeldía respaldada por una rica tradición oral y escrita. Ni la esclavitud en Egipto mas de un milenio antes, ni su traslado forzado a Babilonia 6 siglos atrás, ni la dominación griega de hacían 1 a 2 siglos habían sido olvidadas por los judíos. Como tampoco la irrespetuosidad griega de ofrendar un cerdo y levantar un altar al dios Zeus en el mismísimo Templo de Jerusalén en 168 adC. La dominación romana de ese momento estaba altamente presente en la vida diaria con fracciones al interior de la comunidad judía entre quienes optaban por cooperar con los romanos (los seduceos), quienes estaban por una oposición pacífica (los fariseos) y quienes alentaban mas bien una oposición violenta (los zelotes). La animadversión entre judíos y romanos, siempre presente y a flor de piel, solía aflorar fácilmente en conflictos violentos. Herodes, el por entonces gobernador judío de Jerusalén, estaba subordinado al procurador romano Poncio Pilatos.

Nacido en el seno de una familia de recursos modestos quedó al parecer huérfano de padre en su juventud obligandolo esto, al ser él el primogenito, a trabajar para mantener al resto de la familia, cuatro hermanos y dos hermanas. Su cuna, Nazaret, próxima a una ruta comercial plurilingusita, lo familiarizó seguramente de alguna manera y a edad temprana con el hebreo, el griego y el latín. De hecho el nombre bajo el cual pasó a la historia, Jesús, resulta la variante griega de su verdadero nombre, Jeshua en arameo o Josua en hebreo. Al cumplir los 30 años se dio a la tarea de predicar.

Su mensaje pacifista, ya de hecho altamente excepcional en si mismo, adquiere una excepcionalidad aún mayor en el contexto histórico en el cual emerge. En la práctica Jesús vendria a poner cabeza abajo todos los parámetros del comportamiento humano hasta entonces vigentes.

Pocas doctrinas, si alguna, han despertado mayor fascinación dada su extrema radicalidad convocante de elementos profundamente latentes en todo humano: el amor, la fraternidad, la liberación respecto a lo material y una vida eterna en un estado de felicidad. Al margen de cualquier consideración teológica, que por lo demás y para el objeto de este libro carece de relevancia, la propuesta cristiana hecha por tierra los pilares de sustentación del comportamiento biológico: la concurrencia, el acaparamiento energético, la reproducción, la pertenencia genética y la muerte.

El Sermón de la Montaña, uno de los pasajes centrales del Evangelio y el literariamente quizás mas atractivo por su enorme y casi sobrenatural fuerza sugestiva, proclama aquello que para la biología constituye el mas grande sacrilegio, el elogio al perdedor: *bienaventurados los pobres de espíritu porque de ellos es el Reino de los Cielos/ bienaventurados los que sufren porque ellos serán consolados/ bienaventurados los humildes porque ellos heredarán la tierra/ bienaventurados los que sufren hambre y sed de justicia porque ellos serán saciados/ bienaventurados los misericordiosos porque ellos encontrarán misericordia/ bienaventurados los limpios de espíritu porque ellos verán a Dios/ bienaventurados los pacíficos porque ellos serán llamados hijos de Dios/ bienaventurados los perseguidos a causa de justicia porque a ellos pertenece el Reino de los Cielos.* (Mateo, cap. 5, v.1-10).

La desvalorización de la biología aparece así sistemática.

La condena de la concurrencia:

"Sin embargo yo les digo: continúen amando a sus enemigos y orando por los que los persiguen" (Mateo Cáp. 5 v. 43). *"Continúen amando a sus enemigos, haciendo bien a los que los odian, bendiciendo a los que los maldicen, orando por los que los perjudican. Al que te hiera en una mejilla, ofrécele también la otra y al que te quite una prenda exterior de vestir, no le retengas siquiera la prenda interior de vestir"* Lucas, cap. 6, v. 27-29)..

La condena al acaparamiento energético:

"si quieres ser perfecto (al joven que quiere alcanzar la vida eterna) ve, vende tus bienes y dáselo a los pobres" (Mateo cap. 19. v. 21). *"Cuán difícil les será a los ricos entrar al reino de Dios!"* (Marcos, cap. 10. v.23). *"Mas ay de ustedes los ricos porque ya disfrutan de su consolación*

completa" (Lucas cap. 6, v. 24). *"Dejen para ustedes de acumular tesoros sobre la tierra donde la polilla y el moho consumen"* *"No pueden servir ustedes como esclavos a Dios y a Mamón"* (Mateo cap. 6 v. 19-24). *"Aprendan una lección de los lirios del campo, como crecen; no se afanan ni tampoco hilan pero les digo que ni aún Salomón en toda su gloria se vistió como uno de éstos"* Mateo, cap. 6, v. 30)

La sujeción de la sexualidad y la subestimación de la reproductividad:

"los hijos del sistema de cosas se casan y se dan en matrimonio pero los que han sido considerados dignos de aquel sistema de cosas y la resurrección de entre los muertos ni se casan ni se dan en matrimonio" (Lucas, cap. 20. v. 34-35). *"Porque hay eunucos que nacieron eunucos, y hay eunucos que fueron hechos eunucos por los hombres y hay eunucos que se hicieron a si mismos por causa del Reino de los Cielos"* (Mateo, cap. 19, v. 12)

La desvalorización de la pertenencia genética:

"Entonces vinieron su madre y sus hermanos y, como estaban parados fuera, le enviaron recado para llamarlo. Pues una muchedumbre estaba sentada alrededor de él, de modo que le dijeron: Mira tu madre y tus hermanos allá afuera y te buscan. Mas él respondiéndoles les dijo: ¿Quienes son mi madre y mis hermanos?. Y habiendo mirado alrededor a los que estaban sentados en torno a él en círculo, dijo: Vean a mi madre y a mis hermanos!. Cualquiera que hace la voluntad de Dios, éste es mi hermano, mi hermana y madre" (Marcos, cap. 3 v. 31-34).

El triunfo sobre la muerte:

"Y estos (los malos) irán a un suplicio eterno, y los buenos a la vida eterna" (Mateo, cap. 25, v. 46), *"Les aseguro que el que escucha mi palabra y cree en aquel que me ha enviado, tiene vida eterna"* (Juan, cap. 5, v. 24) *"Les aseguro que el que cree, tiene vida eterna"* (Juan, cap 6, v. 47), *"El que come mi carne y bebe mi sangre tiene vida eterna, y yo lo resucitaré en el último día"* (Juan cap 6, v. 54), *"Yo les doy vida eterna: ellas no perecerán jamás y nadie les arrebatará de mis* manos" (Lucas cap. 10, v. 28)

No sorprende el mensaje final de Jesús transcrito por el evangelista Juan. Seguramente el mas grande desafío que un humano haya hecho jamás en la historia. El infinito, contagioso y arrebatador optimismo de "….*de mi tengan paz. En el mundo tendrán tribulación, pero ¡cobren ánimo! Yo he vencido al mundo*" (Juan cap. 16, v. 33).

El rechazo de la corporalidad

El establecimiento del Cristianismo como religión de Estado condujo a una uniformación ideológica en el área de influencia grecolatina y a un acentuamiento del dualismo ideológico con una corporalidad como fuente de pecado y una desnudez motivo de vergüenza. El antisexualismo se hizo rápidamente presente a través del apóstol Pablo ("*Porque el tener la mente puesta en la carne significa muerte, pero el tener la mente puesta en el espíritu significa vida y paz; porque el tener la mente puesta en la carne significa enemistad con Dios*" Carta a los Romanos, 8:6-7). El ascetismo de los primeros monasterios cristianos del norte africano y poco mas tarde de los europeos, el desinterés científico por lo vivo con un marcado retroceso de la salud pública y la medicina, el ocultamiento de la desnudez, la desconfianza hacia lo sensual y la prohibición de las festividades paganas del teatro y los juegos olímpicos (las olimpiadas fueron prohibidas en el año 393 por el emperador cristiano Teodosio) constituyen sus signos mas visibles.

Ese rechazo de la sexualidad, con inicio en lo primeros siglos de la Era Cristiana, aparece mas tarde con singular nitidez en la lírica de los trovadores cortesanos de los siglos X y XI del sur francés mas tarde extendida al resto de Europa con sus loas al amor casto y a distancia. El amor caballeresco medieval que eleva a la mujer amada al pedestal de la perfección virginal obligándose a resolver el problema de su sexualidad con una mujer mas terrenal a la que no ama. Un erotismo sublimado y soñador que pasaría a la posteridad en la literatura caballeresca mas tarde ridiculizada por Cervantes en su Don Quijote.

La fuerte religiosidad medieval concibió el cuerpo como un obstáculo y la muerte como el paso necesario y casi deseado para esa vida eterna obtenible a través de la santidad. Entre multitud de testimonios se citan aquí solo tres como representativos. San Bernardo de Clairvaux, uno de los fundadores de la famosa Orden de los Caballeros del Templo y autor del manual ideológico de los cruzados *De laude navae militae*, siendo todavia un monje joven (1143) escribe así a sus padres:"*¿Que me habéis dado vosotros sino pecado y miseria? Reconozco que recibí de vosotros este cuerpo ruin que tengo. Acaso no es mas que suficiente que me hayáis traido a este miserable a la miseria de este mundo odiable? ¿que vosotros pecadores con vuestro pecado hayáis traído a un pecador? ¿que dieses origen en el pecado a quien fuera nacido en el pecado?*". Para Hildegard de Bingen (1099-1179), abadisa del convento de Rupertsberg, lo sexual emerge como diabólico y algo a reprimirse (*Physica y Causae et curae*) mientras la mística española Teresa de Àvila (1515-1582) anhelaba asi la muerte: *Vida, que puedo yo darle/ a mi Dios, que vive en mi,/ si no es perderte a ti,/ para mejor a Èl gozarle? Quiero muriendo alcanzarle, / pues a Èl solo es el que quiero, / que muero porque no muero (De "*Vivo sin vivir en mi..*")

Esa actitud mental, dada su extensión, impacto social y durabilidad, apenas puede explicarse sin convocarse a aspectos psicológicos profundos y latentes en la naturaleza humana. Durante algo mas de un milenio millones de personas despreciaron su propia corporalidad y las necesidades a ella acopladas pretendiendo anularlas en función del algo superior considerado como lo específicamente humano. Ningún esfuerzo y sacrificio con excepción del suicidio se consideró suficiente para alcanzar esa espiritualidad asociada a un premio eterno, sin vacilarse, en muchos casos, a aplicar la violencia contra aquellos que tuvieron la osadía de divergir.

Hasta el Renacimiento quienes se ocuparon de lo vivo, especialmente el cuerpo humano (con alguna excepción de la medicina), corrieron el riesgo de ser acusados de brujería y sancionados como tales. Concebido el cuerpo como "templo del Espíritu Santo" toda acción intervencionista fué juzgada como una violación al mandato divino con el resultado de que los primeros estudios anatómicos iniciados en el Museo de Alejandria 2 siglos adC tuvieron que esperar hasta el siglo XVI para ser reanudados y los trabajos experimentales de fisiología fueron aún mas tardíos. Las teorías vigentes acerca de la conformación del cuerpo humano, en casi su totalidad y hasta bien entrado el Renacimiento, se basaron en la pura especulación y el mito.

El Renacimiento (o redescubrimiento del pensamiento griego precristiano a través de España y Sicilia en las traducciones árabes del griego al árabe y luego de este al latín) implicó un nuevo interés por lo vivo y, mas específicamente, por el cuerpo humano. El ascetismo medieval agotado en un cansancio proclive a la abdicación dio curso a una aceptación de la corporalidad expresada a través de los grandes pintores como Leonardo, Michelangelo, Tiziano o Boticelli capaces de mostrar de nuevo la desnudez al estilo clásico haciendo esta su ingreso hasta en la mismísima Capilla Sixtina. En la literatura surgirian figuras como Petrarca y Boccacio cantando a lo sensual y primitivo. La ciencia le seguiría los pasos con estudios de la anatomía y fisiología humanas llevando a la tentación de una concepción del Renacimiento como un cambio de fondo en la actitud occidental hacia lo biológico. Pero la ruptura renacentista con lo medieval sucede dentro de los rígidos marcos establecidos por un cristianismo dualista y espiritualista consolidado ya con anterioridad como una estructura ideológica y moral ligada al poder político y económico. En el pensamiento renacentista se juntan y armonizan definitivamente las tres raíces pre-cristianas de la cultura de occidente con un cristianismo que para entonces ha perdido su contenido original de amor al prójimo distorsionado por una gigantesca maquinaria mundana de poder. El redescubrimiento renacentista del cuerpo y la naturaleza se produce en un clima mental y material coincidente con una tradición dualista incólume y milenaria sin implicar ningún cuestionamiento a ese dualismo ideológico ni al rol humano. Por el contrario, el Renacimiento afianza esos rasgos acentuando el afán conquistador y civilizatorio de su ideología.

La naturaleza esclava

Si bien las campañas expansionistas de Alejandro Magno y las posteriores del Imperio Romano habían cumplido eficientemente la tarea de diseminación de su ideología dualista-antropocentrista a extensas zonas de occidente e incluso oriente, ellas tuvieron un impacto limitado. Se tuvo que esperar hasta el Renacimiento para revelar los verdaderos alcances de una civilización acorde con la linealidad temporal judía entre la creación del mundo y el final apocalíptico con el encuentro humano con su Creador. Un proyecto cristiano a construirse con ayuda de la racionalidad y en obediencia a un plan divino. La expansión de la cultura citadina y los rápidos avances científico- tecnológicos acoplados al Renacimiento, incluyendo la navegación y las armas de fuego, despertaron en Europa un orgullo nuevo reforzante de su espiritualidad y confirmante de la certeza de su proyecto civilizatorio.

Europa fue construyendo una identidad cultural crecientemente homogénea gracias a la incorporación germana a la cultura grecolatina. La coronación del merovingio Carlomagno por el Papa en la Basílica de San Pedro como Emperador de Imperio Romano de Occidente la Noche de Navidad del año 800, marca oficialmente esa incorporación. Gigantón y analfabeto, fanático por el latín, respetuoso de Roma y buen estratega militar, Carlomagno representa genuinamente la simbiosis de lo germánico con lo greco-latino. Las tribus bárbaras germánicas pudieron ver ahora en la Roma cristiana ya no un enemigo ni objeto de saqueo sino una fuente de inspiración y referencia. La algo posterior cristianización de los rusos, búlgaros, escandinavos y otros implicó también simultáneamente su helenización y romanización. Seis siglos después de Carlomagno, en el Renacimiento, esa identidad ideológica europea había ya adquirido la madurez necesaria para dar el salto al resto del mundo.

Factores económicos fueron obviamente de la mas grande importancia: nuevas rutas comerciales, conflictos de mercado con el mundo musulmán y altos niveles de cesantía laboral especialmente en España y Portugal para que Europa se lanzara a una carrera expedicionaria dándose de narices, para su sorpresa, con un nuevo continente, América.

El contacto de esos exploradores europeos de los siglos XV y XVI con pueblos de menor desarrollo de América, África y Asia no hizo sino confirmar ante si mismos la corrección de su ideología. El sentido de superioridad que les despertó el estilo de vida de los pueblos colonizados que vivían en balance con la naturaleza respondió a esa visión religiosa y dio validez ideológica a su violencia colonizadora viéndose a si mismos como redentores. En una época en que la conquista española de América era ya un echo, la portuguesa de América y África se encontraba a toda marcha y los piratas-exploradores ingleses Raleigh y Drake daban la vuelta al mundo instalando sus primeras colonias, el influyente pensador, canciller inglés y autor del Novum Organum, Francis Bacon (1561-1626), expresaba aquella actitud mental:" *la diferencia entre el hombre civilizado y los salvajes es casi tan grande como entre dioses y hombres*", añadiendo como reflejo de la confianza occidental en el raciocinio *"Esa diferencia no se origina en la tierra, ni en el clima, ni en la raza, sino en la tecnología. ...La naturaleza revela sus secretos cuando se la somete a la tortura, de la misma forma que a un testigo".* El famoso debate entre Ginés de Sepúlveda y Bartolomé de las Casas en la Junta de Valladolid convocada por Carlos V entre 1550-1551 para delinear la conducta moral de la conquista española en América refleja la esencia de esa ideología. Mientras Sepúlveda basado en la argumentación aristotélica del esclavismo natural concibió a los indígenas como irracionales justificando con ello su esclavitud, la apasionada argumentación de las Casas a favor del indígena como racional y libre no puso en ningún momento en duda el sobreentendido de su cristianización. El objetivo, su cristianización, se mantuvo incólume en ambas posiciones variando solo en el método, la violencia en la propuesta de Sepúlveda, la persuasión en el modelo de las Casas.

Esa arrogancia frente a lo primitivo aparece por tanto como un fenómeno fundamentalmente renacentista y post-renacentista (la Roma Antigua había mostrado una arrogancia similar pero sin una argumentación religiosa) con su respectiva aprobación religiosa justificante de la conquista de esos pueblos como el triunfo del espíritu. Willam Blake (1757-1827) expresaría ese extremo antropocentrismo en su *"allá donde no está el hombre la naturaleza está desierta"*, algo que en la práctica se limitó al hombre europeo siendo el resto ya sea sometido a la esclavitud o confinado a prisiones gigantescas bajo el nombre de reservas o exterminado. El diezmo de la población autóctona americana por la viruela y el sarampión traídas de Europa y por las condiciones de su sometimiento, con la consiguiente escasez de mano de obra, condujo a la importación de millones de negros africanos (entre 11-15 millones durante los siglos XVII-XIX) en condiciones bestiales y, hay que añadirlo, con la cooperación entusiasta de otros africanos beneficiarios. A los ojos de Europa se abrió toda una jungla de países fantásticos plagados de posibilidades míticas a la manera de El Dorado americano y sus supuestas calles cubiertas de oro. No era para menos. El mundo, abierto al audaz y al afortunado, mostraba la posibilidad de pasar en menos de un decenio, como sucediera con Francisco Pizarro, de analfabeto cuidador de cerdos en su Andalucía natal a glorioso Virrey de una de las zonas mas ricas de la Tierra.

La atención marginal que el posterior industrialismo capitalista (y perfectamente explicable, dado su extremo antropocentrismo, también el marxista) le prestó a lo vivo en general, encuentra sus raices mas profundas en ese proyecto civilizatorio suprabiologista, antropocéntrico y espiritualista. Occidente, desde sus comienzos, pero con diáfana nitidez a partir del capitalismo, concibió la naturaleza (incluyendo en ella también a los pueblos de menor desarrollo) como un obstáculo a dominarse aplicando indiscriminadamente técnicas de creciente efectividad sin mas consideración que el desarrollo económico coincidente con sus intereses y su proyecto ideológico. En ello mostró unas sorprendentes agresividad e inventiva. Los veleros fueron susbstituidos por barcos a vapor, al arcabuz le sucedieron sofisticados instrumentos de matanza masiva, la fuerza muscular se multiplicó gracias a máquinas progresivamente efectivas, las entrañas de la tierra brindaron minerales y combustibles ricos en energía y los cauces de los ríos sirvieron de fuentes de electricidad. Enormes zonas selváticas fueron sometidas a los monocultivos con los consiguientes cambios ecológicos. Luego vendría la conquista del aire y de las profundidades submarinas. Ello sucedió en contraste con gran parte de los otros pueblos del planeta que concibieron la naturaleza, y muchos de ellos todavia lo hacen, como una representación de lo divino, o incluso lo divino en si, viéndose a si mismos solo como huéspedes pasajeros en el planeta. Esa visión holistica (y en la mayoría de los casos también animista y fatalista) tuvo un alto costo, su sumisión a Europa y, en muchos casos, su aniquilamiento. Excluidos los intereses económicos o de acaparación energética (territorios, recursos naturales, mano de obra, etc) que impulsan toda conquista, la única dirección ideológica orientadora de la conquista europea vino dada, y lo hace todavía, por el antropocentrismo espiritualista y el sometimiento de la naturaleza camuflados muchas veces detrás de las mas diversas racionalizaciones.

Esa estrategia fue extraordinariamente afortunada. Si en el siglo XVI la corona española podía alardear que en sus territorios "nunca se ponía el sol", el aun mas afortunado Imperio Británico, a fines del siglo XIX, tenía una cuarta parte del planeta bajo su dominio

Occidente pareciera vivir al presente un periodo de aparente revisión de su antibiologismo ideológico como resultado, entre otros, de un desarrollo explosivo de las ciencias biológicas y, en el plano político, la obtención del estatus de independientes de aquellos pueblos antes colonizados. La aceptación inevitable de una evolución, el descubrimiento de la biosfera como una totalidad dinámica e integrada y la del hombre como un producto evolutivo genéticamente emparentado con todo lo vivo, paralelo al desarrollo de la física y la cibernética, abren un horizonte soprendentemente nuevo propenso al optimismo pero también a la perplejidad. Enormes intereses comerciales vinculados a la medicina y la agricultura, la constante amenaza de catástrofes ecológicas, la conquista del espacio con todos sus retos a la fisiología humana, etc. obligan a pensar en términos biológicos. Es fácil observar, al menos entre las elites intelectuales, un creciente respeto por la naturaleza viva y, a nivel mas colectivo, una aceptación de la corporalidad humana incluyendo su sexualidad estimulada, entre otras cosas, por una millonaria industria pornográfica que convierte las atrevidas aventuras amorosas de Casanova y del Marques de Sade en experimentos de principiantes. La obsesión contemporánea por el cuerpo y su belleza, para solaz de la industria de la moda y los cosméticos, de los profetas del adelgazamiento y de los cirujanos plásticos, paralela a la búsqueda de una felicidad centrada en la sexualidad, reducen hoy la antigua espiritualidad al cuerpo perfecto y el romanticismo a la maximización del orgasmo. A primera vista parecería el hombre, finalmente, no solo haber aceptado sino incluso simplificado su biología a lo prosaico.

Pero ello es sólo un espejismo ya que subsiste en occidente el tradicional dualismo de materia y espíritu y el clásico antropocentrismo narcisista de un hombre ajeno y superior a la totalidad cósmica, o cuan extraño parezca, como el centro de ese cosmos. Aún mas, ese acercamiento intelectual a la biología conduce, paradójicamente, aunque coincidente con su programa como especie, a un alejamiento práctico de la misma expresada en una progresiva expansión de lo artificial en el entorno humano y en su intensivo deseo de someter lo vital a sus cánones propios. El descubrimiento del ADN y la manipulación genética abren posibilidades para ese sometimiento a gran escala. El anhelo de la Grecia Antigua pitagórica y platónica de alcanzar la perfección a través del razonamiento espiritualista subestimante de la materia y que durante el medioevo cristiano se tradujo en un franco rechazo a lo biológico, se convierte hoy en el afán de eternidad a través de un control intelectual de lo vivo orientado en lo filosófico por un empirismo exitoso con raíces en el Renacimiento italiano y en el pensamiento post-newtoniano anglosajón. El intervencionismo humano en la naturaleza alcanza hoy una magnitud que amenaza incluso su propia existencia como especie.

Una verdadera reconciliación del hombre con su biología parecería imposible mientras no se acepte la vida humana como sólo parte de una globalidad. Hombre y vida como fenómenos parciales insertados en un contexto universal cuyo proyecto evolutivo, sin bien incluye, supera el importante pero infinitamente pequeño, en espacio y tiempo, proyecto humano. La pregunta es si, dado su rol programático como especie, esa aceptación no le será por siempre negada por ser, paradójicamente, contraria a la evolución. La evidente compatibilidad y complementariedad observable entre la conducta espontánea y subconsciencial humanas con el desarrollo de su ideología hablan en favor de los procesos biológico e ideológico como paralelos y complementarios o, aún mas, como solo dos formas de expresión de un mismo y único proceso.

TERCERA PARTE

CEREBRO Y CIVILIZACIÓN

"El hombre es una cuerda tendida entre el
animal y el superhombre.
Yo amo a quien vive para aprender y quiere
aprender para que alguna vez viva el superhombre.
Yo amo a quien trabaja e inventa para
construirle la casa al superhombre y prepara
para él la tierra, el animal y la planta: pues
quiere así su propio ocaso"

Friedrich Nietzsche
Asi habló Zaratrustra

"Podríamos cambiar la estructura del espacio
y el tiempo, podríamos anclarnos en la nada
y de ahí edificar la materia de acuerdo a
un orden. El control de la superfuerza nos
posibilitaría construir y transformar partículas
a voluntad y de esa manera generar formas
exóticas de materia. Seríamos capaces de
manipular la dimensionalidad del espacio
como tal, creando mundos artificiales extraños
con propiedades inimaginables. Seríamos
verdaderamente los señores del universo"

Paul Davies
físico quántico de la Universidad Estatal de Arizona,
USA

CAPÍTULO XIII

LA CIVILIZACIÓN COMO CONTINUACIÓN NATURAL DE LO BIOLÓGICO

El término de civilización se presta a múltiples interpretaciones. No obstante esa relatividad conceptual existe consenso en la atribución de lo tecnológico como su componente principal y el de una cierta opcionalidad como fenómeno. La civilización seria así fundamentalmente aquello que hace mas fácil la vida humana siendo el hombre libre para desarrollar o no una civilización. La linealidad temporal de occidente añade, aunque no siempre de una forma expresa, como algo que se construye por mandato y en cooperación con lo divino.

Civilización es aquí considerada como el producto acumulativo de la actividad cerebral a lo largo de la historia o sea todo el quehacer humano. En otras palabras no solo lo tecnológico y lo científico sino también la religión, el arte, la política, la filosofía, etc

Dos preguntas básicas demandan un análisis previo. Primero, que es lo que la define. Y segundo, porque se da lugar a una civilización o, en otras palabras, si esta opcional o mas bien obligatoria.

Como respuesta a la primera pregunta imaginemos la hipotética situación del aterrizaje de una nave extraterreste en el planeta. ¿Cuales serían las primeras interrogantes que el hecho evocaría?. Obviamente las de quienes son, a que y de donde vienen. Pero una otra surgiría como quizás de aún mayor importancia, la de si los recién llegados pertenecen o no a una civilización mas avanzada que la terráquea y cuya respuesta abarca solo dos aspectos: a cuanta energía acceden esos extraterrestres y cuanto conocen del mundo. Si esos visitantes contaran ya, por así decirlo, con la fusión nuclear y la antimateria como fuentes de energía, con la capacidad de viajar a velocidades próximas a las de la luz, de manejarse en otras dimensiones físicas fuera de las 4 por nosotros conocidas, de haber resuelto el problema del envejecimiento e incorporado la electrónica a su trabajo mental, los humanos tendriamos que admitir estar frente a seres con un nivel de información y un acceso a la energía muchísimo mayores que las nuestras. Sus instrumentos bélicos tendrían una capacidad destructiva millones de veces superior a la de cualquier bomba atómica, sus niveles de organización social, sus formas de comunicación y su arte serían también mucho mas avanzados. En otras palabras no tendríamos ninguna posibilidad de concurrir con los recién llegados teniendo que apelar a su magnanimidad para eludir una sumisión.

Civilizar no es sino incrementar la disponibilidad energética y el conocimiento como factores sinérgicos y recíprocos y con expresión práctica en aquello que usualmente asociamos con civilización: agricultura, industria y estructuras financieras efectivas y confiables, medios de transporte y comunicación rápidos y seguros, instituciones educativas de alto nivel, buenos servicios de salud, ciudades organizadas e higiénicas, seguridad ciudadana, garantías políticas y sociales, creatividad artística, investigación científica, etc. El factor información excede obviamente la ciencia y la tecnología para abarcar también áreas como la política, la organización social, la moral, la religión, el arte y la filosofía. La economía y la sociología usan diversos parámetros cuantitativos como literalidad, acceso a electricidad, a agua potable y a los servicios de salud, ingreso per cápita, PBI, esperanza de vida, mortalidad materno-infantil, igualdad de género y otros.

En cuanto a la segunda pregunta, al porque, la única explicación accesible en el pasado fué la del mito. Los conocimientos científicos necesarios para una explicación racional estaban aún ausentes. Occidente y el Medio Oriente la atribuyeron simplemente al mandato divino del Jehová bíblico al hombre de no solo de crecer y multiplicarse sino también de someter a sujeción a toda criatura viviente. Hoy sabemos que el origen humano fué distinto y consecuentemente su civilización responde a causas muy diferentes.

Una explicación racional al fenómeno exige un enfoque evolucionario. A primera vista pareciera darse hacia lo humano no una evolución sino mas bien una involución. Su piel suave lo hace mas vulnerable a las heridas, su ausencia de pelaje menos resistente al frío, su carencia de garras y colmillos le quita efectividad en el combate, su andar bípedo le resta velocidad en la carrera, sus brazos cortos y su ausencia de cola lo hacen menos apto para trepar árboles y su musculatura grácil le disminuye la fuerza bruta. Muchísimos animales son más fuertes, más veloces o más resistentes a los cambios ambientales o tienen los sentidos mejor desarrollados y una rapidez y precisión reaccionales que hacen aparecer al hombre torpe y desmañado. El oso gris, en la temporada de celo del salmón, puede pescar los salmones que quiere con las puras manos, el hombre en las mismas circunstancias y con sus propias manos no pescaría nada quedando además congelado en la empresa. El bisonte o los pinguinos pueden sorportar fríos extremos sin preocuparse del refugio, el hombre desnudo en las mismas circunstancias no soportaría mas que unos pocos minutos. Los primates pueden confiar en su destreza para trepar árboles y la gacela y el ciervo en su velocidad en la carrera para eludir a sus rivales, el hombre es mal trepador de árboles y lento en la carrera. Hasta una simple mosca doméstica puede hacer mofa de la lentitud reaccional humana. Un tigre hambriento enfrentado a un humano solo y desarmado tiene el banquete servido y, habituado como está este felino a presas fuertes como el búfalo o veloces como la gacela, quedaría gratamente sorprendido por la prácticamente ninguna resistencia del humano y por lo tierno de su carne. Mamíferos incluso relativamente pequeños como el chacal, el lobo, el puma, el chancho montés y hasta el perro convierten a un hombre desarmado en víctima fácil. Sus puños y piés últiles en su defensa contra los otros humanos le son prácticamemte inservibles contra esos animales a los cuales apenas les produciría un rasguño. Dejado a sus puros recursos corporales la dieta humana resultaría tan extremadamente pobre, frutos y raíces fácilmente accesibles y quizás alguna carroña todavía fresca dejada por otro animal hartado, que ello conduciría inevitablemente a su muerte por desnutrición. En otras palabras y comparado con muchísimos animales el hombre es biológicamente un fracaso.

Sin embargo como especie es la mas exitosa, la mas agresiva, la mas temible, la mas cruel contra las otras especies y la mas depredadora. ¿Como se explica el fenómeno?

Darwin había postulado acertadamente la supervivencia como no asociada ni a la fuerza, ni a la velocidad ni a otras características incluyendo la inteligencia sino a la adaptación. Los individuos y las especies mejor adaptadas sobreviven mejor. El pequeño y débil pero adaptado escarabajo precedió y sobrevivió al mas fuerte pero desadaptado dinosaurio.

La especie humana muestra una extraordinaria capacidad adaptativa a los diferentes medios desde la aridez del desierto y la humedad de la selva hasta la altura de la montaña y los fríos polares. Sin tener alas puede volar y sin tener branquias entrar a la profundidad del mar. Ningún medio le es extraño, ni siquiera el espacio exterior.

Esa adaptabilidad no es sin embargo el resultado de cambios en su estructura corporal a medios adversos como sucede en todos los animales y vegetales sino, en lo contrario, en cambios adaptativos en el medio a su popia estructura corporal. Algunos cambios adaptativos fisiológicos propios como el aumento del pigmento protector en la piel en caso de exposición prolongada a la luz solar o el aumento de glóbulos rojos y de la hemoglobina en caso de vivir en la altura de la montaña, son secundarios. La verdadera adaptación se produce por la adecuación del medio, por la capacidad humana transformatoria activa e intencional del medio. Este rasgo, único en la biosfera, se revela ya en sus inicios como especie en algo tan simple como el golpeteo o la fricción monótona de dos piedras para conseguir cuchillos rudimentarios substitutivos de la garra y el colmillo o la generación del fuego compensatorio de la ausencia de pelaje contra el frío. Dadas sus, en comparación a los otros animales, enormes desventajas biológicas esa capacidad transformatoria humana se hace obligatoria en términos de supervivencia. La energía del alimento por las otras especies usada para solo defensa, reproducción y la obtención de nuevo alimento es, en el caso humano, además usada para una transformación intencional y progresiva del medio.

Es la vulnerabilidad humana la que genera alguna forma de civilización. De tener mayor fuerza muscular y rapidez reaccional, mayor velocidad en la carrera, la capacidad de trepar árboles con soltura, poseer garras, colmillos y un pelaje protectivo contra el frío y las heridas, el hombre no necesitaría usar de su talento ni desarrollar una civilización. Sus posibilidades de supervivencia serían similares a las de los otros animales. ¿Para que tomarse el trabajo de afilar cuchillos de piedra si se tiene mandíbulas y colmillos lo suficientemente fuertes y filosos para despedazar la presa? ¿para que fabricar arcos y flechas si se es veloz en la carrera y se tiene la fuerza muscular necesaria para matar al animal que a uno le sirve de alimento? ¿para que tomarse la molestia de hacer fuego si se tiene un pelaje que lo protege a uno contra el frío o hilar lianas para trepar a los árboles si se trepa con la soltura de la ardilla o del mono? ¿Que único camino le queda al débil, lerdo y lento humano, proclive a heridas sangrantes sino el de usar aquello que le es específico, su capacidad de pensar? Si no se tiene chance en el combate mano a mano con el búfalo se tiene que fabricar lanzas, si no se puede correr tan rápido como el ciervo se está obligado a crear el arco y la flecha, si no se tiene colmillos para despedazar la carne de la presa se tiene que hacer cuchillos y si a uno le cuesta resistir el frío por falta de pelaje se tiene que generar fuego. Y como esas actividades demandan del grupo se tendrá también que inventar un lenguaje.

La falta de pelaje protectivo tuvo sin embargo 3 consecuencias conductuales positivas a largo plazo: 1) obligó al hombre a ser mas observante respecto a los cambios climáticos, en cuanto a refugio y en su actuar para evitar heridas sangrantes 2) enrriqueció su expresividad facial al revelar sus estados de ánimo favoreciendo la comunicación mutua 3) enriqueció su erotismo en relación a la sexualidad.

Su cerebro como órgano recibió así la mas alta prioridad. En relación a su peso corporal el mas grande de la biosfera, mas del 2% de su peso corporal. Pero a pesar de representar solo el 2,4% del peso corporal ese cerebro resultó el órgano energéticamente mas caro con un consumo del 25% de la energía, el 20% del óxigeno y el 15% del volumen sanguíneo disponible por el organismo en estado de reposo. Su demanda diaria de 1100 litros de flujo sanguíneo contrasta con, por ejemplo, el corazón que a pesar de su incansable trabajo de bombeo queda satisfecho con solo algo mas de 300 litros diarios. La naturaleza jugó sin embargo a la ruleta rusa. El paso de una cabeza grande por el relativamente angosto canal pélvico de la mujer implica el riesgo de un estancamiento y una tensión al máximo de lo tolerable en los tejidos blandos de la pelvis femenina a tiempo del parto. De ahí que este sea doloroso con lesiones frecuentes en esos tejidos y un bastante pequeño margen de error. Trastornos leves (como una presentación del feto en una posición equivocada o una ubicación anómala de la placenta) conducen fácilmente a la muerte de la madre, del niño o de ambos. Millones las mujeres a lo largo de la historia tuvieron (y todavía lo hacen) que pagar con su propia vida el precio de un vástago portador de un cerebro grande.

La civilización no es así sino un resultado de la biología, su continuación natural como proceso. La biosfera genera una especie cuya extrema vulnerabilidad la obliga a modificar esa biosfera en aras de su supervivencia como especie. Si no modifica muere. Y para el proceso cuenta con un cerebro efectivo. Una especie naturalmente desequilibrante. El balance entre el dar y el tomar gobernado por el gene y vigente durante billones de años queda roto. El talento, producto de la actividad sináptica cerebral, asume paulatinamente el comando como instrumento transformatorio del planeta.

Este fué obviamente un proceso inicialmente apenas perceptible y extremadamente lento que demandó decenas de miles de años para hacerse visible. El desplegamiento del potencial cerebral tomó su tiempo. La vida de nuestros primeros ancestros fue dura y sacrificada con el hambre y el miedo como compañeros inseparables. Dos cosas estructuraron sus días: alimento y refugio nocturno. Su debilidad y torpeza los obligaba a tomar precauciones y a estar siempre alertas. Pensar en el refugio mucho antes de la llegada de la noche para ellos poblada de sonidos extraños y animales misteriosos que les despertaban miedo y un cielo cuyos puntos luminosos les provocaban perplejidad y zozobra. Quizás para deshacerse del miedo y aparentar una ferocidad inexistente empezaron a emitir gruñidos y otros sonidos guturales que se mostraban darles coraje y les mejoraba el ánimo y a los que poco a poco les fueron dando un ritmo en un primer bosquejo de lo que mas tarde sería la música. Sus primeros y altamente modestos descubrimientos fueron resultado de la observación, de la reflexión y seguramente, en la mayoría de los casos, de la pura casualidad. El tipo de piedra mas apto para producir chispas o para hacer cuchillos, el comportamiento de los animales y de sus rutas migratorias, de aquello que inducía a esos animales a la huida o al ataque, de su grado de agresividad, de la calidad de su carne, de cuales eran los frutos y raíces mas nutritivas, eran conocimientos valiosos que podían marcar la diferencia entre la vida y la muerte. Su memoria de largo plazo les permitió almacenar esas observaciones y, gracias a un lenguaje, si bien altamente rudimentario pero mas avanzado que el del resto de los animales, trasmitirlas a las siguientes generaciones. Que la piel del animal peludo desollado secada al sol no se pudre tiene que haberle significado un descubrimiento enorme para su calidad de vida, dormir sobre una piel suave es mucho mas cómodo que sobre el suelo duro o sobre ramas y hojas. Que algunas ramas de árbol fueran flexibles les fue de la mas extraordinaria importancia. Los mas inteligentes dentro del grupo encontraron su aplicación para la fabricación del arco y la flecha. Matar a la presa por primera vez a distancia tiene que haberlos llenado de sorpresa y orgullo.

Hechos banales como que alguien del grupo se hiciera una herida y aplicando a la herida unas hojas al puro azar mostraran estas favorecer la cicatrización o que a otro le dió un dolor de estómago y comiendo un determinado fruto se sintiera aliviado, fueron sentado las primeras bases de la medicina. Que la carne cocida sabe mejor, es mas fácil de digerir y demora mas en descomponerse que la cruda fue también probablemente fruto de la casualidad, quizás de una carroña encontrada a tiempo de un incendio en la savana o de un animal muerto por un rayo. Lo mas probable es que igual lo fuera el descubrimento de que algunas resinas vegetales arden por bastante tiempo incluso bajo la lluvia y en condiciones de viento abriendo el camino para la fabricación de antorchas. La antorcha fué seguramente aquello que los llenó mas de orgullo y confianza en si mismos. Darse cuenta que todos los animales temen al fuego y que ellos mismos pudieran controlar ese fuego, además de protegerlos les dió un primer sentido de su superioridad. Gracias a la antorcha de resina pudieron también transportar el fuego de un lugar a otro y moverse con cierta seguridad en la oscuridad. La adquisisión de nuevos conocimientos impulsó el desarrollo del lenguaje, las cosas tienen que tener un nombre, los procesos tienen que poder ser descritos y explicados. Lo que inicialmente fueran apenas monosílabos para nombrar las cosas mas elementales y las posiciones mas simples como aquí y allá o cerca y lejos, se fué progresivamente desarrollando hacia un sistema capaz también de describir secuencias acomodadas en un tiempo. En el circunstancial refugio nocturno de ramas y piedras o en la caverna y sentados alrrededor de la hoguera fueron intercambiando ideas muy simples tratando de explicar los fenómenos con los mas imaginativos dentro del grupo como gestores de una mitología explicativa de su propio origen, del funcionamiento del mundo, de lo que sucedía después de la muerte, de lo bueno y de lo malo, mostrando en ello una fantasía sin límites.

El miedo provocado por los rayos y los truenos los llevó a atribuirlos a seres sobrenaturales iracundos preguntandose si eran ellos mismos los provocantes de esa furia. Quizás el mas imaginativo del grupo aportaba con una explicación relativamente lógica proponiendo rituales para calmar a esos dioses con el consiguiente efecto tranquilizante en el grupo. Quizás esos mismos individuos dirigían esos rituales con el prestigio consiguiente llevandolos esto a ser mas observantes respecto a los signos de la naturaleza como la forma de las nubes o de las hojas de los árboles, de la conducta de ciertos animales o sus propios sueños proponiendo al grupo interpretaciones. El sol les significaba luz y seguridad siendo por tanto bueno y poderoso, la luna transformaba la noche en menos tenebrosa. Ambas tenían que ser deidades. La muerte, siempre presente, requería también de alguna forma de racionalización que neutralizara la frustración y la tristeza que ella evocaba. La idea de una vida post-mortem vino a su auxilio y así no hubo un solo pueblo que no creyera en un mundo ultraterreno. Provistos de fantasía esos individuos mas intuitivos brindaban al grupo un sentido a lo ininteligible, una forma de guía explicatoria del mundo y de los canales de comunicación con aquello considerado sobrenatural dando lugar a las primeros shamanes, brujos y sacerdotes. Esos relatos e interpretaciones inicialmente fragmentarios fueron con el tiempo adquiriendo una estructura y los rituales una secuencialidad y periodicidad. En otras palabras la religión hizo su entrada. La diáspora del grupo humano original y el curso del tiempo llevó al desarrollo de diferentes mitologías y religiones de mayor o menor estructuración y fantasía.

La primera domesticación de los animales, el perro y la cabra, fue también seguramente producto del azar, el encuentro casual con unos cachorros de lobo o de perro o unas crías de cabra sin madre y que esos hombres los llevaron consigo y cuidaron. Esa generosidad se mostraría extremadamente rentable, la de un compañero fiel que podía defenderlo y advertirle del peligro en el caso del perro y el de una fuente de leche y carne en el de la cabra. Esa domesticación se extendería sucesivamente a otros animales como la gallina, la oveja, la vaca y, mas tarde, el caballo. La relación entre semilla y planta los debió llenar de asombro. Quizás empezaron a probar en pequeñas parcelas de tierra a las que retornaban con cierta periodicidad en sus rutas migratorias. Poco a poco descubririrían que algunas variantes de la misma planta rendían mejor llevandolos a seleccionar esas variantes en sus siembras posteriores con la consiguiente selección aumentando además el tamaño de sus parcelas. Con el tiempo descubririrían que esas parcelas eran suficientes para alimentarlos en combinación con la cacería en las zonas aledañas, quizás con la pesca en algún río cercano y con lo que les daban sus animales domesticados. Del nomadismo se fue pasando paulatinamente al sedenteranismo con el consiguiente excedente de tiempo que podía ahora ser utilizado para la construcción de un habitat permanente y de muros protectivos.

Su mundo mental fue obviamente extremadamente simple como muestran los grupos que se mantuvieron hasta hace poco en ese nivel de desarrollo como las tribus indígenas de la Amazonia, de la Nueva Guinea o de los alrrededores del desierto de Kalahari en África.¿Podían, por ejemplo, sumar 9+6? Probablemente si, aunque con extrema dificultad y quizás con ayuda de piedrecillas que visualizaran su cálculo. ¿Podían sumar 123+347?, definitivamente no. Y menos aún multiplicar o dividir. Su sentido del tiempo, determinado únicamente por las variaciones diarias de la luz solar, carecía toda otra norma de referencia. Conceptos filosóficos como actualidad y potencialidad, o similares, estaban obviamente totalmente fuera de su alcance. Su Coeficiente Intelectual se calcula alrrededor de 45. El pensamiento abstracto matemático y filosófico y una referencia temporal mas precisa tendría que demorar miles de años mas asi como también la diferenciación entre el objeto y su símbolo. Este proceso implicó un mejoramiento sináptico cerebral como producto del entrenamiento mental, del aprendizaje durante decenas de generaciones y del mejoramiento de las condiciones de vida.

El mejoramiento de las técnicas de recolección de frutos y de la cacería y mas tarde de la agricultura tuvo un efecto dietario enorme y con ello una potenciación cerebral, de las funciones mentales y de la longevidad. La domesticación de los animales les dió proteína animal nutritivamente valiosa sin los riesgos de la cacería y el de la oveja en particular les proporcionó lana cuyo hilado llevó a una variada vestimenta. Nuevos instrumentos de piedra y de cuerno de animal empezaron a usarse en la agricultura. El decubrimiento de la solidez del barro cocido les permitió la producción de vasijas y otros artículos de cerámica. Diferentes

combinaciones de barro con fibra vegetal o el mismo barro cocido llevó
a la construcción de viviendas sólidas. El camino hacia la conquista de
planeta empezó a tomar su forma embrionaria. El trabajo cerebral mostró
no solo salvar a la especie humana de su extinción sino que también
marcó el inicio de un paulatino dominio humano sobre el resto de los
seres vivos.

El instrumento generador de la civilización: el trabajo:

La fuente de la riqueza es el trabajo, eso lo sabe y lo postula todo
economista. Pero el trabajo no es solo la fuente de la riqueza sino también
de la civilización.

¿Los animales trabajan? Preguntado el lector su respuesta será
probablemente NO. ¿Como es entonces que el único ser en la biosfera que
trabaja es el hombre? y ¿ porque está obligado a trabajar? y ¿que es lo que
define el trabajo?

Al inicio del libro se anotó que vivir es sinónimo de intercambio
energético. Todo lo vivo está obligado a una búsqueda de energía en
forma de alimento. Ya que ninguna energía es gratuita esa búsqueda
implica a su vez una inversión energética. A mayor complejidad
orgánica mayor la complejidad en esa búsqueda de energía y en la
protección de la ya obtenida. En los seres simples como las bacterias y
las plantas esto sucede mediante automatismos mas o menos simples.
En los animales con sistema nervioso que incorpora la percepción y
la sensación ello conduce a a actividades mas complejas y una suerte
de intencionalidad en la obtención y protección energéticas. Pero la
intencionalidad detrás de, por ejemplo, la tela de la araña, el nido del
pájaro o la búsqueda de frutos en los árboles es en los hechos instintiva,
repetitiva y carente de una mayor improvisación. El uso excepcional
de ciertas herramientas entre algunos animales mas avanzados y
que revela una cierta forma de lógica e improvisación es igualmente
repetitivo o, en todo caso, no progresivo. Algunos pájaros usan un
palito en el pico para obligar al insecto oculto a salir de su refugio y
hay monos que se usan de una piedra para romper en carozo duro de
algunos frutos. Esa improvisación, si bien reveladora de un trabajo
mental lógico, no conduce sin embargo a nuevos experimentos dirigidos
a un posible mejoramiento de sus métodos. La intencionalidad humana

por el contrario, guiada por la reflexión lógica y la fantasía, conlleva automáticamente una transformación novedosa y progresiva del medio a lo que se añade, dada la exclusividad humana de una representación abstracta del tiempo, la necesidad de pensar no solo en el hoy sino también en el mañana.

El resultado de esa inversión energética humana guiada por la lógica y la fantasía es, en términos del sistema, una trasformación intencional del medio y, en términos del individuo y del grupo, una obtención energética superior a la invertida, potencialmente acumulable y asociada a una ganancia informativa.

Este es el núcleo de la forma específicamente humana de obtención energética, el trabajo, con sus rasgos definitorios:

1) obtención energética superior a la invertida y potencialmente acumulable
2) valor social y
3) vínculo con alguna forma de ganancia informativa.

Los animales no trabajan. La inversión energética humana primigenia en el paleolítico, si bien todavía en fase de equilibrio entre inversión y ganancia, muestra ya el primer embrión del trabajo. Si bien el hombre del paleolítico vive todavía para el día el pedazo afilado de piedra a manera de cuchillo o de punta de lanza convierte su inversión en algo intencionalmente innovativo conducente a una ganancia neta y permanente de energía (menor esfuerzo en la cacería o en el despedazamiento de la presa), acumulable y con valor social. El cuchillo o la punta de lanza pasan a ser productos distintos de los otorgados "en bruto" por la naturaleza para convertirse en naturaleza intencionalmente transformada y susceptible de trueque con otro elemento de valor similar. En el proceso también se ha dado una ganancia informativa (que material es el mas apto, como debe usarse, etc). Este proceso, con inicio en el paleolítico, muestra una progresiva aceleración a lo largo de la historia.

Trabajo es el resultado de la suma de los tres elementos comunes con los otros animales, energía invertida, tiempo y riesgos, con el exclusivamente humano del talento, base de la transformación lógica-intencional de la realidad conducente a una acumulación energética

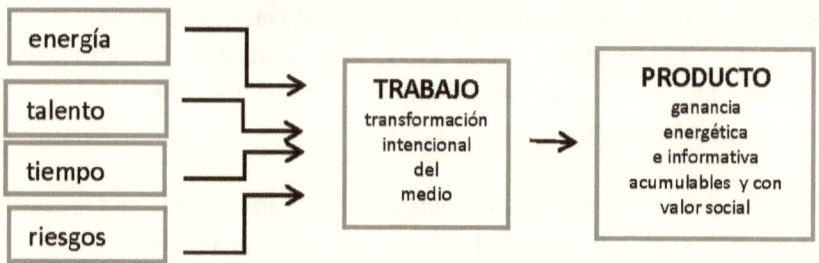

Ganancia energética-informativa y civilización son recíprocos, universales, constantes y definitorios de toda civilización, humana o no, es decir también aplicable a eventuales civilizaciones extra-terrestres. Civilizar no es sino aumentar la disponibilidad energética, proceso demandante de información con el talento como su acumulador y procesador. La palanca (talento o procesamiento informativo) potencia la fuerza muscular bruta (energía invertida en un tiempo dado) para levantar un objeto pesado (transformación del medio) con un menor esfuerzo (ganancia neta).

Todo trabajo contiene obligatoriamente esos cuatro elementos en proporciones variables con el talento como el más escaso, el más decisivo y, consecuentemente, el mejor retribuido. Un invento técnico, una obra de arte o un descubrimiento científico, suelen ser generosamente (a veces con sumas astronómicas) retribuidos, así demanden poca energía, tiempo y riesgos. Así como también la inversión energética con un bajo nivel de talento así esta inversión demande un alto grado de energía física, como es el caso de un obrero no calificado, la mas escasamente gratificada. Algunas formas de trabajo con componentes dominantes en forma de talento y riesgo, como el caso de un trapecista de circo, un piloto de aviones de pruebas o un torero de lidia, o de solo talento como el del atleta o del jugador de fútbol, no dan lugar a ningún producto con base física, existiendo también formas con prácticamente solo talento y tiempo como componentes como podría ser el caso de un cómico o un matemático. Actividades como las médicas, policiales, jurídicas y similares estan mas bien orientadas a la protección de una energía ya existente mientras que las educativas y las de los medios de comunicación tienen como objetivo la sola transmisión informativa. El producto no necesita ser por tanto físico pudiendo ser únicamente información procesada. Y toda información, incluyendo el arte, al implicar un mejor conocimiento de la realidad resulta, tarde o temprano y directa o indirectamente, conducente, así sea a largo plazo, a un aumento de la disponibilidad energética.

El mundo informa el talento accesibiliza esa información haciéndola suya. Durante miles de años el mundo informó (para usar dos anécdotas conocidas) que todo cuerpo sólido sumergido en un líquido se hace mas liviano y que todo cuerpo pesado suspendido tiende espontáneamente a caer al suelo pero tuvo que demorar hasta Arquímedes y Newton para interpretar esos mensajes. Todo avance civilizatorio supone un procesamiento novedoso de la información abriendo campos insospechados. Al hombre moderno con acceso a la luz y al calor con solo apretar un botón le es difícil concebir el incalculable significado de que algunos de sus mas antiguos antepasados observaran el hecho aparentemente pueril de que el frotamiento mutuo de dos pedazos de madera producían calor o el choque de dos piedras chispas abriendo súbitamente la accesibilidad al fuego y con ello nuevas posibilidades de protección contra los animales y el frío. Principio válido para todo avance este se hace mas visible en aquellos que marcaron hito como el fuego, el arado, la escritura, la cerámica, el barco de vela, el álgebra, la metalurgia, la polea, la máquina a vapor, la electricidad, el teléfono, los rayos X, etc. con su incuantificable impacto en la calidad de vida y en el desarrollo económico.

Todo avance humano y toda industria exitosa se origina en una ganancia informativa (descubrimiento, invento, innovación tecnológica, etc) dirigido a incrementar la accesibilidad energética y el conocimiento. Toda riqueza, por razones prácticas traducida al término simbólico del dinero, implica un acceso a una energía equivalente al volumen de riqueza que se dice poseer, riqueza capaz, a su vez, de generar la información garantizadora de la continuidad y el crecimiento de ese acceso energético. Riqueza no es sino la capacidad de acceder al esfuerzo, tiempo, riesgo y talento ajenos.

Es primeramente en el neolítico, con la domesticación de las plantas y los animales (aproximadamente 8500-8000 años adC), que se da un excedente energético acumulable y con ello un mejoramiento en cuanto a alimento, vestido, transporte, salud y esperanza de vida.

Puesto que la agricultura y, de alguna manera también la ganadería, implican sedentarismo el excedente va ahora también dirigido a tareas administrativas, fortificaciones, fabricación de armas y embellecimiento del hábitat. Ese excedente acumulable transforma el impulso acaparatorio individual de latente en actual con su asociada codicia y la lucha entre competidores con el resultado de una distribución desigual de lo acumulado y la aparición de las clases sociales. Los jefes de las tribus, clanes o confederaciones de clanes empiezan a acumular riqueza para si mismos y sus familias a costa del colectivo, un fenómeno observable hacen alrrededor de 4000-5000 anos adC en las grandes culturas. La propiedad privada surge como una norma con valor jurídico con sus respectivas estructuras ideológicas de respaldo (basadas generalmente en referencias religiosas) y sus organismos especializados para la violencia y el amedentramiento. Esa desigualdad distributiva da también lugar a algo desconocido en el paleolítico, la herencia, y con ello el registro de los hijos por línea paterna. La eventual poliandria es suprimida. Lo que en el paleolítico apenas exigía una mínima especialización ya que todos los miembros de la familia y el grupo participaban en la obtención energética, exige ahora, dada la creciente complejidad de funciones, una progresiva especialización de los roles sociales o división social del trabajo. La concurrencia paleolítica con enfrentamientos y matanzas esporádicas entre grupos antagónicos pero sin sujeción permanente del vencido al vencedor se transforma en el neolítico agrario en parte de la estructura social con el esclavismo como consecuencia. La explotación del hombre por el hombre debuta a tiempo de un excedente energético acumulable.

La explicación radica en el enorme efecto transformatorio de la sinapse respecto al gene. El gene opera a través de la proteína cuya fabricación toma algo así como una hora teniendo luego esta que combinarse con otras proteínas para generar una función. Este proceso, así sea para el solo mantenimiento de la función, es lento, lentitud que se extrema en la innovación. El gene se modifica a si mismo en base a intento-fracaso/ intento-éxito (*trial and error*) con incontables variantes experimentales previas a la correcta, proceso medible, en la mayor parte de los casos, en términos de meses a siglos. La sinapse se modifica estructural y evolucionariamente en cosa de minutos. El genoma individual, básicamente estático y de cambio lento y solo parcial en respuesta a las demandas ambientales, contrasta con el altamente dinámico conectoma individual de rápida modificación en respuesta a esas demandas y que cuenta además con el auxilio de la lógica. Del cuatrillón de sinapses que se estima contiene el conectoma humano una gran parte de estas son modificables por el aprendizaje, es decir que escapan al control genético. Y son esas sinapses las que prioritariamente responden por el avance de la especie. El genoma adaptativo respecto a los cambios medioambientales queda a la zaga del conectoma intencionalmente modificador de ese medioambiente.

Esta irreversible ruptura con el equilibrio y la espontaneidad de lo natural es frecuentemente observado en la mitología como una rebelión contra lo divino. La expulsión de Adán y Eva del Paraíso es motivado por comer del "árbol de conocimiento" y es el dominio del hombre sobre el fuego el que provoca la ira de los dioses del Olimpo sobre Prometeo. Muchos pensadores a lo largo de la historia miraron de hecho con añoranza a aquellos tiempos primigenios del paleolítico con una vida que se la supuso despreocupada, en balance con la naturaleza y con un bajo nivel de concurrencia entre los hombres. Confucio en el siglo V adC, Rousseau durante el romanticismo pre-industrialista del siglo XVIII, Marx y Engels durante el industrialismo del siglo XIX, Gandhi en la India del siglo XX todavía bajo dominio inglés, el movimiento hippie del "flower power" norteamericano al inicio del automatismo industrial en la USA de los 1960s, los movimientos indigenistas contemporáneos frente al modernismo de la cibernética, entre otros, miraron con nostalgia a la sociedad primitiva igualándola con la armonía y la perfección bajo la premisa de un hombre desde el punto de vista moral bueno, desde el punto de vista económico autosuficiente y desde el punto de vista político-social libre. Esas visiones románticas otorgaron al hombre del paleolítico o al de la sociedad agraria primitiva una virtud en realidad inexistente. En los hechos un egoísmo acaparatorio aun no visible dada la ausencia de las condiciones para su expresión. La falta de codicia observable en las sociedades paleolíticas y agrarias primitivas (incluyendo las actuales que se han mantenido en ese grado de desarrollo y cuyo desprendimiento respecto a lo material sorprenden al hombre civilizado) no es sino la consecuencia natural de una carencia de objetos acumulables. Es solo cuando se tiene riqueza actual o potencial que se puede hablar de desprendimiento, como es solo cuando existen objetos susceptibles de robo que se puede hablar de honradez o de castidad cuando hay acceso a una posible pareja sexual. De otra manera no se puede hablar de virtud.

Este proceso, inicialmente de una exasperante lentitud, obtuvo durante mas de cien mil años resultados modestos como el control del fuego, la punta de lanza de piedra, el arco y la flecha, cierto mejoramiento del lenguaje y, mas tarde, la domesticación de algunas plantas y animales coincidente con un acceso a la energía equivalente a ¼ de caballo de fuerza. Es recién a partir de 10.000-8000 años adC que se observa una primera aceleración con el inicio de la agricultura, la alfarería, la rueda, la domesticación del caballo, y otros avances que potencian el acceso energético a aproximadamente 4 caballos de fuerza. A partir del último milenio y hasta hacen dos siglos los nuevos inventos muestran un claro aumento, de 10 en el siglo XII a 2.200 en el siglo XIX (ver curva). La verdadera aceleración tendría lugar sin embargo recién en los últimos dos siglos coincidente con una explosión del talento reflejada en multitud de descubrimientos científicos e inventos tecnológicos y con ello un brusco acceso humano a la energía medible en términos ya de miles de caballos de fuerza. A partir del siglo XX los nuevos inventos se pueden contar por miles. El descubrimiento y uso de la fisión atómica en los últimos decenios implica un salto energético calculable en 1 millón de caballos de fuerza. El vertiginoso avance científico y tecnológico contemporáneo permite predecir un posible acceso futuro a millones de veces mayor energía que la actual.

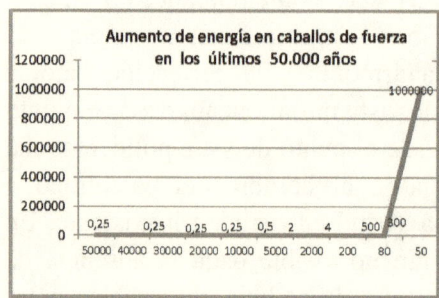

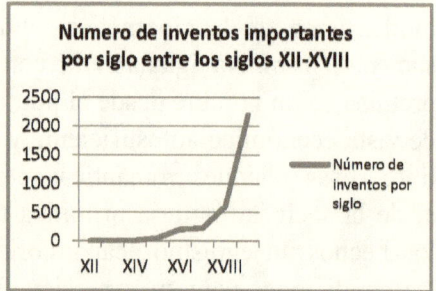

Fuente: Michio Kaku "De aqui al futuro"   Según Ogburn y Nimkoff. Citado por Edward Wilson en Sociobiology, 1980. Edit. Houghton & Mifflin

La selección acumulativa como base de la civilización

Altamente dinámica a lo largo de la historia, abarcante de toda la especie humana y regido por los principios de la adaptación, la concurrencia y la selección natural acumulativa la civilización muestra, al igual que la evolución biológica, una infinidad de zig-zags experimentales, de intercambios mutuos y de retrocesos circunstanciales pero con la resultante general del avance. Asi como en la evolución biológica el corazón de dos cavidades sirve de base para el de tres y este para el de cuatro y las aletas de los peces sirven de base para el desarrollo posterior de las extremidades, en el desarrollo de la civilización lo obtenido hasta un momento dado sirve de base para su desarrollo posterior. La pólvora no necesita descubrirse dos veces. Su motor pasa sin embargo, como se anotó, de la combinación genética a la sináptica con esta última que va tomando progresivamente el comando. La fuerza bruta va cediendo al talento en la concurrencia al interior de la especie humana. El mas fuerte y el mas apto para el combate y la cacería de la sociedad mas primitiva va quedando atrás frente a cualidades como la diplomacia, la capacidad organizativa, la habilidad comercial, la inventiva y la creatividad ofensiva y defensiva. Pocas ametralladoras valen mas que mil lanzas, un motor a explosión vale mas que 100 caballos.

El desarrollo humano no es lineal. Pueblos que dieron origen a las primeras civilizaciones dignas del nombre se debaten hoy en el atraso y otras hace poco en la barbarie son hoy la punta de lanza. La Mesopotamia, por ejemplo, cuna de las primeras civilizaciones en la historia, se encuentra hoy muy por atrás de la actual Escandinavia que hace algo mas de un milenio se encontraba todavía en la barbarie. Atenas y Roma, en su tiempo primeras líneas del avance intelectual humano, son hoy ciudades, si bien admirables por su pasado histórico, mas bien de segundo grado en cuanto a lo científico y tecnológio. Zonas del planeta hasta hace apenas dos siglos habitadas por tribus analfabetas son hoy centros de vanguardia científica a nivel mundial como el caso de California. Centenares de civilizaciones locales nacieron, crecieron y desaparecieron a lo largo de la historia con un mayor o menor impacto en su entorno. Algunas colapsaron y desaparecieron debido a catástrofes naturales u a otros cambios medioambientales o a guerras internas. Las mas sin embargo lo hicieron debido a la acción de sus concurrentes. Toda civilización nace, se expande, alcanza su culmen y muere. La selección acumulativa conduce a que las colectividades en su momento portadoras de la civilización de vanguardia, al ser superadas por sus concurrentes, cedan sus logros a estas que adoptandolos como propios les dan un sello único y renovador. La civilización sumeria en el sur de la Mesopotamia, la mas antigua conocida, tuvo durante 2000 años un sorprendente desarrollo con culmen en la Babilonia del segundo milenio adC con la rueda, la escritura (cuneiforme), el arco, el arado, las técnicas de cultivos e irrigación, la metalurgia, el primer código legal y avances significativos en matemáticas y astronomía entre sus logros. Los sumerios sucumbirían militar y políticamente a los amorites en el siglo XX adC siendo estos culturalmente sumerizados. La civilización griega con inicio alrededor de los siglos IX- VIII adC y con culmen en el siglo IV adC, excelente administradora de las culturas aledañas cretense, fenicia, babilónica y egipcia, generó una explosión cultural propia sin precedentes en la filosofía, la poesía, el teatro, las ciencias naturales y la política para finalmente sucumbir en los siglos II-I adC a la entonces emergente civilización romana. Los romanos fueron culturalmente helenizados por sus súbditos griegos dándole a la herencia griega un impulso propio e innovador en la política, el lenguaje, la jurisprudencia, la administración, la arquitectura y las técnicas militares. Los romanos, por su parte, sucumbirían militarmente en el siglo V ddC a los bárbaros germánicos siendo estos, a su vez, greco-romanizados dando lugar a un producto diferente y renovado con resultados hasta hoy observables. La invasión de Inglaterra por los guerreros vikingos en en siglo IX ddC concluyó con la victoria militar vikinga pero simultáneamente con la anglificación de estos por la mas avanzada cultura anglosajona. En Asia los mongoles militar y políticamente triunfadores en el siglo XIII sobre los culturalmente mas avanzados chinos fueron asimilados por la cultura china dando sin embargo a ella un aporte propio. La historia humana no es sino una incontable lista de ejemplos confirmantes de la selección acumulativa vigente en la biosfera, de intrincadas mezclas con los mas diversos ingredientes y donde a cada mezcla los mejores de esos ingredientes son seleccionados para la mezcla siguiente. Donde se vuelque la mirada se encontrará el mismo fenómeno de un circunstancial e inicial triunfo de la fuerza muscular bruta siendo sin embargo el cerebro el que al final se impone.

El lenguaje, uno de los marcadores mas confiables del avance mental, muestra la insobornabilidad de la selección natural acumulativa. Esa danza fonética pactada (en algunos casos también asociada a igualmente pactados signos escritos), trasmisible de generación a generación por imitación y portadora de un extenso y específico bagage cultural, constituye la huella cultural identificatoria de todo pueblo y la segunda forma mas importante de trasmisión informativa interpersonal después de la expresión corporal. Que con un número limitado de sonidos, en la mayor parte de las lenguas entre 30-40 sonidos distintos, se pueda transmitir un ilimitado número de ideas resulta una dádiva de la evolución y el producto del trabajo colectivo de millones individuos a lo largo de los siglos. Que el lenguaje es producto de una estructura cerebral común a toda la especie lo revela el hecho de que a pesar de su enorme diversidad e independientemente de su grado de desarrollo todo lenguaje obedece a exactamente la misma estructura básica. Todas cuentan en sus frases con sujeto, predicado y verbo, todas tienen pronombres en singular y plural, todas diferencian entre uno y varios y entre pasado, presente y futuro, todas tienen adjetivos, etc Todas se generan en los mismos centros cerebrales y suponen el mismo proceso de codificación y decodificación a ultrarápido del código sonoro pactado. Pero simultáneamente cada lengua es única e inconfundible con una asociación exclusiva entre fonema y concepto (determinada combinación de sonidos = determinada idea) y una igualmente exclusiva modulación de las cuerdas vocales, lengua y labios a aprenderse ya en la temprana infancia. Quien duda no tiene sino que experimentar el esfuerzo imitativo que demanda el aprendizaje de un nuevo idioma. Al ser toda lengua la portadora del bagaje cultural de cada pueblo esta es también también el espejo de sus prioridades, formas de pensar, estado emocional dominante, anhelos, prejuicios, miedos y de su autoestima. Dime como es tu lengua y te diré como eres.

A nivel cerebral aquello constituye una exquisita e infinitamente compleja pirotecnia electroquímica a ultrarápido entre diferentes centros con sus sinapsis incorporadas. Los centros y las conexiones básicas como una dádiva de la evolución y por tanto comunes a toda la especie humana. Estas conexiones básicas congénitas de no ser activadas en la temprana infancia incapacitan completamente al individuo para desarrollar un lenguaje por el resto de su vida. Las sinapsis de respaldo para las palabras específicas, por el contrario, al ser producto del aprendizaje, son únicas para cada lengua y para cada individuo. Dos centros constituyen su columna vertebral: el de **Wernicke**, en el lóbulo temporal, dedicado a la comprensión o decodificación de la palabra recibida y el de **Broca**, en la parte posterior del lóbulo frontal, y dedicado a la formación o codificación de la palabra emitida. Lesiones en el área de Wernicke imposibilitan al individuo entender la palabra (afasia impresiva), lesiones en el área de Broca impiden el formar palabras (afasia expresiva). El sonido de la voz recibida tendrá obvia y previamente que ser sometida a una recepción auditiva o primera decodificación al igual que la emisión de la palabra tendrá que incorporar a los centros motores que la modulen. Finalmente esa palabra tendrá que ser guardada en la memoria ya sea por un momento corto, en la corteza frontal, o por largo tiempo y, ese caso, con la incorporación del hipocampo. Todo ello sucede de una forma totalmente automática y, en la mayor parte de los casos, con una muy poca o ninguna incorporación de la conciencia.

CENTROS GENERADORES DEL LENGUAJE

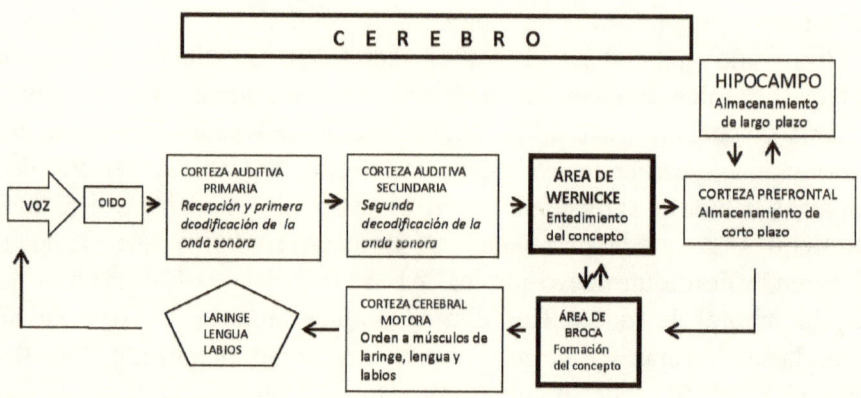

De la lengua común primitiva, hacen algo así como 200.000 años, que se supone compartió el puñado de nuestros primeros ancestros africanos, su diáspora migratoria fué dando origen a miles de diferentes lenguas las mas de ellas hoy desaparecidas. De la misma manera que el número de especies biológicas extinguidas supera en mucho al de las actualmente existentes, el número de lenguas existentes a lo largo de la historia supera en número a las actuales. De las aproximadamente 7000 hoy existentes (las extinguidas superan con toda seguridad esa cifra) la mayor parte de ellas pueden considerarse en riesgo de extinción con 473 que podrían desaparecer en un futuro próximo y 133 en un futuro inmediato. El 90% de las lenguas actuales se teme que no sobrevivirán el siglo XXI. Al presente el 94% de la población del planeta se expresa en solo el 6% de las lenguas vigentes y, a la inversa, el 6% de la población lo hace en el 96% de las lenguas restantes. En otras palabras y después de una ramificación explosiva de las lenguas coincidente con la diáspora humana se está hoy en el camino inverso, hacia una reducción de su número.

La mayoría de la aproximadamente veintena de lenguas khoisán de las proximidades del desierto de Kalahari en África se encuentran o ya extinguidas o en fase de extinción. Lo mismo se puede afirmar acerca de los aborígenes de Australia, el 2% de la población australiana. De las alrrededor de 300 lenguas allá existentes a la llegada de los ingleses las hoy subsistentes no llegan a 200 con 20 de ellas que se consideran en riesgo de extinción a corto plazo. La mayoría de los aborígenes se expresan hoy en inglés. De forma algo menos dramática los maoríes de Nueva Zelandia se enfrentan al mismo avasallamiento. Constituyendo los maoríes el 15% de la población de Nueva Zelandia solo el 3% de los neozelandeses se expresa en lengua maorí. Algo similar sucede con el quechua, el aymara y otras lenguas nativas en Sudamérica y Centralamérica. El quechua, una lengua altamente expresiva de alrrededor de 17 millones de habitantes en pincipalmente Perú, Bolivia y Ecuador, se enfrenta hoy al embate del español. Si bien muchos de sus adultos la usan todavía como primera lengua las nuevas generaciones adoptan el español como su forma mas natural de comunicación. Este es también el caso de los 2-3 millones de aymaras que habitan Bolivia y Perú. La mayoría de las lenguas nativas en Sudamérica y Centralamérica seguramente no sobrevivirán el siglo XXI. Muchos países africanos compuestos por diversas etnias con sus respectivas lenguas se ven obligados por razones prácticas a adoptar los idiomas de sus antiguos colonizadores (fránces, portugués e inglés) como oficiales. Este es el caso, por ejemplo, de Angola y Mozamique respecto al portugués. Países africanos que aún mantienen algunas de sus lenguas nativas como oficiales usan los idiomas de sus antiguos colonizadores en la educación superior. En la India, país con oficialmente 1576 lenguas nativas y 22 de ellas con mas de un millón de usuarios, los idiomas oficiales a nivel nacional son el hindi y el inglés (otros 22 idiomas nativos son co-oficiales en algunas provincias) siendo el resto usado solo para el contacto informal. Lenguas pequeñas en cuanto al número de usuarios pero con una extensa producción literaria y científica como son las escandinavas y el holandés, pueden todavía reclinarse a una vida mas tranquila aunque allá también, y por razones de necesidad científica, comercial y diplomática, el inglés toca impacientemente sus puertas. Algunas luchan concientemente por su subsistencia como el catalán en España y Francia y las lenguas laponas del norte de Finlandia, Suecia y Noruega, una lucha que objetivamente vista pareciera no tener muchas probabilidades de éxito a largo plazo.

Donde volquemos la mirada constataremos el mismo fenómeno, el subtil pero no por ello menos inexorable avasallamiento de las lenguas mas dinámicas y creativas sobre las mas estáticas.

Este indetenible fenómeno evolutivo resulta ajeno a casi toda forma de voluntariedad. Que se sepa una sola lengua prácticamente muerta en la historia, el hebreo, pudo ser resucitada por voluntad propia, la del pueblo de Israel a tiempo de su creación como Estado. El resto de las hoy extinguidas fueron sucumbiendo mas o menos lentamente a los azares históricos, unas veces por inercia y las mas por la coerción ejercida por las concurrentes. La concurrencia mutua entre los diferentes grupos humanos conduce a que las lenguas mas vitales y mejor adaptadas a un momento histórico dado, y por ello asociadas a una mayor creatividad y desarrollo económico, sobrevivan y se expandan a costa de las menos vitales y peor adaptadas que resultarán progresivamente estranguladas por las mejor adaptadas en un proceso frecuentemente asociado a la violencia, la opresión política, la discriminación y la explotación económica. La pérdida de la lengua propia implica no solo la disolución de la identidad cultural sino también de la libertad y el autorespeto. El solo tener una lengua no garantiza nada. Lenguas no asociadas a una permanente creatividad e inventiva se condenarán a si mismas a la aniquilación dejando, en muchos casos, como para los paleontólogos lo hacen los restos fosilizados de las especies biológicas, solo fragmentos para solaz de los linguistas. La lengua es una herramienta del trabajo cerebral. Un cerebro que descubre e inventa nuevos objetos tendrá que a estos nombrarlos, si ese cerebro genera razonamientos nuevos y complejos estos tendrán que ser expresados, nuevos conceptos serán generados y estos entre si acoplados, si se trabaja con nuevos razonamientos matemáticos nuevos signos matemáticos serán instaurados, si se ocupa de lo emocionalmente relevante, subtil, apenas observable y difícilmente nombrable ese cerebro hará probablemente poesía, si se ocupa del drama humano hará teatro o novela. Es la actividad cerebral la que vitaliza y alimenta el lenguaje. Un lenguaje estático no es sino el reflejo de un cerebro estático, una negligencia altamente costosa al estar frecuentemente asociada a la dependencia, a la sumisión o, en el peor de los casos, a su simple aniquilación como lengua.

En la increiblemente intricada y las mas de las veces imprevisible interacción de los grupos humanos entre si toda lengua, en mayor o menor grado, deja sin embargo detrás suyo un legado al futuro. Algunas funcionan a manera de madre con diferentes descendientes mientras otras circunstancialmente entrelazadas con otras por los azares históricos dan lugar a una suerte de híbrido superior a aquellas que la hibridizaron.

El latín constituye el ejemplo mas demostrativo de una lengua madre cuyo enorme vitalidad dejó una profunda huella visible hasta el presente. Fue la lengua científica, diplomática y religiosa de occidente durante mas de un milenio, la oficial de la Inglesia Católica hasta hace unos decenios y la madre de varios de los mas importantes idiomas actuales, entre ellos el español, el francés, el portugués y el italiano. Su alfabeto es hasta hoy usado en 4 de los 5 continentes. Que una pequeña tribu habitante de la parte central de Italia llamada Latium dejara una herencia tan fuerte, universal y prolongada constituye uno de los hechos mas asombrosos de la historia. La enorme vitalidad y creatividad de su lengua fue producto de una concurrencia mutua entre sus miembros en condiciones de libertad, de una receptividad al conocimiento proveniente de afuera, especialmente el griego, de una estrucura social fuertemente meritocrática, de un respeto al conocimiento y de una extraordinaria confianza en si mismos como pueblo.

Su grandeza fue sentada durante los algo mas de 4 siglos y medio de sistema democrático, la Roma Republicana (entre 509 adC hasta Julio César), la democracia mas larga de la historia y mas prologada que la griega, hechos frecuentemente olvidados, contrasta con culturas milenarias como la China y la Egipcia que aún hasta el siglo XXI no saben de la democracia. Fundada de acuerdo la leyenda en 753 adC por Rómulo, Roma fue gobernada por una serie de reyes hasta la revuelta contra Tarquino VII jurando los romanos jamás ser gobernados en el futuro por reyes. El término rey adquiriría un eco siniestro generandose en la mentalidad colectiva un temor casi morboso por toda forma de concentración del poder. Su solución fué la electividad y la rotatividad de dos cónsules elegidos simultáneamente cada dos años como autoridades máximas. La reelección quedó prohibida. El poder, incluyendo el cargo de Cónsul, inicialmente restringido a la aristocracia fue posteriormente ampliado, en 367 adC, a todo romano, plebeyo o aristócrata. Adicionalmente el representante de la plebe, el Tribuno, contó con grandes poderes. La aristocracia necesitaba del apoyo de las masas. Desde sus lujosas residencias en la exclusiva colina del Palatino podían fruncir la nariz a la plebe hacinada en su laberinto caótico de callejuelas de las otras colinas, pero no podían ignorarla y, si se daba el caso, debían aguantar uno que otro comentario ofensivo. Aristócrata que se dormía en sus laureles era relegado a los estratos inferiores. El apellido y los blasones contaban pero los méritos contaban mas y los romanos fueron minuciosos en esa contabilidad. La pertenencia al Senado, basada en gran parte en el apellido, tenía que ser respaldado por los méritos.

Este sistema generó un sentimiento general de participación colectiva, un orgullo íntimo de ser romano, un estado de permanente y feroz concurrencia entre quienes pretendian acceder al poder y un sistema jurídico extraordinariamente complejo que demandó gente especializada que comprendiera el enrredo, los abogados. Gran parte de la concurrencia tuvo lugar en el Senado, lugar de debate, de obtención de ventajas propias, de diseño de la política republicana, de distribución de la cuota de poder entre las diferentes fracciones y de exposición personal para la aprobación de las masas. La convincente oratoria se hizo necesaria, no solo en el Senado sino también de los tribunales con juicios orales abiertos al público como una diversión colectiva. Para convencer había que hablar y escribir bien, ser elocuente y creativo. El respeto por la lengua catapultó la literatura. Y asi la mayoría de sus literatos mas representativos nacieron durante la época republicana.

El resultado fué explosivo. En los años 360 adC Roma tenía ya el control de la parte central de Italia con la consiguiente diseminación del latín y la muerte lenta de los otros idiomas locales. En 260 adC controlaban también Sicilia desplazando a los cartagineses que les darían por cierto mas de un susto y 3 sangrientas guerras antes de que Cartago fuera reducida a cenizas y con ello el acceso a los minerales de España antes bajo control cartaginés. Macedonia sería incorporada en 168 adC. Después vendrían Grecia, Syria, Egipto, Judea, Palestina, el sur de la Gran Bretaña, la actual Francia, etc. Los personaliades mas audaces competían entre si para dirigir esas, en riqueza y prestigio, lucrativas conquistas. Nada podía compararse al honor del general victorioso de retorno y vitoreado por la masas en la ceremonia de bienvenida por la calles de Roma. Pero ese honor era efímero, pasada la ceremonia y calmados los ánimos sus compatriotas se encargaban de recordarle al general que él era solo un ciudadano, inmensamente rico por cierto dado el botin de la guerra, pero solo ciudadano y mortal. Las campañas militares llevaban por lo demás no solo soldados ni traían solo botin, también llevaban escribanos, historiadores y hombres de ciencia trayendo de vuelta plantas y animales exóticos, esclavos, conocimientos nuevos y una visión mas amplia del mundo. Ello implicó una interacción mental y genética entre conquistador y conquistado, un cosmopolitismo.

Esa animadversión visceral por la concentración del poder fue la que paradojalmente condenara a la República a su suicidio. Los enormes éxitos militares de un aristócrata de la mas azul de las sangres, Julio César, perteneciente a una de las mas tradicionales familias romanas, la Juliana, les fué demasiado. El temor a que un tan victorioso general retornante a su tierra exigiera una excesiva cuota de poder los llenó de aprehensiones. Una serie de malos cálculos y malentendidos del Senado condujeron a la catástrofe. Antiguos rivales e incluso algunos aliados perdieron el sentido de las proporciones. La dinámica de los acontecimientos se les fue de las manos complicada con la involuntaria ingerencia de Egipto mediante la sorpresiva aparición en la escena de una ¡mujer! y¡oriental y no romana!, Cleopatra. Aquello acabó, como es sabido, con el acuchillamiento de Julio César en el mismísimo senado y por los mismísimos senadores el 44 adC. Y con ello el final de la República y el inicio del Imperio autocrático.

El latín sobrevivió a la declinación posterior del Imperio Romano gracias a la fusión del Cristianismo con lo greco-latino convirtiéndose durante el milenio medieval en la lingua franca científica, diplomática y religiosa de Europa. Sus vástagos aparecerían en forma de los idiomas hoy existentes y de su alfabeto de aplicación en extensas partes del mundo. Como madre tendría una muerte lenta que tomaría siglos, por inanición. Linné, Copérnico y Newton todavía escribirían en latín. Los posteriores ya no. La Iglesia Católica, la última en abandonarla, lo haría recién a mediados del siglo XX.

Cuando abrimos hoy el periódico o un libro no le dedicamos ni el mas leve pensamiento a un pasado de mas de dos milenios de una selección natural acumulativa con su enorme costo en vidas humanas, esfuerzos y talento. Nos parece algo completamente obvio que un argentino, un croata y un turco escriban con las mismas letras. Pero detrás de cada letra está inmerso un proceso. Los fenicios con su brillante idea de otorgar a cada sonido de su idioma un signo, el primer alfabeto de su género, los griegos aplicando la idea fenicia a su propio idioma, los romanos convirtiendo el alfabeto griego en latino y expandiendolo a extensas zonas del planeta a punta de espada y comercio. Un alfabeto insertado en un bagaje cultural, acoplado a una visión del mundo y que, una vez fusionado con el Cristianismo, daría forma al actual Occidente. Un proceso con un incalculable precio. Podemos especular, por ejemplo, la alternativa de una derrota romana en sus guerras púnicas contra los cartagineses. El alfabeto latino habría quizás desaparecido sin mayor huella en la bruma de la historia o modificado por los vencedores con un sello propio. O si los francos de Carlos Martell perdían la batalla de Poitiers contra los sarracenos musulmanes el año 721 o Viena hubiese caido en manos de los otomanos en 1683. ¿Se escribiría hoy en Europa en el alfabeto árabe en lugar del latino? No lo sabemos, probablemente si, al menos en partes de Europa.

Naturalmente cuando esos soldados sacrificaban sus vidas en esos conflictos el alfabeto no les evocaba ni el mas fugaz de los pensamientos. Lo mas inmediato eran sus propias vidas y la de sus familias, la garantía de libertad y de una vida tranquila, quizás la posibilidad de ganar honrra y riqueza a través del saqueo, de obtener un ascenso social, de defender su religión y a sus líderes. Las leyes naturales de la evolución estaban sin embargo allá agazapadas dirigiendo silenciosamente el proceso. Cuando copulamos con la persona que nos atrae nuestros genes nos interesan un bledo. Nuestra atención está ahí centrada en recibir y dar placer y quizás consolidar una relación como pareja. Pero lo realmente importante está allá, oculto, gobernando esa atracción hacia aquello que la justifica, la obtención de nuevas combinaciones genéticas. Para la naturaleza el resto es solo método. En los aconteceres históricos ya no se trata, al menos primariamente, de diferentes combinaciones genéticas sino de diferentes formas de enfrentamiento de la realidad, de diferentes concepciones y tecnologías, de diferentes bagajes históricos con sus religiones y sus lenguas asociadas, es decir de diferentes combinaciones sinápticas. La evolución no es quisquillosa respecto al precio, está inmersa en su estructura que este será siempre alto. Cuando cada niño de occidente aprende a trazar toscamente sus primeras letras del alfabeto latino que le abrirán un mundo de conocimientos, cada una de esas letras viene respaldada por litros de sangre. Lo mismo obviamente se puede decir del niño que aprende a trazar sus primeras letras del árabe en El Cairo o en Bagdad o del niño chino que dibuja sus primeros ideogramas en

Pekíng. Ellos representan nuestra evolución como especie, pero también, como todo lo que tiene que ver con lo biológico, el recordatorio de la inmisericordia incorporada a todo lo evolutivo.

Hoy vivimos el dominio del inglés, la lengua franca científica, comercial y diplomática, substitutiva de aquello que en su tiempo fuera el latín.

El inglés constituye un buen ejemplo de hibridación. Las lenguas nativas británicas previas a la Era Cristiana, influidas por el latín durante los 4 siglos de la dominación romana, serían mas tarde avasalladas por los invasores anglos y saxos germánicos los que cederían mas tarde circunstancialmente el paso a los vikingos y normandos con el resultado actual de un inglés producto de esa fusión y rico en vocablos de todas esas culturas. En su base anglosajona, o sea germánica, la influencia del latin, incluyendo su alfabeto, es tan fuerte que da buenas razones para considerarla un híbrido. El mismísimo Londres, no lo olvidemos, fue fundada por los romanos.

Inicialmente dura, rígida, agresiva, rica en consonantes y pobre en vocales sería esta mas tarde pulida, bajo la influencia del latín y del contacto con los pueblos del Mediterráneo hacia otra mas suave y civilizada. El poema inglés mas antiguo conocido, Beowolf (de alrrededor del siglo VIII- IX ddC), lleno de violencia y con su ritmo con acento en la primera sílaba de cada línea conlleva una agresiva brusquedad, "un poema cuya música triste es el chasqueo de colmillos, la trituración de huesos y cuyo color es el gris del invierno nórdico tornasolado por el rojo de la sangre" a decir de Anthony Burguess.

¿Como una lengua, bárbara y torpe hace milenio y medio en comparación con el refinado latín, se haya convertido hoy en la mas importante del mundo? Lo afirmado acerca de la tribu italiana que habitara Latium y diera origen al latín es aquí también aplicable: concurrencia mutua entre sus miembros en condiciones de libertad, receptividad al conocimiento proveniente de afuera, estrucura social con crédito al mérito, respeto al conocimiento, creatividad y confianza en si mismos.

Que una isla con solo un cuarto de millón de km cuadrados de superficie llegara en su momento a gobernar sobre una cuarta parte del planeta dejando su idioma en los 5 continentes es algo que pertenece a lo excepcional. Algunas de las razones para el fenómeno se explican en el capítulo referente al rol del tono mental y las diferencia entre Inglaterra y España. Su Bill of Rights de 1689 les daría libertad de acción, la ruptura con el Vaticano un margen de mobilidad sicológica, sus filósofos empiritas un impulso hacia algo para lo que el mundo de entonces ya estaba maduro, la innovación tecnológica. Aquello tuvo un efecto explosivo para impulsar su curiosidad, su creatividad e inventiva que pudieron desarrollarse en un clima social de tolerancia hacia lo divergentemente nuevo. El resultado fue una expansión científica, tecnológica, económica, militar y cultural a prácticamente todo el planeta.

El vástago que Inglaterra dejara en América, USA, resultó ser un alumno aventajado convirténdose en el centro actual mas importante del mundo en la innovación científica y tecnológica y con ello la diseminación de su lengua.

Las similitudes entre la Roma Antigua y USA han sido siempre para los estudiosos motivo de sorpresa. Ambas con un núcleo central poblacional como motor ideológico pero con una mayoría inmigrante procedente de los mas variados rincones del mundo a la cual se le brindó libertad de acción y el mensaje de puertas abiertas si se obedecen las reglas. La acentuación del mérito sobre el apellido. La libertad de pensamiento y acción. La valoración del trabajo. La actitud mental premiadora al éxito y a la innovación. La convicción de su rol mesíanico como nación con su asociada agresividad. En otras palabras un tono mental triunfalista, vigilante de la libertad y estimulante de la creatividad. El latín se abrió paso a punta de espada, leyes y comercio, el inglés a cañonazos, Shakespeare, comercio, Hollywood y rock and roll. Al menos dos disimilitudes pueden ser sin embargo señaladas, ambas, si omitimos por cierto el sangriento Circo, en favor de Roma.donde el factor racial fue muy secundario y apenas se pudo hablar de racismo (el racismo en USA es una de sus páginas mas oscuras de su historia) y la prohibición del uso de armas entre los civiles (la fascinación norteamericana por las armas le habría parecido al romano un sinsentido).

Como la lengua por el momento mejor adaptada al momento histórico el inglés es también la dominante. Quien quiera hoy tener un contacto de primera línea con la ciencia, la tecnología, la economía y la política tiene que aprenderla. Otras lenguas grandes como el español, el francés, el alemán, el portugués y el árabe muestran enormes dificultades para mantener un ritmo de desarrollo equivalente. La cantidad de vocablos en inglés al menos triplica al de las otras lenguas mencionadas. El buscador de Google de nuevas palabras en la internet y que registra como nueva una vez que esta es usada 20.000 veces, informó el 2013 que el inglés había alcanzado la cifra de un millón de vocablos. Cifra por cierto exagerada o en todo caso innecesaria (nadie puede usar ni la veintava parte de ese volumen) pero evidencia al inglés como hoy el idioma mas rico en vocablos. La internet le ha dado un nuevo y explosivo despegue. Que sucederá con el chino, lengua hoy respaldada por el país mas populoso y por la economía mas fuerte del planeta, es impredecible. Una natural concurrencia entre ambas parecería de esperarse.

El razonamiento respecto al costo social detrás del latín se hace naturalmente extensivo al inglés. Una significativa creatividad en condiciones de libertad sentó sus bases y sangrientas colonizaciones abrieron su ruta hacia los otros continentes. El enome costo de la Segunda Guerra Mundial frenó el embate del alemán que hoy sería probablemente la lengua dominante en occidente de haberle sido favorable a Alemania el resultado de esa guerra. Es posible especular el escenario de pesadilla de haberse dado la victoria nazi con su rigidez mental, su exclusivismo y su sombría visión el mundo. Quienes vivimos hoy el dominio el inglés, nos guste o no, no podemos sino sentir gratitud por aquellos que dejaron su vida en la resistencia al nazismo. Después de todo hay una gran diferencia entre "Please, pay attention" y "Achtung, bite".

El costo de la selección acumulativa:

Lo de la lengua es obviamente aplicable a todo el quehacer humano: tradiciones, costumbres, arte, relaciones humanas, tecnología y religión. Con la extinción de una lengua o de otras formas del actuar y pensar humanos desaparece un pedazo de cultura evocando en algunos el impulso de su salvataje a la manera de quien guarda tiernamente las fotos de su infancia anhelando un retorno al pasado. Concebimos ingenuamente nuestra lengua, nuestra cultura, nuestras banderas, himnos, fronteras y tradiciones como estables y permanentes Pero el mundo es dinámico y la fuerza evolutiva carece de sentimentalidad. Su regla ciega, basada en la concurrencia, es simple: o te adaptas y compites o te rindes y sucumbes y si te adaptas y avanzas tus avances seran usados por los que lleguen después. Todo avance evolucionario, linguistico, tecnológico o de otro tipo, conlleva así una pérdida de algo con su asociada nostalgia. El habitante de la Bizancio griega estaba probablemente seguro de la impericibilidad de su ciudad y de su cultura sin poder imaginar que esta mas tarde se transformaría en la Constantinopla romana y luego en la Estambul musulmana. Tampoco imaginaba el ruso de la monárquica Petrogrado que esta sería transformada en la Leningrado comunista y mas tarde en la San Petersburgo capitalista. El jinete norteamericano de la carroza tirada a caballo miró con igual pesar como desprecio a la locomotora y el automóvil asi como el orgulloso samuray japonés lo hizo respecto a las armas de fuego. Sus identidades estaban íntimamente asociadas a una tecnología y a una tradición a sus ojos imperecederas. Pero el jinete que no se adaptó al maquinismo o el samuray que no dejó su espada para convertirse en fusilero pasaron simplemente al archivo de la historia. La electricidad rompió bruscamente con la íntimidad del hogar asociada a la luz de una vela y al calor de una brasa, el industrialismo dio fin a la ídilica vida rural sustituida por el hacinamiento y la anonimidad de la sociedad de masas de las barriadas urbanas. A una orden secreta y sin el menor pensamiento en Faraday, Volta, Tessla o Edison, millones de personas se vieron imperceptiblemente trasladadas de su tranquilo campo al hacinamiento de las ciudades y a 10 o mas horas de trabajo al día con máquinas súbitamente generadas como por arte de magia. La televisión aniquiló el sosegado coloquio de la familia alrrededor de la mesa de comedor dando paso a una manipulación mental colectiva asi como hoy la internet debilita el contacto social físico directo con un extremo individualismo como consecuencia. Todo tiene un precio y la evolución no es quisquillosa con los precios.

Ya desde sus inicios el costo fue alto. La diáspora original humana desde el continente africano exigió un reto a la adaptación y con seguridad una enorme cuota de víctimas. Lo azaroso de esos viajes hacia tierras por ellos totalmente desconocidas y tan distantes de la cuna africana original como Indonesia, Australia, China o la Isla de Pascua, habla por si mismo. Empujados por la necesidad, por la esperanza de una mejor vida, por la curiosidad, por el deseo de aventura o quizás huyendo de grupos rivales mas fuertes, esos individuos se dieron a la tarea, sin que ellos mismos tuvieran la menor idea de estarlo haciendo, de expandir la especie humana hasta los lugares mas remotos. Lanzarse junto a sus niños pequeños y mujeres embarazadas al inmenso Pacífico Sur en canoas frágiles o cruzar a pié el entonces congelado estrecho de Bering o introducirse por selvas tropicales infestadas de alimañas no tiene que haber sido fácil. La especie humana se expandió no obstante hasta lugares tan recónditos como Tierra de Fuego en la punta sur de América, las zonas nortes supolares y las montañas del Himalaya y de los Andes.

Las expansiones posteriores y mas sistemáticas como es el caso de las colonizaciones y los viajes de exploración donde si ya existen datos algo mas confiables revelan ese costo. Los invasores trasladaron frecuentemente a las zonas invadidas una tecnología y una lengua mas avanzadas trayendo además circunstancialmente consigo infecciones contra las que los nativos carecían de inmunidad y que, como el caso de América, diezmaron a los pueblos colonizados. Los nativos por su lado hicieron resistencia. Si bien, por la naturaleza del mismo proceso, fueron los colonizados en todos los tiempos los se llevaron la peor parte los colonizadores también pagaron su costo. A manera de ejemplo de los 39 tripulantes dejados por Colón en su primer viaje de descubrimiento de América en 1492 fueron todos masacrados por los nativos americanos. De la tropa del español Hernán Cortés que conquistara a los aztecas en México una buena parte de esta fué masacrada por los nativos a tiempo de la huída de Cortés de Tenochtitlán luego de la muerte del Emperador azteca Moctezuma en julio de 1520. De la expedición de Fernando Magallanes (1519-1522), la primera navegación alrredededor del mundo, de 270 hombres que se embarcaran en España perecieron 232 por diversas razones, incluyendo el mismo Magallanes en manos de los filipinos. Las expediciones del español Antonio de Berrio del río Orinoco en Venezuela a principios del siglo XVI demandaron una mortalidad muy superior a las de cualquier juego de la ruleta rusa. Las tres navegaciones exploratorias de James Cook (Australia, Nueva Zelandia, Hawai e Indonesia) entre 1768-1779 tuvieron mejor suerte pero el mismo Cook sucumbió a los nativos hawaianos. Las decenas de exploraciones polares exigieron igualmente su cuota de víctimas como la de Vitus Bering de 1728 en búsqueda del estrecho que hoy lleva su nombre y donde perecieran 40 hombres incluyendo él mismo o la de August Andrée en globo aereostático hacia el Polo Norte en 1897 o la de Robert Scott hacia el Polo Sur en 1910, con la muerte de tanto sus líderes como sus acompañantes. La actual exploración espacial ha sido hasta ahora la mas modesta en cuanto al número de victimas, 32 astronautas muertos en servicio.

Existe modernamente la tendencia a estigmatizar todos los procesos de colonización como motivados por la sola codicia y cuyo efecto en los pueblos colonizados se tradujo en solo explotación y muerte. A esta visión se asocia frecuentemente una romantificación de los pueblos primitivos atribuyendoles cualidades de armonia social y con la naturaleza. Esta imagen, al presente "políticamente correcta" pero solo muy parcialmente cierta, es obviamente extremadamente simplista e incluso injusta. La codicia no fué la única motivación del proceso, sino también el deseo de descubrir y conocer, la necesidad, en algunos casos, de simplemente huir de su propia pobreza y persecusión y la atracción típicamente humana por la aventura. Los colonizadores, enfrentados a medios hasta entonces para ellos totalmente ajenos, además de riesgos propios implicaron un traspaso tecnológico y de valores políticos mas avanzados a las colonias. Adicionalmente muchos de los pueblos colonizados no eran ni mucho menos sociedades armónicas habiendo incluso aquellas extremadamente autocráticas y violentas y otras donde los sacrificios humanos eran rutinarios. El proceso tuvo así una suerte de reciprocidad. Cabe imaginarse la situación hipotética de una América todavía aislada de Europa hasta el presente ¿como vivirían actualmente esos pueblos como los aztecas, los incas, los mayas, los chibchas y otros? ¿Tendrían escuelas y universidades, acceso a automóbiles y aviones, televisión, internet, antibióticos y telefonía celular? Lo mas probable es que no. Lo de América es en gran manera aplicable también a África y parcialmente a Asia. ¿Sería hoy la India, de no haber habido una colonización inglesa, un país democrático y unitario, con una relativamente buena red de comunicaciones y en buen camino de eliminar su abominable sistema de castas? Ahi tampoco se puede dar una respuesta segura pero lo mas probable es que no. De contrapartida ¿habrían los países colonialistas alcanzado su nivel actual de desarrollo sin sus colonias?. Definitivamente no. No solo que la mano de obra barata y las materias primas extraídas de sus colonias les sirvieron de plataforma para su propio desarrollo sino que algunas les fueron vitales para su propia supervivencia como es el caso de la patata traída de América, alimento básico de Europa desde el siglo XIX hasta el presente.

La concurrencia al interior de la especie humana muestra todas las facetas imaginables con intrincados intercambios y mezclas y, a lo largo de la historia, con la guerra como la mas visible y dramática. Ignoramos el total de humanos que habitó el planeta. Tomando en cuenta la población actual de 6,5 billones no resulta exagerado suponer en los alrrededor de 200.000 años como especie un total acumulativo de al menos 13 billones (algunos expertos dan incluso la cifra de algo mas de 100 billones). No es exagerado suponer que al menos un 10% de ellos sufrió una muerte violenta directa o prematura como resultado indirecto de la concurrencia. Nunca fuimos quisquillosos con la estadística de nuestros muertos que ya cumplieron su función y pueden ser olvidados. La sangrienta unificación durante siglos de países populosos como la China, las invasiones aria, la de los mogules y la mucho mas posterior inglesa de la India, las incontables guerras entre los diferentes clanes, tribus y estados de la antiguedad, la expansión de imperios como el griego, el persa, el romano, el otomano, el mongol, el mogul, el inca y el azteca, las invasiones expansionistas de grupos como los hunos y de diversas tribus bárbaras en Europa, las múltiples guerras religiosas, los violentos procesos de la colonización europea de América, Asia, Àfrica y Australia, las incontables guerras civiles e insurgencias locales exigieron su alta cuota de víctimas. A manera de ejemplo la sola expansión romana en la entonces llamada Galia, hoy Francia, por las legiones de Julio Cesar en el siglo I adC se calcula que costó alrrededor de un millón de muertos. ¿Cuantas víctimas se cobró la expansión de Alejandro Magno a oriente o la mulsulmana a extensas zonas del Medio Oriente y Asia o la de los mongoles a China o la de Europa a los otros continentes? Nadie lo sabe. ¿O las víctimas que demandaron los avances sociales como la abolición del poder monárquico y de la esclavitud, el sufragio universal y el sufragio femenino, la jornada de ocho horas de trabajo y los derechos del trabajador?. Se carecen de estadisticas, así sean estas siquiera aproximadas. De la Revolución Francesa se tienen algunos cálculos. En solo París y durante el llamado Régimen de Terror entre octubre de 1793 y diciembre de 1794 los 4 tribunales instaurados y que trabajarn las 24 horas al día condenaron a la guillotina a dosmil quinientos parisienses. Esa guillotina alcanzaría mas tarde también a los mismos líderes revolucionarios. Otros miles fueron asesinados durante ese periodo, con o sin juicios sumarios, en diferentes ciudades francesas como Nantes donde casi 2000 fueron ahogados en el Loire. Napoléon Bonaparte vendría a poner fin a esa locura erigiendose él mismo circuntancialmente como Emperador. Del caos salió un nuevo orden político con sus ideales de libertad, igualdad y legalidad parcialmente inspirantes para el resto del planeta.

Nuestro siglo mas reciente, el XX, donde si ya existen cálculos relativamente aproximados dan una pauta con sus al menos 150 millones de muertos en conflictos internos o internacionales. Primera Guerra Mundial (1914-1918) = 15.000.000, Revolución Rusa (1917-1922) = 9.000.000, genocidio de los armenios por los turcos (1915) = 600.000, Stalinismo (década de los 1930) = 20.000.000, Guerra Civil española (1936-1939) = 500.000, Segunda Guerra Chino-Japonesa (1937-1945) = 5.000.000, Segunda Guerra Mundial (1939-1945) = 50.000.000, Guerra de Corea (1950-1953) = 1.200.000, Revolución China y Maoismo (1949-1975) = 40.000.000, Cambodia durante régimen de Pol-Pot (1975-1979) = 1.700.000, persecusión política durante general Sukarno en Indonesia (1965-1966) = 800.000, Guerra de Vietnam (1955-1975) = 3.000.000, Invasión Soviética de Afganistán (1979-1989) = 1.500.000, Guerra Irán-Irak (1980-1988) = 450.00, Guerra del Golfo (1990-1991) = 30.000, Genocidio en Rwanda (1994) = 800.000, Guerra de Bosnia (1992-1995) =100.000. Ello obviamente sin contar guerras internacionales menores como la Guerra del Chaco (1932-1935) entre Bolivia y Paraguay o la Guerra Ítalo-Abisínica (1935-1936). A lo que habría por supuesto que añadir las sangrientas guerras de liberación colonial en África, la multitud de guerras internas a consecuencia de la Guerra Fría (Angola, Mozambique, El Salvador, Nicaragua, Honduras, Chile, Argentina y otros), la guerra contra el apartheid en Sudáfrica y las víctimas de tiranos como Idi Amin en Uganda, Muahamar Kadafi en Libia, Sadam Hussein en Irak, Robert Mugabe i Zimbawe, Kim Il-Sung en Corea del Norte, Fidel Castro en Cuba, etc

No se puede acusar al hombre de pacifismo.

El mito de una racionalidad humana alienta la ilusión del avance como voluntariamente dirigible y controlable. La historia demuestra lo contrario. El caos generante de un orden en el mundo físico se hace igual de aplicable a la biosfera y a los fenómenos sociales regulados, además de la física, por las leyes de la evolución. Decisiones trascendentales y altamente determinantes para el futuro de los pueblos, además de estar siempre basadas en información incompleta, obedecen mayormente a la pura intuición, a motivaciones inmediatistas, a impulsos subconcienciales y, muchas veces, al puro azar.

Bastó un ultranacionalista serbio y con una tuberculosis ya avanzada que matara a un Archiduque en junio de 1914 en Sarayevo para gatillar la trifulca de dimensiones mas globales hasta entonces registrada en la historia. Rencillas y lealtades antiguas se despertaron, intereses nacionales y personales se vieron súbitamente amenazados, el miedo evocó el instinto bélico. Cables fueron y vinieron, explicaciones y argumentos se sucedieron, embajadores y otros representantes midieron fuerzas y calcularon probabilidades y dos meses mas tarde el caos había adquirido su indetenible dinámica. Millones de individuos se apresuraron a sus trincheras y con el primer fuego de metralla y cañones se esfumó el último residuo de cordura. Políticos y generales pudieron entonces hacer uso de lo mejor de su racionalidad al servicio de la mas pura irracionalidad. Cuatro años y 15 millones de muertos mas tarde, el mapa de Europa había sido redibujado, las monarquías alemana, austriaca y rusa eran historia y Turquía se convertiría en una sociedad secular. Los tratados de armnisticio, los discursos de reconciliación, los monumentos conmemorativos a los muertos y los servicios religiosos con las lágrimas del caso marcaron el retorno a un nuevo orden surgido del precedente caos.

Dos decenios mas tarde otro desequilibrado pondría medio mundo en llamas con solo convocar al subconciente colectivo ancestral de los germanos, al deseo de revancha por el para Alemania humillante Tratado de Versailles que sellara el final de la guerra precedente y al chivo expiatorio que a ese desequilibrado se le ocurrió deberían ser los judíos como causa de todos los males. En un país que, en ese momento, al ser cuna de grandes compositores, de hombres de ciencia y de los filósofos mas influyentes del momento, podía juzgarse como uno de los mas "racionales" del planeta, el mensaje encontró no obstante tierra mas que fértil. La expansión inicial del "espacio vital" germánico con la anexión de Austria en 1938 se la encontró todavía tolerable pero la invasión de Polonia en 1939 desencadenó el infierno. La desdichada idea de Japón de atacar por sorpresa dos años mas tarde, en diciembre de 1941, las bases militares americanas y británicas en el Pacífico convirtió el conflicto de europeo en mundial. Cuatro años y 50 millones de muertos mas tarde, con una Berlín capitulada, Hitler muerto y dos bombas atómicas sobre Japón, se firmaron los tratados de paz y se erigieron los monumentos recordatorios correspondientes.

Ambas guerras, con su enorme costo humano, conllevaron un gigantesco avance tecnológico, científico y social. La aviación, la navegación de superficie y submarina, la generación de nuevos materiales y de formas de comunicación y de rastreo como el radar, la balística que sentara las bases para la exploración espacial, sufrieron un enorme despegue. La era atómica y la computación (inicialmente usada para cálculos en artillería) hicieron su entrada. La penicillina empezó a producirse en gran escala. La mujer, hasta entonces confinada al hogar, salió a trabajar en la industria bélica y en las oficinas. El destruido Japón sería escenario de la mas grande transformación mental de su historia pasando de una monarquía por delegación divina a una monarquía representativa con derechos democráticos incluyendo las mujeres. A la evolución como tal ni el ultranacionalista serbio de Sarayevo ni Herr Hitler le despiertan seguramente una especial antipatía.

Si los escenarios de ambas guerras mundiales no fueran suficientes para señalar la irracionalidad incorporada a esa selección acumulativa se tiene solo que contemplar el escaso nivel de conocimiento frecuentemente mostrado por quienes asumen las decisiones de interés colectivo. Imaginese el lector la situación hipotética de un examen no anunciado a los Jefes de Estado convocados a la Asamblea Anual de la ONU quienes, al menos formalmente, tienen en sus manos los destinos del planeta. Suponga el examen con solo 5 preguntas: 1) Escribir de forma lógicamente coherente y gramaticalmente correcta 20 renglones en su propio idioma y 10 renglones en otro idioma 2) Resolver 2 problemas de aritmética elemental como dividir fracciones y sacar un logaritmo 3) Dibujar un croquis de los 5 continentes ubicando en ellos a los países mas importantes 4) Apuntar cronológicamente en 2 páginas los eventos mas importante de la historia humana 5) Citar los nombres de 5 filósofos de influencia universal e indicar aproximadamente el periodo cuando ellos vivieron. El resultado, le aseguro, brindaría mas de una sorpresa divertida.

Aún la ciencia, el mas racional de los productos del quehacer humano, tuvo un precio, y no solo económico. Sus avances no fueron siempre celebrados. Leonardo da Vinci tuvo que hacer sus disecciones anatómicas y escribir sus apuntes en secreto, Galileo fué condenado a arresto domiciliario por el resto de sus dias, Sommelweis, quien sospechara la existencia de bacterias detrás de la fiebre puerperal, fué objeto de burla tal de sus colegas que se vió obligado a retornar a su nativa Hungría y morir allá en la pobreza, Darwin (en la mucho mas tolerante Inglaterra) tuvo que soportar la censura social de los conservadores de su grupo social, etc. Lo mismo se puede decir de la tecnología. En la aviación, sirva de ejemplo, el volar fue en sus inicios privativo de solo los mas temerarios. La Armada Norteamericana que adquiriera un pequeño número de aviones de los hermanos Wright registró 11 accidentes mortales solo entre 1912-13. La primera empresa de correo aéreo en el mundo, la francesa Latécoère (mas tarde Aereopostale y hoy Air France), que operara en la década de los 1920s perdió 120 de sus pilotos en accidentes mortales en sus doce años de existencia como compañia. Todo avance conlleva riesgos. Penetrar a las profundidades del agua implica el peligro de asfixia, como el descubrir la dinamita exponerse a una posible explosión letal (como sucedió con el hermano de Alfred Nobel, el descubridor de la dinamita) o experimentar por primera vez con la radioactividad el de leucemia (como Marie Curie, la descubridora de la radioactividad). La medicina está por lo demás llena de los mas temerarios intentos cuyas potenciales o reales víctimas fueron a veces los esperimentadores mismos o, en la mayoría de los casos, los pacientes. Fredrich Serturner, quien aislara por primera vez la morfina a partir del opio y Willian Morton quien usara por primera vez el éter como anestésico general, a manera de ejemplo, estuvieron a punto de morir al experimentar con esas substancias en si mismos. El temerario experimento de Edward Jenner en un niño y que concluyera afortunadamente con la primera vacuna de la historia llevaría hoy con seguridad a Jenner a perder su título de médico y quizas incluso a la cárcel. Está en la naturaleza humana el deseo de averiguar y descubrir, de pretender volar y de penetrar al fondo del mar y, si le es posible, alcanzar los mismos confines del universo. Y como especie está también programada para pagar su precio.

La civilización es así producto de una extraordinariamente enmarañada, parcialmente caótica e ininteligible y muchas veces sangrienta, interacción mutua de los humanos con el aporte anónimo de incontables individuos a lo largo de la historia en condiciones muchisimas veces de esclavitud o de servidumbre o, al menos, de explotación. Un avance basado en la concurrencia, precioso dado su enorme costo y donde, en último término, es el talento creativo en condiciones de libertad el que prioritariamente responde por ese avance.

¿Ha implicado este proceso un mejoramiento de la especie humana como tal? Sin duda. Y gigantesco. La diferencia entre el hombre primitivo y el moderno es abismal. Especialmente en los últimos siglos las condiciones generales de vida han mejorado enormemente en cuanto a vivienda, salud, derechos ciudadanos, longevidad e inteligencia. El Coeficiente Intelectual de los primero hombres se calcula que no llegaba a 45 en contraste al promedio actual de 100. Solo en los últimos decenios, de acuerdo al cientista político neozelandés James Flynn, se ha producido un aumento de 3 puntos por decenio coincidente con la masiva escolaridad y el mejoramiento de la condiciones de vida. El acceso a la comida ha aumentado y de hecho son hoy mas los humanos que mueren por exceso de comida que los que lo hacen por desnutrición. Al menos en Occidente y a partir del Renacimiento se ha dado también un claro avance en los derechos ciudadanos. La tecnología en los 2 últimos siglos ha invadido nuestro entorno. ¿Se ha producido simultáneamente un mejoramiento moral? Aqui la respuesta es obviamente muchos mas difícil al carecerse de parámetros objetivos de medición. La civilización nos ha hecho mas reticentes al contacto directo con la sangre, mas melindrosos, y, gracias a nuestra ganancia en inteligencia, menos proclives a la solución de conflictos por vía violenta. Si bien feroces como siempre procuramos dominar esa ferocidad considerada hoy de mal gusto. Nuestro enorme poder destructivo tiene, en si mismo, un efecto disuasivo y, consecuentemente, hemos creado instancias jurídicas dirigidas a inhibirlo. Visto de esa manera se ha dado por tanto también un relativo avance moral. Ya no esclavizamos automáticamente al enemigo derrotado. Ya no es una cortesía con el aliado el mandarle a este como regalo la cabeza decapitada del enemigo común (como sucediera con la el ex-Consul romano Pompeyo durante la guerra civil al final de la República Romana) o como una muestra de cariño como, según la Biblia, sucediera con la cabeza decapitada de Juan Bautista como regalo de Herodes a su sobrina Salomé. La euforia de la aristócrata romana Fluvia mostrando frenéticamente por la calles de Roma la cabeza decapitada de su enemigo, el ex-Cónsul Cicerón, y que provocara entre sus compatriotas solo un levantamiento de cejas en señal se sorpresa, sería hoy objeto de repulsa y de un examen psiquiátrico. Al parecer no había entonces algo hoy muy común entre los soldados retornantes de una guerra, el Síndrome de Estrés Post-traumático. Hemos simplememte perdido la familiaridad del hombre antiguo con la sangre con la que este estaba necesariamente obligado a mancharse a tiempo de matar al enemigo. Hoy ese enemigo, las mas de la veces impersonal y a una distancia de circunstancialmente miles de kilómetros, puede ser eliminado con solo apretar un botón en una sequencia para el atacante clínicamente limpia y para la víctima compasivamemte súbita.

El proceso de la selección natural acumulativa continuará imperturbable. Nadie sabe lo que espera a la vuelta de la esquina. Los imponderables estan siempre presentes pero de no mediar una catástrofe global lo mejor de lo hoy en producción será espontáneamente seleccionado por las generaciones futuras para su propio avance cuya dirección desconocemos.

AVANCES TECNOLÓGICOS Y CIENTÍFICOS SIGNIFICATIVOS EN LOS ÚLTIMOS 50.000 AÑOS

Proceso ascendente y acelerado se hace mas notorio a partir del Renacimiento y del advenimiento del libro impreso.

AÑOS 50.000 a 10.000 adC

Construcción de refugios en base a ramas y piedras. Uso de material vegetal como protección contra el frío y la lluvia. Manejo del fuego para cocinar y calentarse. Uso de resina y aceite vegetal para antorchas y para mecheros de piedra. Cuchillos y hachas de piedra. Arco y flecha. Domesticación del perro y la cabra. Arte rupestre.

AÑOS 1000 a 1500 ddC

Ballesta. Molino de viento. Brújula. Numeración arábiga, Carbón vegetal como combustible. Timón en la navegación. Lentes de aumento. Pólvora. Espejo. Tenedor como utensilio para comer. Rueda para hilar. Reloj mecánico. Cañón. Arcabuz. Imprenta y libro. Ecuaciones de primer y segundo grado. Descubrimiento de los polos magnéticos de la Tierra.

AÑOS 10.000 a 0 adC

Inicio de agricultura y sedentarismo. Alfarería.. Uso de la fibra de lino para tejido. Uso de colorantes vegetales. Balsas de troncos. Hoz. Irrigación para cultivo. Cobre. Bronce. Reloj solar. Rueda. Bote para navegación en río.. Escritura. Mechero de aceite. Domesticación del caballo. Fermentación para alcohol. Curtido del cuero. Uso de fibra de piel animal para tejido. Alfabeto. Hierro. Navegación maritima. Acueducto. Primeras escuelas y bibliotecas. Inicio de matemáticas, filosofía, astronomia, medicina y otras ciencias.. Caminos para transporte. Reloj de agua. Vasijas de vidrio. Papiro y pergamino.Uso del arco en construcción de edificios. Molino de agua. Teatro. Moneda

Basado en "Cronología de la Ciencia y el Descubrimiento" de Isaac Asimov

AÑOS 0 a 1000 ddC

Carretilla. Estribo para cabalgar y herradura para caballos. Cúpula en la construcción de edificios. Primeros explosivos. Porcelana, seda y papel (China). Anotación posicional en matemáticas (árabes). Concepto de cero (India). Inicio de la química, bajo el nombre de alquimia.

AÑOS 1500 a 2000 ddC

Ecuaciones de tercer grado. Trigonometría. Logaritmos.Cálculo infinitesimal. Péndulo. Sistema Solar heliocéntrico. Bancos de ahorro y crédito. Microscopio y telescopio. Termómetro. Barómetro. Anatomia y fisiologia humanas. Espectro de la luz Gravitación universal. Vacunas Evolución biológica. Enciclopedias. Fotosintesis. Acero. Barco a vapor. Electricidad. Locomotora. Electromagnetismo. Cerillas. Hielo. Fotografía. Telégrafo. Anestesia. Máquina de coser. Colorantes sintéticos. Pasteurización. Evolución biológica. Leyes de la herencia. Batería eléctrica. Máquina de escribir. Tabla periódica de elementos atómicos. Teléfono. Fonógrafo. Luz eléctrica. Automóbil. Rayos x. Goma sintética. Submarino. Radio. Avión. Estructura del átomo y física quántica. Fisión nuclear. Vitaminas, insulina, enzimas, hormonas, antibióticos. Plásticos. Microscopio electrónico. Holografía. Rayos láser. Transistor. ADN. Satélites artificiales. Internet. Computadora personal. Vuelos espaciales.

Diferentes niveles de civilización

Nuestro planeta muestra colectividades cuyo conocimiento bordea los mismos límites de micro y el macrocosmos con el consiguiente acceso a cantidades astronómicas de energía y otras que permanecen prácticamente en la edad de piedra. Entre esos extremos existe una extensa diversidad intermedia.

Del puñado de ancestros comunes en la savana africana hace algo así como 150.000-200.000 años sus descendientes se fueron paulatinamente dispersando hacia diversas áreas del planeta y sometidos a una progresiva diferenciación adaptativa a los nuevos medios donde se fueron estableciendo. Algunos grupos tuvieron mucha suerte con sus nuevas condiciones ambientales, otros menos y los que tuvieron verdadera mala suerte sencillamente sucumbieron. Esa adaptación sumada al azar histórico y a la interacción entre diferentes grupos, con el comercio y la guerra como sus motores principales, fue dando lugar a ese calidoscopio cultural, racial y de niveles de desarrollo observable al presente.

El tratar de explicar las diferencias en desarrollo se extiende a apenas algo mas de un siglo. Hasta entonces se dio por sobreentendida la superioridad natural de unos sobre otros. Ninguno de los procesos de colonización evocó esa pregunta y, si lo hizo, la respuesta fue obvia y vinculada a lo racial y lo religioso. El colonizador europeo supuso la superioridad natural de su raza y de la verdad del cristianismo por esta portada como justificantes de su actuar como señor y maestro del colonizado.

Antropólogos famosos como Franz Boas (esquimales), Claude Levy-Strauss (indígenas de la Amazonia) y Margaret Mead (indígenas de Nueva Guinea y Samoa) dedicaron su atención a las sociedades primitivas pero sin preguntarse sobre las causas de ese primitivismo. Levi-Strauss en su ya clásico El pensamiento salvaje propuso que "En lugar de poner a la magia y a la ciencia en posición contrapuesta sería por tanto mas correcto ubicarlos de forma paralela, como dos formas de conocimiento diferentes en cuanto a sus resultados teóricos y prácticos" admitiendo no obstante las ventajas del pensamiento científico sobre el mítico.

Si la forma específicamente humana de obtención energética es el trabajo se puede atribuir a Max Weber el rol de pionero en el enfoque correcto del problema. En su *La ética protestante y el espíritu del capitalismo* de 1904 en una Alemania católica-protestante con una mayor representación protestante entre los dueños de capital, los empresarios y la mano de obra calificada y comparando los valores éticos del protestantismo y el catolicismo Weber llegó a la conclusión de que el mayor grado de desarrollo de los países protestantes tenía que ver con su visión del trabajo.

Decenas de intelectuales seguirían ese hilo de análisis. El sueco Gunnar Myrdal (Premio Nobel de Economía 1974) en *El drama asiático: una investigación sobre la pobreza de la naciones* concluyó que el subdesarrollo, especialmente la India, tenía como explicación su actitud mental incluyendo su sistema de castas. W. Arthur C. Lewis en su *Teoría de desarrollo económico* que el desarrollo depende de la actitud hacia el trabajo, hacia la riqueza y la crianza de los niños, hacia la invención, entre otros. Sidned Verba en su *Cultura política y desarrollo político*, sobre el Sur de Italia y Etiopía, afirmó que "en una cultura donde la orientación de sus hombres hacia la naturaleza es de fatalismo y resignación su orientación hacia el gobierno será en gran medida la misma". Edward C. Banfield en *Las bases morales de una sociedad retrasada*, también sobre el Sur de Italia, identíficó valores limitantes como la desconfianza en la autoridad, la idea del trabajo manual como degradante, el inmediatismo y la falta de solidaridad. El venezolano Carlos Rengel, en su *Del buen salvaje al buen revolucionario* y *Los latinoamericanos: su relación de amor-odio con los EE.UU* concluyó que el legado cultural colonial español con su individualismo, su aversión al trabajo, su inclinación a la violencia y al autoritarismo, eran decisivos. El norteamericano Lawrence E. Harrison de la Universidad de Harvard, con experiencia de varios decenios en Latinoamérica, *en El subdesarrollo es un estado mental: el caso latinoamericano* coincide con Rengel respecto a los valores negativos de la herencia cultural hispánica puntualizando la ausencia de autocrítica de las elites políticas latinoamericanas al atribuir a los EE.UU como la causa de los males de la región.

Una actitud disfuncional respecto al trabajo puede naturalmente afectar a solo determinados grupos sociales. El norteamericano Oscar Lewis en *Antropología de la pobreza* y en *Los hijos de Sanchez,* sobre las familias pobres mejicanas, mostró que los valores culturales generados por la pobreza y la exclusión social actuaban para el mantenimiento de esa pobreza. Una conclusión similar mostró el informe del Departamento del Trabajo de los EE.UU. de 1965, *La familia negra: el caso para acción nacional*, sobre la familia promedio negra norteamericana cuya red de patrones conductuales (dependencia de los servicios sociales, embarazos prematuros, criminalidad, búsqueda de gratificación inmediata al esfuerzo, etc) nacía de la pobreza y generaba pobreza en un círculo vicioso.

Otros intelectuales incorporaron el factor geográfico. David Landes, *Riqueza y pobreza de las naciones*, dirigió su atención a las diferencias entre una Europa de clima templado, benigno y libre de enfermedades endémicas en contraste con las zonas tropicales cuyos altos niveles de calor y humedad abren el paso a enfermedades endémicas como la malaria. Landes atribuyó también al éxito europeo a su actitud mental proclive a la curiosidad, al racionalismo, a la inventiva, a la tolerancia y al respeto de los derechos individuales. Jared Diamond en su *Microorganismos, armas y acero: el destino de las sociedades humanas*, acentuó la influencia de la geografía con sus asociados clima y enfermedades como en el caso de las tribus primitivas de Nueva Guinea acentuando sin embargo también el rol decisivo del nivel de conciencia en procesos históricos como la conquista española de América, el de los cambios climáticos y la vecindad con sociedades cooperativas u hostiles.

Se trata por tanto de multitud de factores interactuantes (geográfico-ambientales, adaptación genética, acontecer histórico, ideología, lo social-económico, el simple azar, etc) que actúan como determinantes. Es obvio que es mas fácil innovar en un medio templado y benigno que en los hielos árticos, en la aridez del desierto o en los trópicos sofocantes con sus enfermedades endémicas. Aislamiento demográfico, experiencias históricas negativas como derrotas bélicas e ideologías intolerantes con la disensión frenarán el desarrollo. Factores aislados como insuficiencias dietarias, exposiciones prolongadas a substancias tóxicas, pandemias, el uso colectivo de narcóticos, catástrofes naturales, etc podrán igualmente llevar a resultados decisivos.

El sentido de coherencia y el tono mental:

La reacción individual y colectiva respecto a la adversidad o a la fortuna no es uniforme. Algunos individuos y pueblos se sobreponen a la adversidad y salen de ella fortalecidos, otros sucumben. Multitud de pueblos han logrado un desarrollo adecuado a pesar de condiciones adversas y otros, aun rodeados de abundancia, permanecen en el atraso y la pobreza. En otras palabras la reacción humana a lo externo no es lineal y directa sino que depende de la reacción cerebral.

Factores adversos pueden dar origen a conductas funcionales mediante una actitud mental transformante de la adversidad en ventajosa. Obstáculos físicos aparentemente irremontables se hacen remontables, la montaña se abre al túnel, el precipicio al puente, el desierto al cultivo, el caudal del río se hace energía eléctrica y la gravitación terrestre cede al impulso hacia el espacio exterior. Lo mental decide. Multitud de pueblos se han sobrepuesto a condiciones ambientales adversas continuando su progreso mientras otros, aún disponiendo de condiciones ventajosas, se han mantenido en el atraso. Pueblos participantes de una misma geografía muestran frecuentemente niveles de desarrollo desiguales (como Haití y la República Dominicana, Nicaragua y Costa Rica o las dos Coreas). Las geografías del norte mejicano y el sur de EE.UU son idénticas pero bastan unos pocos metros de frontera divisoria para encontrarse en dos mundos distintos. Colectividades sometidas a prolongadas y similares persecuciones y discriminación, como los judíos y los gitanos, resolvieron el problema de manera diferente con resultados distintos. La influencia físicoambiental e histórica descansa por tanto, en última instancia, en la respuesta mental.

La mente humana tiene dos funciones prioritarias, garantizar la supervivencia y organizar el entorno de una forma coherente. Ambas funciones van mano a mano ya que sin coherencia predomina el caos haciendose imposible la supervivencia como sucede en las psicosis. La mente rechaza instintivamente el sinsentido organizando espontáneamente el mundo circundante hacia una estructura comprensible que contrareste el caos. Las primeras y mas importantes preguntas ordenatorias del mundo son ¿que hago yo aqui en este mundo? ¿quien soy y de donde vengo? ¿tiene mi existencia un sentido? ¿que es el mundo? ¿de que está compuesto? ¿como está organizado? Preguntas cuya complejidad y extensión apenas las hace accesibles a una respuesta satisfactoria sin que ello, sin embargo, les reste su importancia y su carga emocional. Este impulso explicatorio, profundamente incorporado estructura mental humana, explica que no haya pueblo en el planeta que no haya desarrollado un modelo explicatorio sobre su origen y sobre las reglas básicas gobernantes del mundo haciendo para ello uso de una sorprendente fantasía en aquello que llamamos mitología. La mitología no es sino la expresión de este impulso básico humano dirigido a otorgar al mundo una cierto orden que contrareste la confusión y el desorden. El sentido de coherencia no es por tanto un lujo para solo solaz de los filósofos sino algo íntimamente individual y universal otorgante de un sentido a la existencia propia. Quien dude de ello no tiene mas que poner en tela de juicio las convicciones religiosas o ideológicas de otro y constatar la inusual vehemencia, o inluso furia, que ello despierta en ese otro. Aún mas, muchos no vacilan a ofrendar incluso sus propias vidas y las ajenas en defensa de su sentido de coherencia como sucede en las guerras religiosas.

La identificación del sinsentido o absurdidad está basada en una incompatibilidad con las reglas mas básicas de la lógica (2+2 no pueden ser 7) o en una incompatibilidad con los parámetros de tiempo y espacio (Napoleón Bonaparte no puede estar sentado un día en mi jardín porque esto no es compatible con el tiempo y el lugar de este personaje) o en una desproporcionalidad entre causa y efecto (una guerra entre dos países a raíz de un partido de fútbol no parece sino un sinsentido) siendo este último mecanismo el mas relativo y el mas usado en nuestras valoraciones existenciales. Una incompatibilidad con las reglas de la lógica y con los parámetros de espacio y tiempo nos provocan perplejidad y quizás molestia pero rara vez rebeldía. Si alguien se empecina en sostener que 2+2 son 5 o que ayer tuvo una conversación con Sócrates solo sacudimos la cabeza compasivamente y seguimos de largo, pero si una niña alegre y llena de vida muere en apenas unos minutos a causa de una simple picazón de una abeja aquello, dada su desproporcionalidad, sacude nuestros mismos cimientos mentales. Toda desproporcionalidad entre causa y efecto nos provoca no solo perplejidad sino también rebeldía. El mas desproporcional de los incidentes existenciales, dadas sus definitivas e irreversibles consecuencias, es la muerte. Independientemente de su causa la muerte como efecto provoca una rebeldía tal que obliga a la mente, en aras de dar al fenómeno una cierta proporcionalidad, a generar la idea de una vida post-mortem supramaterial con un Dios restaurador de las proporciones. De ahí el enorme rol de la religión que llevara a Voltaire a afirmar certeramente que si Dios no existe el hombre tendría que inventarlo. Consecuentemente no hay pueblo en el planeta que no haya generado un mundo mítico poblado de aliados y enemigos invisibles, sobrenaturales y poderosos a través de los cuales el mundo y sus fenómenos encuentran su explicación haciéndose también posible una existencia anulante del sinsentido de un final definitivo propio y de los seres queridos.

Aarón Antonovsky, Profesor de Sociología Médica de la Universidad Ben Gurion, Israel, dedicó su atención al tema en las décadas de los 1970s-80s definiendo el sentido de coherencia como una orientación global y un sentimiento dominante, duradero y dinámico de: 1) la confianza de que durante la vida los estímulos procedentes de los medios interno y externo son estructurados, predecibles y explicables, 2) la posesión de los recursos propios para hacer frente a las demandas de esos estímulos y 3) la interpretación de las demandas de esos estímulos como desafíos que justifican una inversión y un compromiso.

Tres aspectos definen el sentido de coherencia: a) **comprensibilidad**: lo que sucede en el entorno tiene un orden que hace que ese entorno sea comprensible y predecible b) **manejabilidad**: existe una cierta posibilidad del individuo de controlar sobre lo que sucede en ese entorno c) **significabilidad**: lo que sucede tiene un significado, un propósito y un valor.

Dos productos culturales reclaman para si la función de dar al mundo su sentido de coherencia, la religión y la filosofía, dándose entre ellas una convivencia histórica con diversos grados de rivalidad o complementariedad dependiendo del lugar y el momento histórico pero, en los hechos, con la religión como la absolutamente dominante. La ciencia da solo respuestas parciales y la filosofía, si bien mas general en sus propuestas, se encuentra maniatada por la lógica formal. En religión un maná que alimenta puede caer misteriosa y repentinamente del cielo, un mar puede abrirse en un corredor para los fugitivos, una mujer puede convertirse en estatua de sal o se puede resucitar. La religión puede tomarse esas libertades, la filosofía no. La religión, liberada de la lógica y con potestad de mezclar lo mítico con lo real, brinda para el individuo aquello realmente importante: la certeza de una organización básica y coherente del mundo garantizada por seres superiores, la fe como respaldo de esa certeza y el consuelo de una justicia post-mortem compensatoria del sufrimiento y las incongruencias terrenales. Esta oferta religiosa tranquilizante, lógicamente simplificada o en muchísimos casos ilógica, satisface adecuadamente las 3 demandas de coherencia: una explicación global y comprensible del orden vigente en el mundo (comprensibilidad), la posibilidad de influir sobre ese mundo mediante rituales y plegarias (manejabilidad) y un propósito de la existencia propia y la del mundo (significabilidad). La fragilidad humana y la complejidad del mundo exigen un modelo que sobrepasante de lo lógico otorgue coherencia a lo que de otra manera aparecería como un absurdo. En lugar de voluminosos y complejos tratados de ciencia o filosofía la religión da respuestas condensadas, simples, claras, directas y de fácil comprensión. De ahí la religión como el factor históricamente mas determinante del pensar colectivo que a la manera de invisible chaleco de fuerza intracerebral brinda la tranquilidad de un mundo explicable y la protección contra la temeridad del pensamiento libre. De ahí también la frecuente irritación de todo indiviuo y grupo cuando se pone en duda sus convicciones religiosas equivalente a una amenaza a su andamiaje básico mental. A nadie le gusta ser abandonado sin brújula en tierra de nadie.

La religión precedió en miles de años a la filosofía. El hombre empezó a generar alguna forma de religión apenas este pisó el planeta y se planteó las preguntas sobre su origen y destino. Un pensamiento calificable como filosófico, por el contrario, es recién observable en el primer milenio adC. Una vez establecidas las grandes religiones estas mostraron además una sorprendente estabilidad manteniéndose en gran parte intactas hasta el presente. La filosofía, por su lado, fue mas bien generando una gran diversidad de corrientes a lo largo de los siglos. El poder emocional de la religión sobrepasa por lo demás largamente al de la filosofía. Mientras apenas hay alguien dispuesto a dar su vida por el positivismo, el existencialismo, el fenomenalismo o el aristotelismo millones no vacilan en hacerlo en aras de sus creencias religiosas. En otras palabras el sentido de coherencia de las colectividades descansa, dada su fuerte asociación con la emocionalidad y su promesa de una supervivencia ultraterrena, fundamentalmente (y en muchísimos casos, exclusivamente) en las convicciones religiosas.

Puesto que el instrumento civilizatorio humano es el trabajo el rol otorgado a este por una determinada religión será altamente decisivo dirigiendo los patrones básicos reaccionales de la colectividad frente a la adversidad y el cambio. Religiones fatalistas o introspectivas otorgarán al trabajo un rol diferente que las religiones mas extrospectivas y con un menor grado de fatalismo. Aunque en mucho menor grado que la religión el pensamiento filosófico en su momento dominante y el grado de desarrollo científico de la colectividad modelarán su sentido de coherencia determinando también un comportamiento.

Colectividades que comparten una misma religión enfrentadas a situaciones similares suelen sin embargo reaccionar de manera diferente dependiendo de multitud de otros factores como medio geográfico, tradición histórica, proximidad a colectividades cooperativas o rivales, estructura social, nivel educativo, etc. cuyo conjunto genera algo que se podría llamar tono mental o estado de alerta básico percepcional, emocional y analítico frente al mundo e interactuante con el sentido de coherencia. De la misma que el tono muscular determina la postura corporal, el tono intestinal la absorción del alimento y el tono vascular la presión arterial el tono mental lo hace en cuanto a la conducta. El tono mental resulta así el producto de una arquitectura sináptica similar entre los miembros de un colectivo generada por su interacción mutua diaria y con su entorno físico. En otras palabras producto del aprendizaje y cuya función principal es el estructuramiento de esa interacción social y de una actitud similar hacia su entorno físico. A diferencia del sentido de coherencia con estabilidad medible en términos de decenios e incluso siglos y abarcante de grandes grupos humanos, el tono mental resulta mas dinámico y restringido a grupos mas específicos fluctuantes desde la famila hasta una clase social o un país. Ese tono mental actuará trasminando la conducta social desde la vestimenta y las relaciones familiares y de amistad hasta el interés o el desinterés por el progreso, la curiosidad y la apertura a nuevas ideas, la tolerancia o intolerancia hacia diferentes formas de pensamiento, la autoestima, la planificación (o falta de planificación) urbana, el sentido estético, el carácter de sus monumentos, el de sus héroes y líderes, las relaciones comerciales, etc. En otras palabras es la expresión dinámica de la actividad cerebral del grupo y el formador de su autoimagen. Sus contenidos, mayormente establecidos en la temprana infancia y con ello pertenecientes en gran parte a la memoria implícita, poseen un carácter de subconsciencialidad y automaticidad.

Estos, por asi decirlo, "retazos informativos" comformantes del tono mental corresponden a lo que Richard Dawkins llamara "memes", una suerte de genes mentales que al igual que los genes del ADN cuentan con la capacidad de copiado y reproducción pero cuya base física se encuentra no en combinaciones de los nucleótidos del ADN sino en combinaciones sinápticas cerebrales. El problema de la homologización de genes con memes plantea obviamente el problema de su delimitación. El gene es una entidad definida con un comienzo y un final identificables siendo además permanente a lo largo de la vida. Los memes, por el contrario, son difusos, cambiantes a lo largo de la vida y sometidos s un entrelazamiento mutuo con otros memes lo cual borra fácilmente sus fronteras separatorias. Sin embargo estos están igualmente presentes como una suerte de retazos informativos respaldados por ciruitos sinápticos dirigiendo la conducta. Compaginados esos "retazos informativos" a la manera de un rompecabezas conforman un todo relativamente coherente. Los memes mejor adaptados, al igual que los genes, serán también los que se copien mas y sobrevivan mejor.

Al ser estos memes los diseñantes del comportamiento y del pensamiento sociales su reproductividad retroalimenta su adaptabilidad en un círculo vicioso sólido y de difícil ruptura. Su constante reforzamiento y copiado en la interacción social diaria les otorga una natural vitalidad y resistencia al cambio generando normas, rituales, tradiciones y creencias con el carácter de sobreentendidos, ajenos a una mayor reflexión y los mas de ellos consolidados en la infancia. Estos servirán como elementos de cohesión dentro del grupo, de diferenciación con otros grupos y de generación de una autoimagen como grupo. Así, por ejemplo, un miembro de la Cosa Nostra italiana, a pesar de compartir el catolicismo con el resto de sus compatriotas, mostrará una natural fidelidad a "la familia" que le hará ver el asesinato del rival de esa familia como algo normal. Un ciudadano de EE.UU. verá como natural que su país juegue el papel de vigilante internacional, un padre musulmán kurdo de la zona agraria podrá ver como cosa de honor el asesinato de su propia hija como castigo a un coito prematrimonial, etc. En grupos políticos operando prolongadamente en la clandestinidad, en sectas religiosas herméticas o en sociedades demográficamente aisladas estos rasgos adquieren circuntancialmente características extravagantes colindantes con lo patológico. H.G. Well lo ilustra en su relato metafórico de *El país de los ciegos* sobre los habitantes de un villorrio aislado que habiendo perdido la visión durante generaciones y adaptados a un mundo de oscuridad, han olvidado lo que es ver. El vidente hasta allá llegado es ridiculizado y condicionado a perder la visión para ser aceptado como miembro de la comunidad. La psicología experimental muestra que la puesta en tela de juicio de esos memes provoca en el individuo solo su reforzamiento en una suerte de rebeldía hacia lo nuevo. La información cerebral previamente codificada se resiste al cambio especialmente si la nueva información revela lo errado de la información previa. Información alternativa a la previamente almacenada, por el contrario, muestra experimentalmente mitigar esa rebeldía permeabilizando el cerebro hacia nuevas ideas.

El rol del tono mental resulta por tanto altamente decisivo para el desarrollo del colectivo. La autoimagen por este generada puede ya sea estar plagada de autorespeto e incluso admiración con la consiguiente confianza al futuro o ya sea mas bien de derrotismo y autodesprecio. Ese tono mental decidirá igualmente el grado de confianza o desconfianza en el otro determinando asi la calidad de las relaciones. El efecto transformatorio del entorno variará enormemente dependiendo de esas actitudes. La fe puede literalmente mover montañas asi como la falta de fe es la via mas segura al fracaso. Un tono mental conduciente al éxito suele engendrar nuevos éxitos así como el fracaso lleva fácilmente a nuevos fracasos. Aspectos parciales del tono mental podrán determinar el avance o el estancamiento de una colectividad. Si un elemento de ese tono mental afirma, por ejemplo, que la mujer es inferior al hombre o que el engañar a otro es tolerable por estar en las reglas de juego, las relaciones sociales y económicas dentro de esa colectividad serán radicalmente diferentes de aquellas otras colectividades que consideran lo contrario. Son incontables los ejemplos del tono mental, positivo o negativo, como determinante para el destino de las colectividades.

Lawrence E. Harrison, conocido autor de varios libros sobre la pobreza y con experiencia de muchos años en proyectos de desarrollo escribe estas sabias líneas "estoy cada vez mas convencido de que entre otros numerosos factores que influencian en el desarrolllo de los pueblos es la cultura la que pincipalmente explica, en los mas de los casos, porque algunos paises se desarrollan mas rápida y equitativamente que otros. Con cultura me refiero a los valores y actitudes que una sociedad inculca a su gente a través de varios mecanismos especializados como por ejemplo el hogar, la escuela y la iglesia"

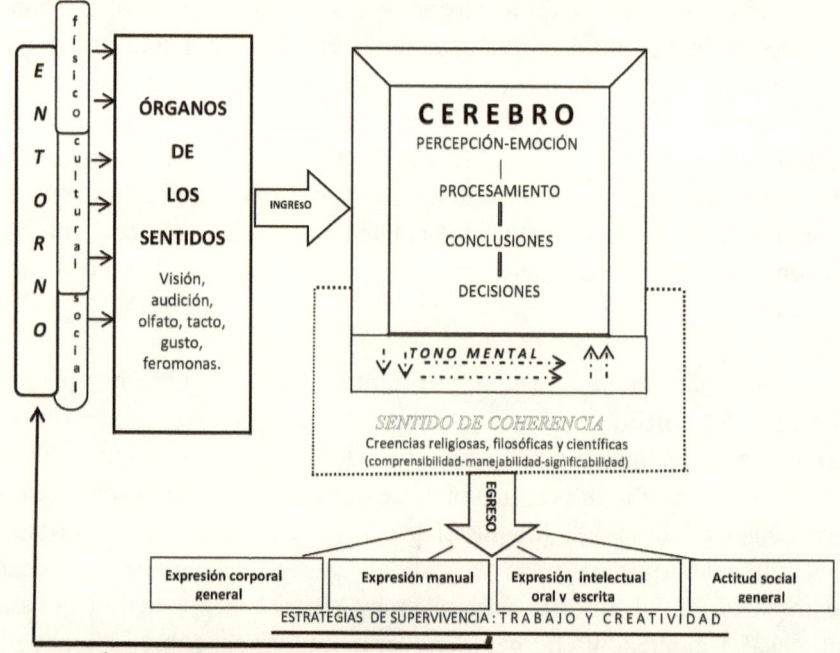

ACCIÓN TRANSFORMANTE DEL ENTORNO

Acción-reacción entre cerebro y entorno en un circuito de retroalimentación mutua. El cerebro es influido-modelado por el entorno el cual a su vez es modificado por la acción cerebral, modificación que influye de vuelta sobre el cerebro. Este es un proceso constante. El producto de la actividad cerebral en interacción con el entorno resulta en un tono mental enmarcado en una visión general del mundo con las creencias religiosas y filosóficas como centrales

CAPÍTULO XIV

LA CIVILIZACIÓN DE OCCIDENTE

La notoriedad de occidente

Occidente es, al igual que una zona geográfica, una actitud mental. Su influencia en los últimos 5 siglos ha sido extraordinaria generando una visión del cosmos, del comportamiento de la materia y de la vida hoy universalmente aceptadas. El heliocentrismo, las leyes de las órbitas planetarias, la gravitación universal, los elementos atómicos, la estructura atómica y subatómica, la interacción de masa-energía-espacio-tiempo, el origen del universo, las leyes de la termodinámica, el ordenamiento de la biosfera, la anatomía y fisiología humanas, la evolución biológica, la estructura celular y el código genético, los sistemas clasificatorios desde las escalas de temperatura y dureza hasta longitudes y latitudes, el sistema métrico decimal, la tabla periódica de los elementos, etc, para normbrar solo algunos, son todos aportes occidentales.

La sola enumeración de sus aportes tecnológicos llenaría varias páginas: la máquina de vapor, la electricidad, el automóvil, la locomotora, el avión, la radio, el telégrafo, el teléfono, la fotografía, el cine, la televisión, la dinamita, los antibióticos, las vacunas, los lentes de aumento, el telescopio, el microscopio, los aparatos de rayos X, los anestésicos permisivos de cirugías avanzadas, multitud de métodos diagnósticos y tratamientos para centenares de enfermedades, los plásticos, la goma sintética, el submarino, los sistemas de buceo, la transplantación de órganos, el radar, los vuelos interespaciales, la nanotecnología, los robots industriales, la internet, el vídeo, etc.

Su influencia sociocultural ha sido también enorme. La división del
año en meses y semanas (calendario juliano y luego gregoriano),
los sistemas bancarios modernos (con origen en Italia), la idea de
derechos individuales inmanentes a la naturaleza humana (remontable
al Renacimiento Italiano), la estructura estatal con poderes autónomos
(con raíces en la Roma Antigua), el principio básico de la jurisprudencia
en forma de la presunción de inocencia hasta no quedar demostrada
la culpabilidad y el derecho del acusado a una defensa (legado también
de la Roma Antigua). La música clásica y otras como la ópera así
como los deportes mas practicados y las olimpiadas se cuentan entre
sus aportes. Los viajes de exploración a los lugares mas recónditos del
planeta (la primera circunvalación al planeta en barco, el descubrimiento
de otros continentes, las zonas polares, etc) han sido prácticamente
una exclusividad occidental. Como ironía del destino fueron también
investigadores occidentales los que permitieron a culturas milenarias
como las mesopotámicas, la Egipcia, la Maya y la Inca reencontrarse con
sus raíces (desciframiento de los alfabeto cuneiforme mesopotámico y del
egipcio y excavaciones arquelógicas de aquellas zonas).

Obviamente otras culturas dieron aportes tan escenciales que su
ausencia habría imposibilitado los logros arriba mencionados.
Los mesopotámicos con las primeras observaciones astronómicas
sistemáticas, el primer sistema de escritura (cuneiforme) y el inicio
de la geometría-trigonometría (entre otros la división del círculo
en 360 grados), los fenicios con el alfabeto, la India con el sistema
numérico decimal y el concepto matemático del cero, los pueblos
árabe-musulmanes con la numeración arábiga y el álgebra, la China con
la brújula, el papel, la máquina de hilado y la pólvora, para nombrar los
mas importantes. Y, digno de mención, la innovativa domesticación en el
neolítico de muchas plantas de extrema importancia para la dieta humana
como la patata, el maíz, el cacao, la piña, el girasol y el tomate en Central
y Sudamérica, el arroz en Asia, la cebada en la Mesopotamia, el café en
Etiopia, etc. y de diversos animales.

No obstante la diferencia subsiste. Y a tal grado que no es exagerado
afirmar que mas del 90% de los logros científicos y tecnológicos de los
últimos 5 siglos, con su consiguiente impacto global, son atribuibles a
occidente. Aún mas, a un puñado de países occidentales cuyo número no

llega a veinte y de los cuales los verdaderamente relevantes son menos de diez. La creciente influencia de China en lo económico y científico vendrá probablemente a cambiar este panorama que sin embargo es hasta hoy todavía vigente.

¿Como se explica esa tan marcada selectividad? ¿Que hace que unos pueblos sean mas creativos que otros? O, de otra manera, ¿que tipifica a occidente respecto a oriente?

En el capítulo referente al antibiologismo ideológico de occidente se anotó la cultura occidental como el resultado de la fusión de: el pensamiento griego antiguo analítico-racionalista y su sentido de competitividad, la herencia político-jurídica y la actitud conquistadora de la Roma Antigua, la concepción ontológica y ética judío-cristiana y el griego y el latín como su base linguistica.

Sus raíces primarias se remontan al análisis extrospectivo como método de comprensión de la realidad y cuyo resultado mas evidente fue la emergencia en la Grecia Antigua de innovadores en física, matemáticas, biología, medicina, teatro, poesía y, junto con la romana, en la primera democracia de la historia. Otras culturas previas o contemporáneas a la griega como la babilónica, la china, la egipcia y la hindú desarrollaron por supuesto un pensamiento lógico y una actividad científica tanto pura como aplicada pero sin la misma sistematización ni acentuación en la lógica de los griegos. El teorema a la manera pitagórica, la sistematización deductiva pregunta-respuesta a la manera socrática, el silogismo a la manera aristotélica, el axioma a la manera euclidiana y el enfoque racional de la enfermedad a la manera hipocrática, son exclusividades griegas. El método socrático, provocativo y confrontacional, basado en contradicciones y deducciones, presupone la existencia de la divergencia. Formando su pensamiento en debates callejeros con sus compatriotas atenienses, Sócrates, sin escribir él mismo ni una sola línea, pasó a la posteridad a través de su dsicípulo y sobre quien él ejerciera una gran influencia, Platón. El discípulo de Platón, Aristóteles, por su lado, pudo divergir de su maestro abriendo su propia escuela en Atenas sin por ello considerarse rivales. La búsqueda de la verdad tuvo para los griegos, diversidad de caminos bajo la condición unica de una obediencia a la lógica.

La significación al futuro de este enfoque fué gigantesco. El hasta entonces mas o menos caótico mundo cuya frágil coherencia era solo obtenible a través del mito adquirió una estructura susceptible a una sistematización. Frente a la arbitrariedad divina se irguió el logos, el orden, captable a través del raciocinio. La interpretación del mundo pasó del sacerdote al laico con el filósofo (filo=amante, sophos=sabiduría) como modelo y así algunos de sus filósofos, especialmente Platón y Aristóteles, influirian en occidente por milenios. La discusión y el debate griegos dieron espontáneamente cabida al respeto, así sea este a veces rabioso, a la discención. Y asi sus profetas brillaron por su ausencia. Hesiodos, quien pretendiera timidamente asumir el rol de tal, se encontró solo con la sonrrisa compasiva de sus compatriotas. En caso de necesidad de un buen consejo al futuro la pitonisa del Oráculo de Delfi les era profética aunque sus consejos solían ser demasiado ambiguos y oscuros como para tener una aplicación práctica.

Lo equivocado de muchas de sus conclusiones es algo subordinado. Que el paradigma de los 4 elementos (que contara con una longevidad de 2000 años) no fuera cierto, que Platón estuviera errado en atribuir a lo sensorial un papel solo distorsionante del conocimiento, que Aristóteles andara perdido con el cerebro como solo órgano refrigerante, etc es secundario. Lo importante fue su curiosidad, su racionalismo y el traslado subconciencial de lo mágico a lo real, la secularización mental. Se trata, en términos biológicos, del entrenamiento y mejoramiento de las sinapses lógicas genéticamente programadas conduciente a una forma mas efectiva de trabajo mental.

El estímulo a la competitividad sería también una herencia griega. Ningún otro pueblo fue capaz de olvidar sus rencillas internas y, asi una guerra entre sus ciudades-estados estuviera en marcha, declarar la paz cada 4 años para rendir culto al dios de la competitividad y la perfección, Apolo, en sus olimpiadas.

Roma copió lo helénico haciéndolo propio dándole un sello expansionista mayor que el griego. El *analusis* griego (= desatar) encontró su equivalente en el *scire* (en latín *scire* = conocer, con raíz en *scindere* = cortar, separar) de la ciencia. Su pensamiento jurídico y político, junto al latín, serian formativos de occidente. El racionalismo heredado de los griegos combinado a su mesianismo propio y a sus éxitos militares alentaron su expansionismo, su autoestima y su longevidad como imperio. Roma, al igual que Grecia, careció de profetas y en momentos de perplejidad y zozobra colectivas a lo mas que llegaban era a consultar un augurio o a releer los manuscritos proféticos comprados por el rey Tarquino siglos atrás a una enigmática sibila y celosamente guardados bajo varias cerraduras en el Templo de Júpiter. Durante todo su periodo republicano, es decir durante mas de 400 años hasta Julio Cesar, Roma fué, al igual que Atenas en su tiempo, una democracia representativa con un senado, cónsules y otras autoridades electivas y con tribunales independientes. En las decisiones políticas del Senado la religión jugó un papel, si alguno, muy subordinado. Con etimología latina (civilitas-civilitatis) la idea de civilización adquirió sin embargo para los romanos solo una extensión local. Ser romano y civilizado fué para ellos uno y lo mismo.

La fusión del Cristianismo con lo greco-romano generó un híbrido afortunado. Lo semítico cristiano proclive a la metáfora y apelante a la intuición tuvo que adaptarse al racionalismo intelectualista grecolatino. El logos, entidad racional, única y universal, encontró su correspondencia en Jehová. La fusión entre platonismo y cristianismo en el siglo V otorgó a la tradición grecolatina una moral nueva y una visión lineal del tiempo catapultadora de su mesianismo civilizatorio. El mandato divino de *"llenen la Tierra y sojuzguenla y tengan en sujeción los peces del mar y las criaturas que vuelan en los cielos y toda criatura viviente"* (Génesis, cap 1, v.:28) inicialmente abarcante a solo el pueblo judío se transformó en universal apuntalando la grecolatinización dentro y mas allá de Europa. El sentido de coherencia y el tono mental europeos fueron tomado forma.

El altamente contradictorio, fantástico y poco creíble relato bíblico no fue un obstáculo. Algo mas extraño resulta la adopción pasiva por parte de los racionalistas greco-romanos de un Jehová a todas vistas intransigente, arbitrario, inconsecuente, vengativo, genocida y malhumorado. Jesús había por cierto transformado al irascible e imprevisible Jehová en un padre protectivo y amoroso aunque sin lograr anular su faceta vengativa de un castigo eterno para los disidentes. Pero el cerebro humano es capaz de ser alimentado con literalmente cualquier tipo de información bajo el solo supuesto de concordancia con los circuitos sinápticos mas básicos de lo lógico y de la circunstancial funcionalidad del mensaje. Las incoherencias bíblicas fueron corregidas con ayuda del platonismo y su funcionalidad surgió en la medida que incorporó sus dos raíces históricas en un instrumento único ordenatorio del mundo.

Asi el verdadero embrión de la idea occidental de civilización se remonta al Civitate Dei de Agustín, año 410, inmediato al shock que supuso el saqueo de Roma por los visigodos. Roma, según Agustin, había sido saqueada porque sus habitantes no habían sabido implementar un cristianismo adoptado ya con décadas de anterioridad como religión de Estado. Pero ese Cristianismo universalista, proyecto divino y humano, debería de todas maneras triunfar al futuro.

El milenio del medioevo subsiguiente al colapso de Roma fue, como es sabido, un paréntesis inactivo, de retroceso y oscurantismo. La herencia romana quedó de alguna manera protegida en los monasterios (especialmente el latín) pero la griega, con excepción de Platón en su versión cristiana, desapareció prácticamente de la mentalidad colectiva. El ciudadano medieval no tenía ni las mas pálida idea acerca de Aristóteles, Euclides o Demócritos. Todo su pensar estuvo en la práctica centrado exclusivamente en lo religioso con la amenaza del infierno como temor pemanente. El lento despertar del Renacimiento a partir del siglo XIII o, lo que lo mismo, el reencuentro de Europa con sus raíces greco-latinas, vendría a cambiarlo todo, Este proceso, sin embargo, para ser entendido, requiere unas líneas dedicadas a las otras grandes culturas de la época, la China y la del mundo islámico.

China precedió a la Europa renacentista en muchos aspectos. La conquista de China por los mongoles, iniciada por Genghis Khan en 1205 y concluida por sus sucesores en 1279, había implicado la unificación de ese enorme territorio hasta entonces dividido en diferente reinos. Los antes nómadas mongoles, ahora culturalmente chinificados y adaptados al sedentarismo de la cultura agrícola local, resultaron ser buenos administradores. La agricultura y las comunicaciones sufrieron un significante despegue. Durante el gobierno del mongol Kublain Khan, primer emperador de la dinastía Yuan y que muriera en 1294, se establecieron rutas para el comercio exterior y algunos mercaderes árabes preclaros llegados a China recibieron los cargos de asesores imperiales. Navegantes chinos alcanzaron la Península Arábiga, Persia, algunos países mediterráneos y Tanzania en África. Visitantes extranjeros como Marco Polo y el marroquí Ibn Battutah, fascinados por la China de ese tiempo, coincidieron en que se trataba del país mas avanzado de la época. La ciencia mostró también un avance. China ya había precedido a Europa con los inventos de la brújula, la pólvora, el papel y la imprenta que datan de los siglos X-XI. Durante la dinastía mongólica Yuan se hicieron avances en astronomía calculandose el año solar con un error de apenas 26 segundos y en la agricultura se hizo una extensa recopilación y valoración de sus métodos y principios.

El uso prolongado del poder de la dinastía Yuan condujo al abuso y a la explotación de las masas provocando la rebelión conocida como la de los "turbanes rojos". Uno de sus líderes e hijo de campesinos, Zhu Yuanzhang, tomaría el poder fundando en 1368 la dinastía Ming, étnicamente ya no mongólica sino china y con una longevidad de casi 3 siglos. Inicialmente la dinastía Ming implicó un mejoramiento de las condiciones de vida. La primera Enciclopedia viene de ese tiempo, la Enciclopedia Yong de 1407, un monumental resumen del saber en 330 millones de caracteres chinos. Occidente tendría su primera enciclopedia, la de Diderot en Paris, recién 3 siglos mas tarde, en 1751. Otras extensas recopilaciones fueron efectuadas en cuanto a plantas medicinales y agricultura. Con la misma monumentalidad, y también previa a las expediciones marítimas europeas, China organizó una expedición naval de 27.000 hombres que durante 28 años establecería vínculos comerciales con Indochina, India, Iran, Arabia y otras zonas del Mar Rojo al igual que la costa este africana. En sus etapas finales la dinastía Ming acabaría sin embargo como extremadamente corrupta con, en la práctica, el ejercicio del poder en manos de sus eunucos. En 1644 sería substituida por la última dinastía imperial china, la Qing, de duración hasta 1911.

En cuanto al mundo árabe su indisolubilidad del Islam surge como su rasgo mas definitorio. Un pequeño centro comercial y sitio de árabes, judíos y cristianos, la Mecka, daría origen a un huérfano de ambos padres a temprana edad, Mohammed, quien vendría a modelar ese mundo. Con una niñez difícil y serio de carácter, su contacto natural con los judíos y cristianos locales lo familiarizó con la tradición bíblica monoteista y con las religiones locales politeistas. Su matrimonio a los 25 años con una viuda rica le dió holgura económica. Llegado a la edad de los 40 años una serie de desgradables alucinaciones lo atormentaron llevandolo a pensar en la idea de suicidio. Con ayuda de su esposa pudo sin embargo sobrellevar el impase y luego interpretar esas alucinaciones como un comando del Arcángel San Gabriel a predicar el monoteismo. Su mensaje, extremadamente simple y centrado en la existencia de un solo Dios y en la salvación de los creyentes en el final bíblico apocalíptico, encontró tierra fértil. Su primer éxito guerrero, la toma de la ciudad de Medina en 622, marca el inicio del Islam y el año 1 del mundo árabe. Su componente guerrero (el yihad o guerra santa contra los infieles) emergió tempranamente con una masacre de judíos en la Mecka. A la muerte de Mohammed, en 632, y a pesar de diversas fracciones internas, el Islam ya se había consolidado. La versión oficial del Corán quedaría concluida en 644. El árabe, lengua antes de apenas unas tribus de la Península Arábiga, se convirtió en el idioma oficial, político y religioso de extensas zonas del planeta. Al presente 295 millones de individuos lo hablan, la quinta en el mundo por el número de usuarios.

Su expansión tuvo una celeridad asombrosa. Babilonia y Persia fueron tomadas en 633, Siria y Palestina en 635, Egipto (y con ello su famosa Biblioteca de Alejandría) en 640, el Norte de África en 670 y España el 711 (quedándose allá por mas de siete siglos). De no haber mediado las tropas francesas de Carlos Martel en Poitiers en 732 también la actual Francia habría caído en sus manos. El sur de Italia sería invadido en 827. La posterior conversión al Islam de grandes grupos de mongoles extendería la religión también a Asia. Constaninopla, la capital del Imperio Romano de Oriente y último remanente del en otrora poderoso Imperio Romano, caería en manos de los turcos musulmanes en 1453.

Pero fue la toma musulmana de Alejandría la que tendría los efectos mas decisivos.

Alejandría, fundada por el griego-macedónico Alejandro Magno en 333 adC durante sus campañas de conquista, pasó junto a la provincia de Egipto a manos de uno de sus generales, Ptolomeo. La dinastía prolomeica, de origen por tanto griego, regiría hasta la última de sus descendientes, Cleopatra, y la anexión de Egipto a Roma en el siglo I adC. Al inicio de Alejandría Atenas había ya pasado sus mejores días con una intelectualidad ahora atraída por esta nueva, emergente, rica y vital ciudad cuyo faro sería considerado como una de las 7 maravillas de la antiguedad. En un rasgo visionario el general Prolomeo se dió a la tarea de recolección (mediante la compra, la coima, la amenaza y, si se daba el caso, el robo o la violencia) de cuanto material escrito hubiera en el Mundo Antiguo fundando además un centro intelectual, el Museo, donde, entre otros, enseñaran Euclides y el astrónomo Ptolomeo creador del modelo geocéntrico válido por milenio y medio. Mientras Atenas quedaba casi vacía de manuscritos y de intelectuales la Biblioteca de Alejandría llegaría a tener mas de medio millón de manuscritos con el Museo convertido en un centro intelectual de importancia.

Los musulmanes conquistadores de Alejandría en 640 tuvieron el buen criterio de respetar la Biblioteca y llevarse los manuscritos a fundamentalmente Bagdad y Damasco para su traducción al árabe. Platón, Aristóteles, Euclides, Arquímedes, Hipócrates, Pitágoras, Galeno y otros les abrieron sus secretos impulsando a su intelectualidad en la llamada Época de Oro del Islam, 692-945. El Elementa de Euclides y la astronomía de Ptolomeo fueron los primeros escritos traducidos al árabe (de hecho la obra de Ptolomeo pasó a la posteridad bajo el nombre árabe de Almagest). Luego vendrían Platón, Aristóteles y otros. A ese florecimiento intelectual también contribuyó un intercambio comercial y de ideas con China y la India. El arte, la literatura, la poesía y la música florecieron. El mundo islámico contribuyó durante las centurias posteriores con aportes decisivos especialmente en el campo de las matemáticas. El mas grande de sus matemáticos al-Khwarizmi introdujo de la India el sistema numérico hoy conocido como numeración arábiga, incluyendo el valioso cero (ni a los griegos ni a los romanos se les habia ocurrido esta idea). Muchísimos otros intelectuales, en diferentes lugares del mundo musulmán incluyendo España, se distinguieron en diferentes campos, especialmente álgebra, medicina y astronomía.

Un chino o un árabe que visitaran la Europa medieval tardía hubieran sentido la misma superioridad del civilizado que llega a una sociedad primitiva. El europeo promedio les habría parecido superticioso, fanático, inculto, desgreñado y carente de refinamiento. La Reina Isabel de Castilla del siglo XV, a pesar de lo cálido del clima ibérico, asombraba a sus compatriotas con su "extravagancia de bañarse una vez al mes". El líder mas representatvo del medioevo e iniciador de la reunificación europea, Carlomagno, a pesar de entender y hablar el latin así sea con dificultad, era analfabeto. El reino al cual este diera origen, el llamado Sacro Imperio Romano Germánico, totalmente fraccionado, no llegaba a ser, como dijera

Voltaire, ni santo, ni romano y ni siquiera un imperio. Mientras en China y en el mundo árabe se hacian avances científicos y las clases dominantes cultivaban las artes y el refinamiento en la desmembrada Europa dominaba el fanatismo religioso, la salud pública era extremadamente deficiente, las ciudades sucias, se oraba en lúgubres monasterios, se vivía bajo la permanente amenaza del infierno y su intelectualidad se preguntaba sobre el número de ángeles que podian caber en la cabeza de un alfiler.

Como una ironía histórica fueron los musulmanes árabes quienes reabrieron los ojos europeos. Los árabes de los siglos XI-XII estaban ya familiarizados con los escritos grecolatinos. La prolongada ocupación musulmana del sur de Italia y de gran parte de España dio cabida a un contacto europeo con las madrasas musulmanas con la consiguiente, para los europeos, revelación de la existencia de un Aristóteles, un Euclides, un Arquímedes y un Hipócrates. La traducción de estos escritos, inicialmente del árabe al latín y luego directamente del griego al latín, condujo al reencuentro europeo con el pensamiento clásico y, mas en concreto, con el racionalismo-experimentalista aristotélico rápidamente incorporado al pensamiento cristiano por la Summa Teológica de Tomás de Aquino. El norte de Italia y Paris fueron los primeros centros donde se asimiló este nuevo pensamiento.

La efervescencia intelectual renacentista no se hizo esperar. La combinación de pensamiento grecolatino con el cansancio medieval tuvo un efecto explosivo. En Padua, Florencia, Milán, Roma, París y otros centros se vió la emergencia de un nueva forma de ver las cosas. La aceptación corporal al estilo helénico resurgió en el arte al igual que una curiosidad intelectual ilimitada a la Leonardo da Vinci con su consiguiente impacto científico. Copérnico echó por tierra el geocentrismo, Galileo abrió el cosmos con su telescopio, Vesalius reveló los secretos de la anatomía humana y varias otras ciencias encontraron su origen. La imprenta trasladó el conocimiento de los monasterios y los salones de la aristocracia al ciudadano de a pié. La idea de derechos políticos y sociales empezó a tomar forma y los dogmas de la Iglesia Católica empezaron a ponerse en tela de juicio. Pico della Mirandola resumiría la ideología renacentista en su *Discurso sobre la dignidad humana (*obra obviamente prohibida por la Iglesia) con una visión universalista *y* de optimismo sobre las potencialidades humanas. La fractura del modelo teocentrista, totalizante y autoritario del cristianismo ortodoxo medieval condujo a una actitud de creciente respeto por la libertad individual.

Lo central fué obviamente la generación de un nuevo tono mental. Retazos informativos dispersos pero no obstante complementarios que fueron generando un todo mas o menos coherente hacia una nueva actitud intelectual y emocional. No fueron con seguridad muchos los que se tomaran el trabajo de leer a Aristóteles o a Platón pero la gran mayoría fue no obstante alcanzada por el mensaje. Los marxistas de siglos mas tarde tampoco pudieron digerir, con excepción de una pequeña minoria, los pesados tomos de El Capital de Marx ni fueron muchos los existencialistas de la mitad del siglo XX que se dieron a la tarea de descifrar El Ser y la Nada de Sarte pero ello no obstaculizó la emergencia de millones de marxistas y existencialistas. En todos esos casos se trató simplemente de un nuevo tono mental.

El concepto de civilización adquiere en occidente a partir del Renacimiento su forma definitiva como proyecto humano por mandato divino en una linealidad temporal entre el Génesis y el Apocalipsis, o sea entre el inicio y el final del mundo. La punta de lanza vino dada por un puñado de países con mayor acceso a la información y a la energía, es decir a las técnicas de navegación y a la construcción de barcos, al acero y a la pólvora, a la cartografía, a un idioma escrito avanzado, al pergamino y al papel y a una organización social lo suficientemente sólida como para respaldar empresas marítimas de exploración y conquista: España, Portugal, Holanda, Inglaterra, Francia, Bélgica e Italia (en realidad Venecia). Esa expansión, a su vez, significó un fuerte potenciamiento energético e informativo para esos países. La visión dualista, antropocéntrica y conquistadora occidental adquirió en ese periodo una fisonomía ya definitiva y diferenciable de las otras dos concepciones dominantes en el resto del mundo: la holistica-animista oriental y la teocéntrica con su expresión mas visible en el Islam.

El éxito occidental en los últimos 5 siglos responde en resumen a la liberación del componente mas importante del trabajo, el talento. A un modelo ideológico, hibridación de cristianismo con lo grecolatino, que brindando un sentido de coherencia a la existencia humana dio simultáneamente cabida a la creatividad. La parcial independencia del individuo de su lazo mítico-sobrenatural, gracias a una actitud mental racionalista analítica de la herencia griega fue emocionalmente catapultada por el cristianismo hacia un proyecto humano universal a construirse en la línea del tiempo en cooperación con lo divino. El esfuerzo humano adquirió asi para el occidental un sentido mas allá de lo solo personal incorporadolo al objetivo cristiano de superación de lo biológico. Ese racionalismo, a partir del Renacimiento, le despertó al hombre de occidente una actitud de curiosidad generando simultáneamente un optimismo sobre la potencialidad del conocimiento.

China, por su lado, trasminada por el confucianismo alentador de un respeto inflexible a la autoridad, por el taoismo instrospectivo y por una estructura de poder fuertemente autoritaria, tuvo enormes dificultades para dar continuidad a un pensamiento realmente creativo. Este es el caso también del mundo islámico grandemente maniatado por una religión totalizante e inflexible y donde la herencia intelectual grecolatina que les llegara a través de Alejandría no pudo, a largo plazo, florecer en todo su potencial. La docilidad emocional, la no poca dosis de fatalismo y la subestimación de un análisis excedente de los marcos religiosos se constituyeron en obstáculos para un desarrollo mental libre.

El éxito anglosajón y del norte europeo: la potenciación del trabajo

El 31 de octubre de 1517 el irritado monje agustino Martín Lutero, después de intentos fallidos para ser escuchado por sus superiores, decidió cortar por lo sano clavando sus 95 tesis en la puerta de la Catedral de Wittenberg. Que aquello vendría a tener un enorme impacto en los siglos venideros nadie podía por entonces imaginarlo.

Lutero tenía mas de una razón para su molestia. Pero la mas evidente era el comercialismo eclesiástico con las llamadas indulgencias, una suerte de bonos de perdón a los pecaminosos evitándoles su envío al infierno o reduciéndoles su permanencia en el purgatorio. El Purgatorio como castigo transitorio para los infractores menores había sido inventado por la Iglesia 8 décadas antes, en el Concilio de Florencia de 1439. El Vaticano, corto de dinero por la costosa construcción de la monumental Basílica de San Pedro y con una jerarquía moralmente no muy quisquillosa, no vaciló a apelar a la banca y a un excelente *marketing* para el éxito comercial de sus indulgencias.

Las 95 tesis de Lutero que planteaban un retorno a la simpleza del Cristianismo original condenando la avaricia y el paganismo, fueron rápidamente traducidas del latín al alemán llegando al ciudadano común y dando lugar al movimiento de la llamada reforma.

La mayor o menor veracidad teológica del Luteranismo es algo muy subordinado. Lo importante fué la introducción de un elemento altamente funcional en el tono mental del protestantismo: la valoración del trabajo. La condena divina a Adán y Eva a tiempo de su expulsión del Paraíso de *"se ganarán el pan con el sudor de su frente"*, interpretada por el catolicismo como castigo fue, por los luteranos, asimilada como mandato. Aquello para el católico evidencia de la pérdida de la gracia divina y por ello detestable se convirtió para el protestante en el instrumento para acceder a esa gracia. Las ramas derivadas de la Reforma (calvinismo, puritanismo, pietismo, metodismo, baptismo, etc) acentuarían el trabajo como una forma de eludir la tentación del pecado y una ofrenda humana a su Creador. Max Weber sostiene con acierto que el luteranismo introdujo la idea, inexistente dentro del catolicismo, de "misión en la vida" asociado a una forma de ocupación o profesión y traducible en una serie de obligaciones del individuo para con el mundo. A diferencia de Tomás de Aquino para quien el trabajo era una simple actividad similar a cualquier otra el luteranismo otorgaría a este una dimensión religiosa, *"La vida monástica (católica) no solo que no tiene un valor como instrumento justificante ante Dios sino que también resulta un producto del egoísmo, de una falta de amor al apartarse de las actividades mundanas"*... *"el cumplimiento de las actividades mundanas, bajo toda circunstancia, es la única forma de agradar a Dios, es la voluntad divina, y toda actividad que sea legítima tiene el mismo valor ante Dios"* (Weber, La ética protestante y el espíritu del capitalismo).

El cambio mental de la ruptura protestante fue tan profunda como previsible. La desaparición de la autoridad central e infalible del Papa permitió automáticamente (exceptuando los brutales excesos de autoritarismo de algunas sectas protestantes) una mayor libertad interpretativa del texto bíblico. Las primeras traducciones de la Biblia del latín a lenguas nativas, para de la furia del Vaticano, fueron justamente al alemán y al inglés incitando a los creyentes a una lectura personal estimulante de la literalidad. A diferencia del Catolicismo que generara una abundante santería con capacidad de hacer milagros y mediadora del individuo con Dios, el Protestantismo alimentó una relación directa individuo-Dios. La abolición protestante de la mediación sacerdotal católica para el perdón de los pecados mediante la confesión condujo entre sus miembros a una actitud moral mas vigilante en lo cotidiano (el protestante no cuenta con la válvula de seguridad de la confesión para la salvación del alma) asociada a las virtudes de sobriedad y ascetismo. La relación directa creyente-Dios llevó a la acentuación de lo simple y lo emocional. El Luteranismo, en resumen, estimuló la simplicidad, el trabajo y una mayor observancia de la moral en la vida diaria con el resultado práctico de una mayor disciplina social y productividad.

El Protestantismo visualizaría en el terreno económico la falacia grandemente extendida de la moral colectiva como algo de valor mas bien cosmético para el desarrollo. Al margen de que toda relación humana, y en el mas alta grado la económica, está basada en la confianza mutua, la desconfianza como tal implica un gran derroche de energía de consecuencias, especialmente a largo plazo, desastrosas como lo demuestran todos los países donde la corrupción es endémica. El protestante, al ser mas observante de los principios morales y al valorar toda forma de trabajo, se convirtió automáticamente en un vector económico mas efectivo. La aceptación del trabajo manual como dignificante generó una natural interacción mano-cerebro potenciadora de la creatividad y la inventiva.

El impacto civilizador del tono mental: el ejemplo de Inglaterra y España

Si bien la religión constituye el factor mas determinande para el sentido de coherencia y su asociado tono mental la filosofía le sigue los pasos al dar respaldo argumentativo a aquello en su momento existente en una colectividad a nivel mas bien subconciencial e intuitivo. La filosofía resulta así el instrumento intelectualmente inspirante para las elites y potencialmente traspasable al resto del colectivo.

El Catolicismo había acentuado el racionalismo aristotélico ignorando su faceta empírica con la consiguiente subestimación del trabajo manual y el experimento. La emergencia del emprismo inglés cronológicamente coincidente con la ruptura de inglaterra con el Vaticano y la formación de su propia iglesia en el siglo XVI acarrearía efectos profundos. A diferencia del racionalismo el empirismo demanda un vínculo natural con lo manual y el grupo. El respaldo experimental a los postulados del empirista induce espontáneamente a enfocar diversas posibilidades y a una proximidad natural con el pragmatismo y el utilitarismo en su valorativa del resultado. En otras palabras a una mayor flexibilidad mental y a un incremento de la efectividad. Los ingleses Thomas Hobbes, John Locke y David Hume le darían al empirismo su armazón filosófico. La conjunción de enfrentamiento lógico, observación, acumulación de datos y experimento fue explosiva. Entre los siglos XVII-XIX Inglaterra mostró una extraordinaria efervecencia intelectual en geología, paleontología, mineralogía, geografía, demografía, economía, biología, navegación y mecánica. Y así también sería la cultura aportante de algunos de los principios mas básicos de la ciencia moderna: la gravitación universal (Newton), la célula (Hooke), los principios de la geología (Lyell), la economía política (David Ricardo y Adam Smith), demografía (Malthus), la evolución biológica (Darwin), la estructura atómica (Rutherford) y el código genético (Watson, Crick).

Ese pragmatismo se expresaría en lo político mediante la instauración temprana de derechos civiles en una organización estatal de monarquía representativa y con un costo de vidas humanas relativamente modesto durante su Guerra Civil entre 1641-1651. Su Acta de Derechos y Libertades (Bill of Rights) de 1689, exactamente un siglo antes de la Revolución Francesa, establecería los derechos de libertad de expresión y reunión, de llevar armas para defensa propia, de negarse al servicio militar en tiempos de paz, de elegir representantes al Parlamento, de hacer peticiones al Rey sin temor a represalias, de no ser privado de su libertad sino por decisión de un tribunal (Habeas Corpus) prohibiendo la interferencia de la corona en cuestión de justicia e impuestos.

No extraña que dadas esas condiciones se diera el desarrollo de un pensamiento innovador también en lo tecnológico. Curiosamente la vecina y fuertemente católica Irlanda se mantuvo impermeable a lo que sucedía al solo otro lado de su costa. Los inventos de la máquina de vapor, con la consiguiente mecanización de la producción textil y el inicio del industrialismo a fines el siglo XVIII, al igual que la locomotora y el barco a vapor tuvieron lugar sobre todo en Inglaterra. La primera locomotora para pasajeros correría en 1772 y los primeros barcos a vapor surcaban los mares a mediados del siglo XIX. El enorme efecto potenciador energético de estos y otros inventos sumada a la explotación colonial y el comercio marítimo convertirían a Inglaterra durante los siglos XVIII-XIX en la nación mas poderosa del planeta. Que con apenas un cuarto de millón de km2, sin recursos naturales propios extraordinarios y con solo 15 millones de habitantes (a principios del siglo XIX e incluyendo Irlanda) pudiera gobernar sobre una cuarta parte del planeta durante un periodo tan largo de tiempo constituye algo asombroso. No se trata obviamente de una posible inteligencia excepcional sino sencillamente del tono mental correcto para la época y que, dada su corrección, condujo al éxito.

España, bajo las condiciones vigentes en el siglo XV, debería ser hoy una potencia mundial muy por delante de Inglaterra. Y no, como lo es hoy, uno de los "países problema" de la Unión Europea con un desarrollo tecnológico y un aporte a la ciencia comparativamente bajos. ¿Como se explica el fenómeno?.

España y Portugal habían precedido en decenios a Inglaterra en los viajes de exploración y conquista. Los portugueses hacia habían alcanzado Cabo Boyador (Sahara Occidental) ya en 1434, Nigeria en 1475, El Congo en 1482 y la punta sur del continente africano en 1482, estableciendo allá sus factorías. España descubriría América con Colón en 1492 dando inicio a la más épica y veloz de las conquistas que registra la historia. Las enormes riquezas (oro, plata y especies) de América convirtieron a España en el siglo XVI en la nación mas rica del planeta. Cuando Felipe II asumió el trono de España en 1556 tenía esta bajo sus dominios, además de la mayor parte de América, también los Países Bajos y parte de Italia. Nueve años mas tarde su reino incluiría tambien las Filipinas. ¿Como se explica que Espana y Portugal quedaran posteriormente rezagadas respecto a Inglaterra y a la Europa Central?

En el caso de Portugal la explicación es simple. En 1580 fué convertida en una provincia española. En el caso de España fue su desacierto de adjudicarse el rol de bastión del movimiento conservador de la Contrareforma. Los siete siglos de ocupación musulmana habían generado una profunda lelatad hacia el catolicismo, sus Reyes Católicos (Fernando e Isabel) habían expulsado a los moros de España.

El shock que la reforma luterana había implicado para el Catolicismo fue respondido con la contraofensiva delineada por el Concilio de Trento (1545-63) rechazando las reformas de Lutero y reconfirmando la verticalidad jerárquica con el Papa en la cúspide, la virginidad de María, el sacramento de la confesión, la existencia de los santos como mediadores con Dios, la instauración de nuevas órdenes religiosas y la reinstauración del Tribunal de la Inquisición. Esa contraofensiva incluyó también lo militar (de hecho la sangrienta Guerra de los Treinta Años, 1618-1648, tuvo en gran parte su raíz en el antagonismo católico-protestante). La Contrareforma significó para España un afianzamiento de los valores medievales, una subestimación del análisis intelectual y un desprecio por el trabajo manual. La joya literaria de El lazarillo de Tormes que apareciera justamente en 1554 resulta una radiografía cómica del máximo asunto de mayor honor para la baja nobleza (lo que hoy se llamaría la clase media) española de entonces, el no trabajarle a nadie. Mientras el resto europeo estimulaba la ciencia creando instituciones específicas como la Academia dei Lincei, Roma 1603, la Academia Parisiensis, Paris 1635, la Academia del Cimento, Florencia 1653, la Royal Society, Londres 1660, etc España generaba místicos.

Pasado el culmen español durante la primera mitad del siglo XVI como "el Imperio donde nunca se ponía el sol", el acontecer posterior condujo inevitablemente a su declinación. Las enormes riquezas procedentes de América implicaron solo un aumento de la suntuosidad sin un desarrollo armónico como sociedad y aun menos industrial. Alfonso Nuñez de Castro, historiador español y cronista ofical de la corte de Felipe IV, expresa con nitidez la mentalidad española entonces vigente (1765): *"Dejemos que Londres fabrique sus manufacturas para contento de sus corazones, Holanda sus tejidos, Florencia sus vestidos, las Indias sus castores y vicuñas, Milán sus brocados, Italia y Flandes sus linos, mientras nuestro capital les aproveche. Lo único que ello prueba es que todas las naciones son servidoras de Madrid y que Madrid es la reina de los parlamentos porque todo el mundo le sirve a ella y ella no le sirve a nadie".* En los dos componentes de la civilización España tuvo un exceso de energía barata procedente de América sin un aumento proporcional de trabajo creativo con un talento estrangulado por la intolerancia y el fanatismo religiosos. A fines del siglo XVII España ya había pasado a potencia de segundo rango.

Mientras España se mantenía inmune frente al pensamiento innovador del Enciclopedismo y la Ilustración francesas en la Gran Bretaña se hacían avances notables en las ciencias naturales. La coraza de la Contrarreforma protegió a España contra toda influencia externa predisponente al cambio. Sus derrotas navales frente a Inglaterra, la de 1588 en las costas de Cádiz y la posterior de Trafalgar en 1805, le significaron adicionalmente una pérdida de su hegemonía en el comercio marítimo ahora en manos británicas. La pérdida de sus colonias americanas a principios del siglo XIX haría el resto.

El trasladado mental de Inglaterra y España a sus colonias americanas

Los tonos mentales británico y español se trasladaron obviamente a sus colonias americanas. La colonización española se inició casi un siglo antes y se prolongó unas décadas mas que la inglesa. Ambas dejaron su sello indeleble. El Catolicismo erudito y subsestimante del trabajo (especialmente el físico) en Hispanooamérica, el empirismo, el pragmatismo y la valoración del trabajo del Protestantismo británico en Norteamérica. Las consecuencias fueron las previsibles.

Factores ajenos a lo religioso-ideológico fueron también obviamente determinantes. España se enfrentó a tres civlizaciones americanas autóctonas con un alto nivel de organización (la Azteca en Méjico, la Maya en Centralamérica y la Inca en Sudamérica) y, consecuentemente, mas vulnerables al efecto desordenador de su derrota militar y de ahí su súbito y total derrumbe. La colonización inglesa se topó con grupos autóctonos dispersos en una etapa todavía tribal y menos proclives a la sumisión (de ahí el hasta hoy vigente amor por las armas en la sociedad norteamericana). La conquista española fué en sus inicios una operación militar dirigida al saqueo con soldados que se vieron a si mismos mas como visitantes que como colonizadores. La inglesa tuvo inicialmente un menor componente militar y fue llevada a cabo por familias completas que buscaban en América un refugio de la presecusión religiosa en sus países natales y asi no necesitaron apelar al contacto sexual con las nativas. La colonización española careció inicialmente de la presencia femenina obligando a los conquistadores a mezclarse sexual y culturalmente con las autóctonas. El oro y la plata de Hispanoamérica se prestaron al saqueo, la América británica fué mas bien fuente de recursos agrícolas. Una vez consolidados ambos colonialismos el español se vió obstaculizado organizatóricamente por la consigna entre sus funcionarios del "se acata pero no se cumple".

Hubiera sido de esperarse que Hispanoamérica mostrase un desarrollo mas acelerado que el norteamericano dado el comparativamente mayor nivel educativo inicial de sus elites administrativas y el temprano inicio de su educación superior. La primera universidad en Hispanoamérica (Universidad de Santo Domingo, 1538) precede en casi un siglo a la primera en Norteamérica (Universidad de Harvard, 1636). Hispanoamérica en 1636 contaba ya con 7 universidades dispersas en su territorio (República Domincana, Perú, México, Colombia, Argentina, Ecuador, Chile y Bolivia), por cierto muy al estilo español de entonces y concentradas en leyes, teología y medicina pero no obstante centros de debate intelectual.

El proceso se mostró sin embargo invertido. Dos siglos y medio mas tarde USA se había convertido en la primera potencia económica, científica y militar mundial mientras Hispanoamérica continuaba (y continúa) en el subdesarrollo. Mientras USA logró unificar su territorio en lo que serían sus 50 estados federados así sea al costo de una guerra interna, Hispanoamérica se dividió, durante y en forma inmediata a su independencia, en una serie de estados menores mas o menos entre si rivales. USA pudo generar rápidamente una identidad propia eludiendo la maléfica influencia del caudillismo, Hispanoamérica dio lugar a un sin fin de caudillos regionales que, carentes de ideas propias, miraron a Europa en busca de inspiración. La devoción casi religiosa hispanoamericana por sus caudillos contrasta con la total ausencia de estos en USA y Canadá. Ese caudillismo, frecuente e ingenuamente visto como un simple rasgo cultural similar a cualquier otro como la poesía gauchesca argentina o la salsa caribeña, mostraría tener consecuencias desastrosas. La regresión sicológica colectiva de otorgar al caudillo cualidades excepcionales y la delegación a este de las decisiones de interés público, además de abrir el camino al abuso y la arbitrariead, actuó para mantener una inmadurez política en un empntanamiento infantil demandante de una figura paterna. El caudillo, protegido por ese rol paternal y por una retórica altruista camuflante de su real desdén por el colectivo, pudo así maximizar su provecho personal y el de sus aliados a costa de los demás.

El costo en lo social y económico de la actitud mental hispanoamericana respecto al trabajo, a la disciplina y al tipo de liderazgo fue extremadamente alto. En la Guerra de 1847 Méjico perdió el 55% de su territorio (correspondiente aproximadamente a los actuales estados de California, Nevada, Utah, Arizona y Nueva México) y en la relación histórica posterior entre USA e Hispanoamérica la primera pudo dictar las condiciones políticas a su antojo invadiendo militarmente cuando lo consideró necesario. Hispanoamérica se convirtió, durante el periodo de la Guerra Fría, en el "patio trasero" de USA, poniendo y sacando gobiernos y extrayendo las materias primas a su antojo y, en su caso, invadiendo y asesinando en su afán de frenar el avance del bloque comunista. Las tensas relaciones post-Guerra Fría están hoy mas bien centradas en la masiva inmigración latinoamericana y en el tráfico de cocaína a USA.

La productividad intelectual fue igualmente divergente. Hispanoamericana se concentró en la erudición, en las ramas especulativas humanisticas y en la copia del pensamiento europeo con poco interés por las ciencias naturales y por la innovación tecnológica, Norteamerica tuvo la audacia de investigar e innovar. El resultado fue obvio, mientras una región pudo poner satélites orbitales y llegar a la Luna la otra se vió incapacitada de fabricar asi sea sus automóbiles con tecnología propia. En el algo mas de un siglo de existencia del Premio Nobel (hasta el 2010) los mas de 245 galardoneados norteamericanos en ciencias naturales (Física, Química y Medicina-Fisiología) contrastan con los solo 4 de Hispanoamérica (Argentina 3 y Méjico 1). En el Ranking Mundial Anual de Universidades en 2010 (basado en la cantidad de aportes científicos novedosos) USA cuenta con 13 suyas entre las 20 mas destacadas mientras las mejores hispanoamericanas aparecen recién en los lugares mas allá del 150. Un panorama similar se observa en los "países madre". Mientras el Reino Unido aportó hasta el 2010 con 81 galardonados con el Premio Nobel en ciencias naturales el aporte español se reduce a 2. Mientras el caudillismo está prácticamente ausente en la historia moderna de la Gran Bretaña España mostraría una debilidad por el autoritarismo estando, con posterioridad a su sangrienta Guerra Civil de tres años, sometida una durante 36 años (1939-1975) al rígido despotismo de un caudillo conservador, Francisco Franco.

Esa diferencia de mentalidades se expresaría también en lo cotidiano. Los protestantes tenderían a ciudades abiertas cediendo espacios extensos a lo verde para la recreación, las católicas mediterráneas e hispanoamericanas a lo compacto del cemento y el asfalto. Los protestantes enterrarían a sus muertos en la tierra y en áreas semejantes a parques mas o menos abiertos, los hispánicos elegirían la modalidad de apilarlos en celdas superpuestas al interior de muros. Los suburbios de las clases medias protestantes mostrarían una exposición abierta del hogar respecto al entorno con casi ninguna protección externa, las hispanoamericanas se convertirían en pequeños *bunkers* protectivos de la privacidad. Mientras España fundaba su Academia Real de la Lengua Española en 1713 para *"fijar las voces y vocablos de la lengua castellana en su mayor propiedad, elegancia y pureza"* y aprobar cada vocablo en particular, el pragmatismo anglosajón dejó al lenguaje un desarrollo espontáneo con el resultado actual de una lengua inglesa, cáotica en cuanto a su pronunciación, pero al menos el doble mas rica en vocablos que la española. La a veces embarazosa y generadora de malentendidos diferencia entre el familiar "tú" y el mas formal "usted" del español se redujo al único y simple "you" del inglés. Los derechos humanos y la palabra empeñada en las relaciones sociales mostrarían igualmente y en general tener un mayor valor en los países protestantes que en los católicos o como, no sin cierta picardía, el cantautor catalán Joan Manuel Serrat lo expresa: *"soy cantor, soy embustero/ me gusta el juego y el vino/ tengo alma de marinero/ ¿que le voy a hacer si nací en el Mediterráneo?"* (Canción "Mediterráneo"). El obsesivo acento católico de la virginidad de la madre de Jesús, María, al igual que el celibato sacerdotal llevaría a una sexualidad católica mas llena de culpa que la protestante (aún hasta hoy el Vaticano, a pesar de la epidemia de sida y la enorme cantidad de embarazos indeseados, se niega tozudamente a aprobar el uso del condón entre sus creyentes ni ha revisar el celibato sacerdotal a pesar de los escándalos de pederastría). La lista de diferencias transminantes de la vida diaria podría hacerse muy larga.

Los factores mas relevantes que explican esas diferencias resultan la valoración del trabajo y la libertad individual respecto a la jerarquía religiosa. La moral católica con su aversión al trabajo y su sumisión a un rígido autoritarismo religioso y político tuvo un efecto desvastador como obstáculo para la creatividad y como predisponente para el autoritarismo con sus asociadas corrupción e intolerancia.

CUADRO COMPARATIVO DE ACCESO A LA ENERGIA Y DE PRODUCCIÓN INTELECTUAL ENTRE PAISES ANGLOSAJONES PROTESTANTES CON ESPAÑA Y ALGUNOS PAISES HISPANOPARLANTES CATÓLICOS

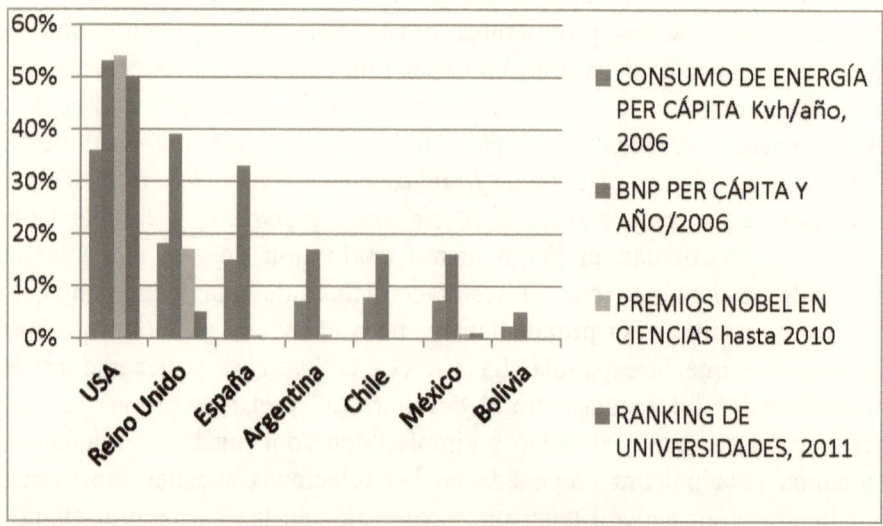

Tratandose de áreas con expresiones numëricas absolutas muy divergentes se ha hecho aqui una reducción a porcentajes comparativos En el caso del consumo de energía y el BNP per cápita se ha tomado Qatar como referencia del 100% al ser el país con mayor consumo energético (28,495 kvh/año) y con el mayor ingreso per cápita (88,232 dólares americanos /año) el 2006. El número total de Laureados con el Nobel en Ciencias hasta el 2010 es de 451 que asi consituye el 100%. Para las universidades se han tomado las 100 mejores como referencia del 100%

Referencias: - para consumo energético e ingreso per cápita, *World Resources Institute*
              - para laureados con el Premio Nobel en ciencias (Física, Química y Medicina-Fisiologia), *Wikipedia*
              - para el ranking de las 100 mejores universidades del 2010, *Academic Ranking of World Universities*.

COMPARACIÓN DE CORRUPCIÓN ENTRE PAÍSES PROTESTANTES Y CATÓLICOS

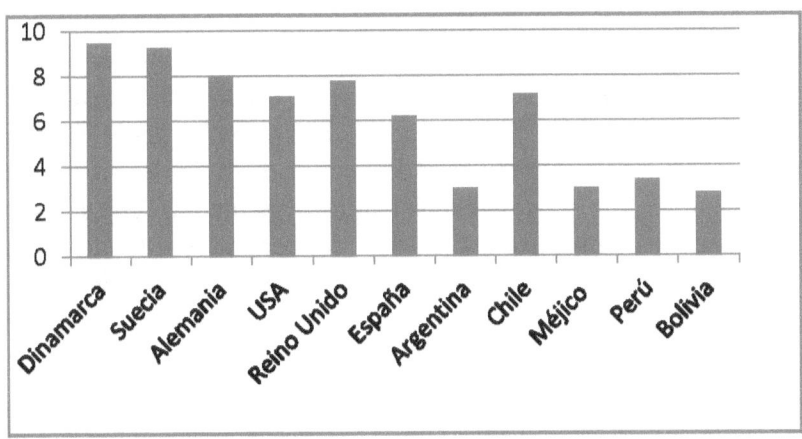

Comparación de corrupción entre países típicamente protestantes y países típicamente católicos. Mayor puntaje representa menor corrupción. A nivel global los mejores puntajes (o menor corrupción) pertenecen a Nueva Zelandia y Dinamarca con 9,5 mientras Corea de Norte y Somalia muestran los mas bajos puntajes con 2,0. Entre los países católicos los puntajes mas altos se muestran en Bélgica e Irlanda con 7,5. En el caso de Latinoamérica Chile constituye una excepción con un puntaje de 7,2 **Datos de Transparency Internacional, 2010**

España ha mostrado en los últimos decenios a consecuencia de su democratización, de su incorporación a la Unión Europea y de la globalización, cambios positivos extraordinarios. En el caso de Hispanoamerica sus valores permanecen resistentes al cambio con una prácticamente ausencia de autocrítica y una resignación a que la curiosidad científica y la inventiva sean exclusividad de los "gringos del Norte" adoptando para si misma el rol de solo suministradora de materias primas y mano de obra barata. Millones de sus habitantes desesperanzados en sus propios países emigran a los EE.UU en busca de una mejor vida. Las inversiones de Hispanoamérica en investigación científica son mínimas y el estímulo para una investigación propia novedosa prácticamente inexistente. Su subordinación política a EE.UU, especialmente durante la Guerra Fría, y sus actuales dificultades para una competencia económica en términos de igualdad generan una frustración de connotaciones fatalistas interpretando la relación entre ambas regiones como una injusticia histórica. El líder hiapanoamericano mas influyente en la segunda mitad del siglo XX, Che Guevara, hizo de la lucha contra el imperialismo norteamericano su razón de vida y uno de los libros con mas impacto en la región durante decenios, *Las venas abiertas de América Latina* del uruguayo Eduado Galeano, constituye una larga queja de las injusticias de Europa y los EE.UU para con Hispanoamérica. El gran poeta nicaraguense Rubén Darío expresa asi esa actitud mental: *"Eres los Estados Unidos/ eres el futuro invasor/de la América ingenua que tiene sangre indígena/ que aún reza a Jesucristo/ y aún habla español/.....Y, pues contáis con todo, falta una cosa: ¡Dios!"* (¡sic!) (Poema a Roosvelt). Arrogancia triunfalista y despectiva en el Norte, resentimiento derrotista en el Sur. Los intentos explicativos de las elites políticas hispanoamericanas mas representativas se centran en la denominada Teoría de la Dependencia, una suerte de nefasta influencia de USA con el sobreentendido de una implícita, desmoralizante, y a todas vistas falsa, inferioridad congénita propia.

Dos diferentes actitudes mentales, establecidas 4 siglos antes y a miles de kilómetros de distancia, seguirían motivando generaciones después las, para los unos, ventajosas condiciones y, para los otros, dependencia y subdesarrollo

CAPÍTULO XV

HACIA UNA NUEVA CIVILIZACIÓN

Esa fusión occidental de cristianismo con lo grecolatino occidente alimentó durante dos milenios la imagen de un mundo perfecto, estable y acabado, creado de una vez y para siempre por un Dios omnisapiente y ajeno a la materia. El hombre como creación divina y compuesto de una materia perecible y de un espíritu eterno, tenia a este último como lo realmente definitorio. Esta visión se completó con los postulados de la materia como sinónimo de substancia, de lo mental como resultado del espíritu y del actuar humano como libre.

El explosivo desarrolllo científico del último siglo ha puesto sin embargo en evidencia la debilidad de esos postulados.

Un universo en construcción:

Los griegos antiguos, obsesionados con las matemáticas y la geometría, consideraron el universo como esférico y limitado con la Tierra en su centro. El universo tenía que ser esférico, los planetas tenían que moverse a una velocidad constante y sus órbitas no podian sino ser circulares. Ptolomeo, en la Alejandría del siglo II, le dio a esa idea su respaldo científico compensando las divergencias del modelo con los resultados observacionales mediante supuestos pequeños movimientos orbitales circulares planetarios a los que llamó epiciclos. El cristianismo convirtió el geocentrismo en artículo de fe con una validez de mas de un milenio. Ese universo no era especialmente antiguo. El influyente teólogo cristiano Agustin, en el siglo IV, siguiendo la cronología bíblica, le otorgó una antiguedad de alrrededor de 5000 años, una cifra reiteradamente corroborada en siglos posteriores por expertos ingleses en lenguas semíticas y, hasta bien entrado el siglo XX, creíble para el ciudadano corriente.

Copérnico, en 1543, hecharía por tierra el modelo geocéntrico trasladando el sol al centro del sistema reduciendo con ello los epiciclos ptolomeicos de 77 a 31. La protesta de la Iglesia Cristiana fue ácida con, entre otros, el arresto domiciliario de Galileo Galilei por el resto de sus dias. Johannes Kepler, a principios del siglo XVII, descubriría que las órbitas planetarias no eran circulares sino mas bien elípticas y que el movimiento planetario sucedía con aceleraciones y desaceleraciones convirtiendo los epiciclos en innecesarios.

Una pregunta quedaba sin embargo pendiente ¿que o quien mueve los planetas?. La respuesta de Tomás de Aquino basada en Aristóteles parecia obvia, el Gran Movedor Universal, Dios.

Newton en su Principa Matemática de 1686-87 mostraría a los planetas movidos por una fuerza física universal que actúa sobre todo cuerpo a la que llamó gravitación. Esa gravitación actúa atrayendo esos cuerpos en forma directamente proporcional a sus respectivas masas y en forma inversamente proporcional al cuadrado de la distancia que los separa. La formula $F = Gxm^2/r^2$ mostró gobernar la gigantesca maquinaria cósmica con una precisión de reloj. El universo emergió como sólido, cronométrico y confiable, con las entidades de espacio y tiempo como separadas y perfectamente mensurables. No era por tanto necesaria ninguna fuerza divina para el movimiento planetario pero la fórmula matemática de respaldo mostraba no obstante la omnisapiencia divina.

Einstein, en el siglo XX, vendría a ponerlo todo cabeza abajo. La gravitación era mucho mas compleja que lo supuesto por Newton con espacio y tiempo de ninguna manera separados y absolutos sino mas bien relativos e interactuantes. La gravitación, entrelazada con tiempo y espacio, no era ni plana ni lineal sino mas bien torcida por la distribución de masa y energía en el campo gravitacional. Tiempo y masa como elásticos e interactuantes donde la masa aumenta y el tiempo dismimuye en forma proporcional a la aceleración hasta el límite establecido por la velocidad de la luz que da al tiempo el valor de cero y a la masa el de infinito. Masa y energía como simplemente las dos caras de la misma moneda y en permanente intercambio mutuo en obediecia a su famosa fórmula $E = m \times e^2$.

Gracias a Hubbel quedaría mas tarde claro que el universo no es de ninguna manera estable sino mas bien altamente dinámico y sometido a un proceso de permanente y acelerada expansión impulsado por una fuerza mas poderosa que la de atracción gravitacional. Los avances de la cosmología en los últimos decenios revelan que el universo observable (estrellas, galaxias, etc) es apenas algo menos del 5% del universo real, siendo el resto 68% energía oscura y 27% materia oscura, ambas invisibles al ojo y a los aparatos de medición. Esa energía oscura sería la responsable de esa expansión.

El universo aparece hoy como un incomprensiblemente gigantesco, dinámico y enigmático organismo con billones de galaxias y trillones de estrellas que nacen, crecen, forman estructuras y familias, envejecen, explotan, colapsan y mueren. Estrellas masivas que al colapsar generan agujeros negros donde tiempo, espacio y gravitación dejan de existir. Un cosmos a nuestros ojos insólito con su origen en un punto infinitamente pequeño remontable, no a los 5000 años propuestos por los intérpretes de la Biblia, sino a 13, 8 billones de años en el tiempo y que, 5 billones de años atrás, dió origen a nuestro planeta. Y a nosotros mismos como hechos, no de barro a la manera de Adán y de la costilla de este a la manera de Eva, sino de polvo estelar al tener nuestros átomos constituyentes (con excepción del H) su origen en alguna supernova. La ciencia actual es capaz hoy de volver los ojos hasta incluso esos primeros segundos del Big-bang cuando todo, materia y energía, espacio y tiempo, tuvieron su comienzo.

La redefinición de la materia:

Entendidos los componentes entendida la totalidad. Solo aquello que tiene dimensión existe. Estos fueron los puntos de partida de la ciencia de occidente en sus orígenes griegos. La reducción de la materia hasta sus componentes constitutivos mas primarios (Demócritos los llamó átomos) permitiría entender el mundo. La materia, lo que se ve y se toca, debería de ser diferente de aquello que ni se ve ni se toca, el espíritu. El estudio de la materia se hizo ciencia, el del espíritu teología o filosofía.

El estudio de esa materia tomó su tiempo. Muchos siglos. Sus reglas fueron paulatinamente reveladas aunque su verdadera naturaleza fué saliendo a la luz recién en la primera mitad del siglo XX con los descubrimientos de la estructura atómica y el inicio de la física quántica.

La extraña paradoja que esa física quántica muestra es que a mayor proximidad se está de la substancia menos substancia se encuentra. El átomo se muestra estar prácticamente vacío (un átomo de H ampliado de manera que su núcleo fuera del tamaño de una pelota de tenis tendría a su electrón a casi 10 kms de distancia). En ese gigantesco vacio no hay ninguna substancia, solo fuerzas que mantienen la estructura atómica.

Las 12 partículas elementales estructurales (6 leptones y 6 quarks) que propone el modelo atómico vigente, el Modelo Estándar, requieren para su interacción del auxilio de otras partículas portadoras de fuerza. Asi la interacción de los electrones con el núcleo está mediada por los fotones portadores de la fuerza electromagnética y la de los quarks al interior de los neutrones y los protones por los gluones como vectores de la llamada fuerza fuerte que frena la repulsión mutua de los quarks. Una tercera fuerza, la llamada fuerza débil, mediada por 3 vectorsomes, es la responsable de los cambios de un tipo de quark en otro dando con ello origen a la radioactividad. Esas partículas elementales recibirían su masa mediante una partícula hoy en fase de demostración, la de Higg

Si bien la mayoría de esas partículas poseen masa carecen de extensión habiendo partículas circunstancialmente carentes también de masa como como es el caso del fotón y el electrón. Una misma partícula puede comportarse como tal (es decir provista de masa) para en el siguiente momento hacerlo como solo onda de energía como sucede con el fotón y el electrón. Transformaciones de energía en masa y viceversa se dan lugar ininterrumpidamente en el núcleo atómico donde los protones y neutrones ceden permanentemente parte de su masa en función de la cohesión nuclear de acuerdo a la ecuación de $E = mc^2$. Los electrones intercambian ininterrumpidamente fotones con el núcleo atómico comportandose en realidad no como partículas sino como ondas aunque en contacto con otras partículas portadoras de carga eléctrica lo hagan como partículas. Una misma partícula puede estar simultáneamente en 2 lugares distintos (superposición) y dos partículas totalmente distantes pueden influirse mutuamente sin razón aparente (entrelazamiento). El número de partículas sub-atómicas observadas en un momento pueden aumentar o disminuir en el siguiente, nuevas partículas son constantemente generadas comportandose unas veces como tales y otras como simples ondas de energía. Un mundo excéntrico que escapa a toda lógica humana.

Energía y masa aparecen a nivel atómico como dos expresiones del mismo fenómeno en constante y eterna transformación mutua. Una pirotecnia permanente, invisible, a ultrarápido y elusiva que se niega a revelar la posición de una partícula en el mismo momento que se sabe de su movimiento, y a la inversa (Principio de Incertidumbre de Heisenberg).

Todo físico quántico está hoy consciente de que aquello hasta hace apenas algo mas de un siglo considerado como mayormente inerte y estático, la materia, está en realidad dotada de un dinamismo superante de toda fantasía y de una potencialidad prácticamente infinita. Un enigma a la manera del taoismo de 6 siglos adC de "Nosotros contemplamos pero no vemos, se llama lo imperceptible, nosotros oímos pero no escuchamos, se llama lo inaudible, nosotros pretendemos agarrar pero no cogemos, se llama lo inagarrable" y "todas las criaturas bajo el cielo son producto del Ser, pero el Ser en si mismo es producto del No-Ser". La absoluta intimidad de la materia como superante de nuestra percepción y nuestra lógica, como un ser y no ser indivisibles y simultáneos. Niels Bohr, Premio Nobel de Física 1922, uno de los fundadores de la física quántica e inclinado al taoismo, no pudo sino ironizar la ciencia occidental como el escalador de montañas que después de un sinfin de esfuerzos llega exhausto a la cumbre para encontrarse allá con un grupo de filósofos chinos taoistas disfrutando placenteramente de un pic-nic.

En su mayor intimidad la materia aparece hoy como un vertiginoso acontecer subpercepcional de permanente creación y aniquilamiento, de un ser y un no ser simultáneos, una enigma donde lo percibible emerge de lo imperpercibible, lo dimensionable de lo indimensionable y la substancia de la no substancia. Una energía infinita en su presencia, en su expresión, en su elementalidad y en sus posibilidades.

No extraña que fuera justamente un teólogo y científico del siglo XX, Teilhard de Chardin, quien le dedicara a esta un himno: "Bendita seas, poderosa Materia, evolución irresistible, realidad siempre naciente, tú que

EDGAR PRIETO NAGEL

haces estallar en cada momento nuestros esquemas y nos obliga a buscar cada vez más lejos la verdad…" (Himno a la Materia).

La materia pensante:

La idea de un alma inmaterial, definitoria del individuo y responsable de su actividad mental está universalmente enraizada. En el caso de occidente remontable a Pitágoras y a Platón este último imaginó al hombre como perteneciente por origen y destino a la esfera del espíritu con el cuerpo físico como solo su morada transitoria. También Aristóteles consideró el raciocinio como producto de lo inmaterial. La coincidencia del cristianismo con el platonismo otorgó al concepto de alma su plataforma de diseminación. Pensadores cristianos posteriores influyentes como Descartes y Kant atribuyeron igualmente el pensamiento al espíritu.

Cuando Ramón y Cajal, Golgi y von Waldeyer descubrían a fines del siglo XIX que el cerebro, al igual que todo otro órgano, se compone de células y que estas se encuentran acopladas por puntos de contacto que mas tarde se denominarían sinapses, nadie pudo entonces sospechar que aquello llevaría al descubrimiento de un cerebro por si mismo capaz de pensar. Que la materia, de cierta manera organizada, es capaz de pensar.

Hodgkin y Huxley mostrarían que las neuronas son baterías eléctricas microscópicas que traspasan su electricidad a otras neuronas a través de sus sinapses. Eccles descubriría que esas sinapses de contacto no solo transmiten el impulso eléctrico sino que también funcionan a manera de interruptores regulando el tráfico eléctrico cerebral mediante mediadores químicos incorporados. Erik Kandel, ya en la década de los 1980s, dejaría en claro el mecanismo a través del cual esos mediadores químicos le dan al recuerdo una base física en las sinapses, es decir del aprendizaje. Hoy se sabe todo aprendizaje supone una modificación de la microarquitectura cerebral y que modificar la microarquitectura sináptica significa modificar las ideas. La ideas, de contrapartida y a la manera de bumeráns modulatorios, modifican la microarquitectura sináptica en un proceso de retroalimentación mutua y constante durante la vida. El *hardware* determina dinámicamente el *software* y este, a su vez, modifica su propio *hardware* y ambos, simultáneamentente, modifican el entorno que influye de vuelta sobre ambos. Las técnicas cada vez mas sofisticadas para el estudio cerebral confirman este hecho.

Pensamiento y materia se perfilan como indisolublemente ligados donde uno influye y modifica al otro modificándose a si mismo en un proceso dinámico que borra sus fronteras separatorias.

A redefinir la libertad:

Occidente, desde sus inicios como cultura, alimentó la idea de un hombre libre.

Los griegos antiguos consideraron libertad, moral y raciocino como tres formas de expresión del logos universal. Quien razona correctamente actúa correctamente con la única retribución a su actuar correcto que el de saberse a si mismo en la verdad. Las normas de su Oráculo de Delfi fueron tan simples como prácticas: conócete a ti mismo y se sobrio.

En el caso judío la religión transminó todo su quehacer colectivo vinculado a la palabra de sus profetas con una implícita desvalorización de lo electivo. El raciocinio se convirtió en mas bien un obstáculo para alcanzar la verdad (Adán y Eva son expulsados del Paraíso justamente por comer la fruta del conocimiento). La moralidad no tuvo otra dirección que la obediencia a sus textos proféticos. La dependencia de su porvenir como pueblo a la gracia divina convirtió la actitud religiosa en una responsabilidad patriótica.

Al ensamblamiento de la filosofía griega con el Judaismo a través del Cristianismo el hombre quedó incorporado al proyecto histórico divino del Judaismo aunque, en concordancia con la propuesta griega, como un ser racional y libre. El antagonismo de libertad con omnisapiencia divina y la idea del Pecado Original generaron obviamente problemas y asi sus teólogos apelaron a diversos malabarismos lógicos para resolverlo. Para Tomás de Aquino existió una libertad humana, para Calvino no. Entre los filósofos hubo igualmente divergencias. Para Spinoza la sola posibilidad de un hombre libre le pareció un absurdo, Rousseau y Hegel la concibieron mas bien como un proyecto colectivo y los existencialistas la redujeron a un problema de pura imagen. Kant, quien le dedicara al problema una especial atención (Crítica de la Razón Práctica) consideró la existencia de principios universales de conducta, los imperativos categóricos, que al estar naturalmente incorporados al hombre y al ser descubribles a través el raciocinio otorgaban una opcionalidad pero que dada su universalidad conllevaban simultáneamente una obligatoriedad. La paradoja humana de una libertad obligatoria.

Kant puede considerarse el último pensador libre de la "contaminación biológica". El darvinismo hecharía por tierra el mito de la creación de Adán y Eva en un Paraíso. Freud sacaría a luz la enorme influencia del subconciente y la sexualidad en la conducta y, finalmente, el ADN vendría a explicar la coerción conductual que conlleva la biología.

Hoy sabemos que el programa biológico gobierna toda la vida desde la fecundación del óvulo, el desarrollo del feto, el nacimiento, el crecimiento en la niñez, el despertar de su sexualidad en la pubertad y los otros aspectos mentales y conductuales asociados a las diferentes etapas de la vida. En los casos de falla de ese programa, especialmente con consecuencias neurológicas o psiquiátricas, la sola idea de libertad resulta una broma macabra. El código genético determina no solo las características físicas sino también rasgos personales altamente definitorios como el timbre de voz, los ademanes, la forma caminar, la armonia estética y las habilidades motoras. Aspectos como la inteligencia, la capacidad para la empatía, la sociabilidad, la tendencia a la sensualidad, las inclinaciones sexuales, la agresividad, la predilección por ciertos colores y las habilidades artísticas muestran también ser en alto grado genéticamente determinadas. La desobediencia a este programa biológico sucede al precio de la disarmonía y la infelicidad o como C.G. Jung lo formulara *"yo no me creo a mi mismo sino que voy al encuentro de mi mismo"* o en la expresión de Voltaire *"podemos hacer lo que queremos pero no podemos decidir lo que queremos"* (...aunque hacer lo que queremos parece también una exageración).

Hoy también sabemos en cuan alto grado nuestras funciones corporales, incluyendo lo mental, se encuentran reguladas por automatismos. Millones de receptores sensoriales (visuales, auditivos, táctiles, olfatorios y gustativos) nos informan continuamente acerca de lo que sucede a nuestro alrededor reaccionando automáticamente de acuerdo a su programa proporcionándonos únicamente la información que nos es necesaria para nuestro funcionamiento. Rodeados de una gran diversidad de ondas electromagnéticas (radio, ultravioleta, infraroja y otras) al ser nuestros receptores, con excepciön de la luz visible, insensibles a estas tampoco tenemos las percibimos. El mundo percibido como real es por tanto altamente parcial y, en gran parte, una ilusión. Ese sistema receptivo, de por si deficiente, nos permite sin embargo interactuar satisfactoriamente con nuestro entorno. Un falla en ese sistema implicará para el individuo un colapso parcial o total de su concepción del mundo. Una aplopegia cerebral podrá, por ejemplo, hacer que la mitad del mundo sencillamente desaparezca y el individuo acabará vistiendo sola la mitad de su cuerpo o afeitandose solo la mitad del rostro porque para él la otra mitad no existe. Adicionalmente trillones de receptores electroquímicos a nivel celular actúan permanentemente a manera de interruptores activando y desactivando automáticamente todas las funciones desde la posición corporal en el espacio, la presión arterial, la actividad intestinal, las frecuencias cardiacas y respiratorias, la movilización de los depósitos de energía para uso inmediato, la deposición del exceso de energía en depósitos para uso futuro, la secreción de las hormonas específicas para determinadas funciones, la dilatación o la contracción pupilar, la expresión facial, el hambre, la sed, el deseo sexual, etc. Esos receptores operan totalmente al margen de la conciencia informando a la corteza cerebral solo en caso de malfuncionamiento.

Ud no tiene idea de sus intestinos o de su corazón o de sus articulaciones mientras allá no se registre una falla. Si su corazón bombea disciplinadament (con un grado de ejercicio normal) sus 7200 litros de sangre, sus pulmones aspiran sus 860 litros de aire y sus riñones filtran sus 180 litros de fluido convirtiendolo en litro y medio de orina, todo ello diariamente, Ud no le dedicará su atención a ninguno de esos órganos. Si su tubo digestivo descompone el alimento en las moléculas energéticas correctas y su sangre porta los nutrientes y el oxígeno del caso a todas sus células de acuerdo al programa todo estará en orden. Si sus sensores externos (visuales, táctiles, etc) trabajan como deben y sus neuronas reciben esos estímulos activandose normalmente y trasmitiéndo su electricidad a los lugares correctos Ud se ubicará correctamente en el espacio, mantendrá su balance corporal, podrá caminar, pensar, conversar y realizar sus actividades cotidianas sin percibir siquiera que Ud cuenta con un sistema nervioso. La única señal que Ud recibirá de ese conjunto de órganos será la de bienestar. Puesto que Ud es un animal gregario e inteligente ese bienestar también supondrá el aprecio del entorno social y alguna forma de estímulo intelectual. Pero cualquier falla en esos u otros órganos mandará a su corteza cerebral la señal de alarma en forma de dolor, malestar, cansancio, agitación, mareos, nerviosismo o alguna otra sensación desagradable. La advertencia será clara "!falla de función!" "¡reparación necesaria!. Su orden dinámico interno ha sido alterado. Lo que antes no le despertaba la mas minima atención ocupará ahora y repentinamente gran parte de sus pensamientos. Si los procesos autoreparativos de su organismo no logran restablecer el equilibrio ello lo llevará usualmente al médico con la esperanza de que ese desorden sea solo parcial y reversible y no el preámbulo de ese desorden total, progresivo e irreversible que define la muerte.

A esos aspectos estructurales se suma el condicionamiento externo o medioambiental, o sea del aprendizaje, especialmente durante la niñez, altamente modelante de los contenidos cerebrales y determinante de la conducta y en la práctica producto del puro azar. El lugar, la cultura, el tipo de familia, la escuela y la clase social en las que el individuo nace y crece son aspectos totalmente carentes de opcionalidad pero igualmente modelantes, y a un nivel mayormente subconciencial, de la visión del mundo y de los patrones conductuales a lo largo de la vida.

La neurociencia experimental revela el automatismo cerebral como responsable de las decisiones al margen de la conciencia la misma que se limita a su sola viabilización. Benjamín Libet de la Universidad de California mostró a la decisión subconsciencial precediendo en varias milésimas de segundo a la conciencial y John Dylan-Haynes del Centro de Neurociencia Computacional de Berlín que la subconsciencia decide con hasta 6-7 segundos de anterioridad a la "decisión conciencial". Patrick Haggard del Instituto de Ciencia Cognitiva de Londres, por su lado, usando estímulos magnéticos sobre el cerebro mostró la posibilidad de influir en la toma decisiones al margen de la conciencia. Dylan-Haynes expresa "*¿como puedo llamar una voluntad mía sino sé siquiera cuando esta tiene lugar y que es lo que ella ha decidido hacer?*".

Todo indica que es la enormemente intrincada interacción de los algoritmos biológicos definitorios del individuo y la respuesta de estos tanto a la calidad como la intensidad de los estímulos externos lo que genera esa ilusión de libertad. Esa enorme complejidad implica una tan extensa, y por ello en una situación dada dificilmente previsible, variedad de posibles resultados conductuales otorgando al proceso una apariencia de opcionalidad. La constante interacción entre lo genético y el aprendizaje (incluyendo las experiencias existenciales) en un mundo cambiante, interacción capaz a lo largo del tiempo de modificar el patrón reaccional individual (uno es el mismo pero al mismo tiempo distinto a los 40 que a los 20 años) complican aún mas el proceso. En otras palabras los algoritmos biológicos individuales, incluyendo los sinápticos generados por el aprendizaje, "deciden" subconsciencialmente pero en una tan complejísima interacción mutua que otorga a esa decisión un grado de imprevisibilidad homologizable a una suerte de libertad. En términos colectivos, es decir como especie, y en una perspectiva evolucionaria, esa coerción del sistema se muestra aún mas intransigible, mas trasminada de una subconsciencialidad y mas ajena a toda forma de misericordia.

Un único rasgo cerebral se aproxima a algo concebible como libertad, la asombrosa capacidad del lóbulo frontal de generar conceptos abstractos y escenarios imaginarios, al presente y al futuro, asociando ambos hacia una conducta coherente. En otras palabras la emergencia de motivaciones, anhelos, sueños y esfuerzos en función de estereotipos imitables y en concordancia con las demandas sociales, las ambiciones propias y los principios ideológicos, políticos, religiosos y morales vigentes. Si este proceso también responde a automatismos preprogramados es algo que todavía permanece como un total misterio.

El impacto social de esos avances se ha hecho inevitable. Enfermedades antes consideradas sobrenaturales o expresión de decadencia moral como la esquizofrenia, la manodepresión, la epilepsia o alteraciones conductuales como el autismo son hoy sobriamente encaradas como simples transtornos de la microarquitectura y la bioquímica cerebrales. Conductas antes vistas como formas de inmoralidad, como el alcoholismo o la piromanía compulsiva, entran hoy bajo el rubro de enfermedad. Divergencias sexuales como la homosexualidad y el transexualismo, al sabérselas genéticamente determinadas y con ello fuera del control individual, son consideradas ni moral ni jurídicamente sancionables. Criminales (independientemente de lo horrendo de sus crímenes) cuya conducta criminal muestra ser el resultado de un transtorno psíquico son hoy, en los países mas avanzados, condenados a tratamiento psiquiátrico.

La colectividad moderna se enfrenta a la evidencia del extremo condicionamiento humano al sistema que lo genera y mantiene con un implícito cuestionamiento al llamado libre arbitrio y una demanda de su redefinición. Un Kant hoy resucitado llegaría probablemente a su antigua conclusion de una libertad humana como obligatoria pero con el aditamento de que esa libertad pasa por deshacerse de su biología.

El nacimiento de un nuevo sentido de coherencia:

Los aspectos científicos arriba anotados, contradicctorios con la visión clásica occidental, no pueden sino llevar paulatinamente a un replanteo ideológico. De hecho la secularización con inicio en el Renacimiento obligó a la Iglesia Cristiana, asi sea a regañadientes, a una revisión periódica de sus dogmas. No hay hoy un cristiano que no acepte el geocentrismo y, con excepción de los sectores ultraconservadores, no hay muchos que no admitan la especie humana como producto de la evolución biológica y la actividad mental como resultado de la actividad cerebral. Lejos están aquellos tiempos cuando el divergente de la ortodoxia religiosa corría el riesgo de ser acusado de herejia, sometido a prisión y circunstancialmente torturado y ejecutado. Lejos está también la secular estigmatización de toda sexualidad que excediera lo estrictamente reproductivo con la consiguiente e inmotivada sensación de culpa colectiva y decenas de miles de víctimas (como el caso de los famosos "hijos naturales"). El avance de la ciencia no solo ha hechado por tierra muchos de los dogmas religiosos sino también forzado a la religión a una actitud de mayor tolerancia.

Pero la ciencia de los últimos decenios muestra además un intervencionismo humano en áreas tradicionalmente consideradas como exclusividad divina. Generar artificialmente elementos atómicos y códigos genéticos, manipular esos códigos genéticos y crear nuevas especies biológicas, mezclar en el descendiente los genes de dos madres y de un solo padre, introducir a un cuerpo órganos ajenos como sucede en la trasplantación o liberar la energía de lo mas íntimo de la materia, el átomo, despiertan espontáneamente la idea de una modificación del designio original divino. La pretensión humana de abandonar su propio planeta y colonizar otros no parece sino un desafío al plan bíblico de una especie creada para habitar un solo planeta. El desarrollo de la inteligencia artificial, por su lado, promete al futuro la posibilidad de máquinas con capacidad de pensamiento autónomo similar o superior al humano abriendo con ello un horizonte ilimitado.

Las minorías científicas mas talentosas, las mas de ellas todavía pertenecientes a occidente, van cambiando de hecho la fisonomía mundial a un ritmo que imposibilita toda reflexión alcanzando con sus tentáculos los villorios mas lejanos del planeta. Lo que en las épocas precedentes tuvo una influencia, si alguna, solo indirecta en las regiones periféricas, la actual es no solo casi inmediata sino también totalizante y coercitiva. La televisión satelital, la telefonía celular y la internet muestran un poder transformatorio explosivo capaz de modificar las relaciones sociales, las formas de pensar y los estilos de vida en apenas el lapso de una generación.

Con un pensamiento cada vez mas universalista las minorías mas educadas de occidente encaran el problema ideológico de una forma crecientemente sobria y con un saludable rechazo a toda intolerancia religiosa y sus frecuentes enfrentamientos y rivalidades. Ante el escenario de intolerancia surge hoy el mismo sentimiento de rechazo de Jonathan Swift de que "tenemos suficiente religión para odiarnos pero no la suficiente para amarnos los unos a los otros". Para esas minorías educadas resulta una insolencia reducir lo divino, como prácticamente lo hacen todas las religiones, a un ánimo exclusivista, a una quisquillosa mezquindad y a un espíritu vengativo. Atribuir a Dios el severo juzgamiento de banalidades como comer o no carne de cerdo, llevar no o prepucio en el pene, orar o no en dirección a la Mecka, matar de una forma especial al animal que le servirá uno de comida o que el color blanco otorgue a una vaca el carácter de sagrado ridiculiza lo divino encima de lo inteligentemente tolerable convirtiendo lo sagrado en parodia de circo. En esa ganancia moderna en pensamiento abstracto la omnisapiencia atribuible a Dios se la asocia a una igualmente infinita generosidad, magnanimidad y tolerancia. En otras palabras a un Dios por encima de todas las religiones. O como el escritor israelí Amos Oz (*Como curar a un fanático*, 2002) ilustra en la alegoría del judío que por casualidad acaba sentado junto a un anciano en un café de Jersusalén que muestra ser el mismísimo Dios y al cual el judío le pregunta algo que siempre le ha intrigado "Señor, dime por favor de una vez por todas, ¿cual es la religión verdadera, el Judaismo, el Cristianismo o el Islam?", a lo que Dios le responde "Para decirte la verdad hijo mío no soy religioso, nunca he sido religioso y nunca me he interesado por la religión".

Histöricamente han sido siempre los creyentes los que han mostrado una mayor agresividad y ejercido una mayor violencia sobre los no creyentes. Con excepción de cortos periodos históricos y zonas específicas como durante la Revolución Francesa, los inicios de la Revolucíón Mexicana, la zona republicana durante la Guerra Civil española, el bloque comunista durante el Imperio Soviético y la China maoista, los no creyentes han mostrado mas bien una actitud pacífica y tolerante respecto a los creyentes. Por el contrario ha sido prácticamente universal y permanente la agresividad de los creyentes sobre los no creyentes con largos periodos históricos y extensas zonas del planeta donde el rechazo del individuo a la religión vigente llegó simplemente a ser el equivalente al suicidio. El cristianismo ejerció durante siglos una sistemática "cacería de brujas" contra los no creyentes incluyendo la tortura y el asesinato y en el mundo islámico el abjurar de su religión es hasta hoy considerado un delito de tal magnitud que puede fácilmente conducir a la pena de muerte.

En las nuevas generaciones, especialmente de la Europa Central y del Norte, se va dando lugar a una concepción religiosa mas abstracta y menos exclusivista que la de sus padres con porcentajes significativos de jóvenes que se declaran no creyentes o agnósticos y minorías de creyentes que mas bien se aproximan a una concepción religiosa universalista. La menor vulnerabilidad de esos ciudadanos gracias a sistemas sociales protectivos y al avance de la salud pública hace que la protección religiosa se les haga menos necesaria sin que ello afecte, contra lo que muchos postulan, su respeto por las normas morales.

En USA, dados su orígenes puritanos, los grupos mas conservadores se aferran todavía a la ortodoxia bíblica. La idea del Dios bíblico está profundamente enrraizada en la mentalidad colectiva asociada a una suerte de mesianismo como pueblo justificante de una política internacional agresiva. La inscripción del billete del dólar asi lo dice "In God we trust ". Creer en Dios conlleva connotaciones patrióticas sometiendo al no creyente al riesgo de una estigmatización social. Las encuestas del Pew Research Centre muestran que la mayoría de los norteamericanos prefieren a un Presidente anciano o sin experiencia o abiertamente homosexual a un ateo y que el ciudadano promedio considera a un ateo como menos confiable que un violador. Sin embargo las cosas van cambiando. Por primera vez en la historia de USA los no creyentes se atrevieron el 2014 salir en una manifestación pública en Ohio y organizarse en la Secular Student Alliance contando ahora también con un canal de TV propio The Atheist Channel. En los círculos intelectuales norteamericanos se observa por lo demás una creciente tolerancia hacia otras religiones que la cristiana y una clara duda respecto al texto bíblico.

Resulta paradojal que un país tan fuertemente religioso como USA sea también el por hoy la punta de lanza del desarrollo científico y de la innovación tecnológica y con ello con la mayor actividad modificatoria del planeta. Si, como sostienen el Cristianismo, el Judaísmo y el Islam, Dios creó un mundo perfecto no tiene sentido el pretender modificarlo. La Biblia castiga de hecho a Adán y Eva con su expulsión del Paraíso por comer del árbol del conocimiento y a los pueblos de la Tierra con la confusión de las lenguas por su pretensión de construir una torre que alcanzara el cielo (la de Babel). Ambos hechos son interpretados por el Dios bíblico como rebelión y soberbia. Un país profundamente cristiano como USA debería consecuentemente dejar el mundo como está, perfecto, y no pretender modificarlo. Pero las reglas de la evolución y el programa humano como especie se sustraen a cualquier religión. La oposición subconsciencial hacia lo biológico es demasiado fuerte para ser inhibida. Occidente y, mas en concreto USA, asi lo confiman. No en vano Oswald Spengler (La decadencia de occidente, 1918-22) habia certeramente postulado "el alma faustiniana" como lo mas mas definitorio de Occidente. Un respeto por lo divino pero plagado de una oculta rebeldia. Al servicio de Dios pero deseando simultáneamente convertirse él mismo en Dios o al menos, a la manera nietzcheana, en superhombre. La sumisión asociada a las plegarias como solo una välvula de seguridad, un "por si acaso" y la resignación del Job bíblico como válida para solo las prédicas religiosas con un quehacer práctico reflejante mas bien de la búsqueda del control de la naturaleza y de su perfeccionamiento. La minimización de la incertidumbre, la maximización del conocimiento y el acceso a la energía total.

En la católica Latinoamérica se da, asi sea a paso lento, una progresiva toma de distancia de la autoridad Papal estimulada, entre otras cosas, por los extensos escándalos de pederastría entre sus sacerdotes, la tozuda negación de la Iglesia Católica al uso del preservativo entre sus creyentes y a su condena del aborto.

La violenta y furiosa oposición del Islam a la ideología de occidente coincide cronológicamente con la explosión tecnológica-científica hoy observable que amenaza con arrasar sus mismas bases como religión. Dadas sus característica definitorias, sumisión y fatalismo (la palabra Islam significa justamente sumisión), la modernidad abanderada por occiente es correctamente interpretada por sus seguidores como una amenaza contra su misma escencia como ideología y de ahí la radicalización como una lucha "a muerte" contra occidente. Por cierto que la mayoría de los musulmanes son gente pacífica y acogedora que, como todos los humanos del planeta, solo desean en vivir en paz practicando su religión asi sea al precio de una invasividad prácticamente totalizande en su quehacer social. Pero al fin y al cabo esa religión les brinda seguridad emocional y una fuente de identificación cultural. Para los sectores radicales esa oposición a occidente adquiere sin embargo el valor de una obligación moral para con Dios y de ahí su incondicionalidad. Pero independientemente de cuantos actos de terrorismo y decapitaciones le estén incorporados esta es una lucha contra reloj y condenada a la derrota. La ciencia moderna, la computación, la internet, la telefonía celular y la televisión satelital no conocen fronteras invadiendo el mundo islámico con la misma fuerza que cualquier otro sitio del planeta. El libre intercambio de ideas, el derecho a la duda y la tolerancia religiosa no pueden frenarse así se vuelen trenes de pasajeros por lo aires, se pongan bombas en escuelas y hoteles o se hagan cruzadas suicidas. El impulso evolucionario humano, incorporado a la misma estructura del mundo, es demasiado fuerte para poder ser frenado por actos que, en términos evolucionarios y a pesar de su dramatismo y costo en vidas humanas, no son sino incidentes pasajeros.

Al nivel actual del desarrollo científico y a la luz de la investigación de la historia antigua estamos en condiciones de afirmar que la famosa sentencia del Génesis de "Dios creó al hombre a su imagen y semejanza" es justamente lo contrario. Es, en los hechos, el hombre quien créo a Dios a su propia imagen y semejanza. En esa proyección humana de sí mismo en un ser imaginario y acorde a sus necesidades los semitas lamentablemente proyectaron en este algunas de las peores características humanas: sectarismo, mezquindad, racismo, arbitrariedad y vengatividad. De haberlo imaginado diferente nos hubiéramos probablemente ahorrado mucha sangre. Este fenómeno de proyección humana de si mismo en sus dioses no es sin embargo y de ninguna manera una exclusividad semítica.

Toda religión, al margen de ser un andamiaje mental otorgante al mundo de una cierta coherencia, resulta una catarsis del subconciente colectivo, una proyección humana en esos dioses de sus miedos, pasiones y anhelos. Esto es aplicable a toda mitología y a toda religión, sin excepción, con especial visibilidad en mitologías como la hindú y la griega.

Lo tragicómico del proceso, independientemente del tipo de religión, es la igual absurdidad de sostener con certeza la existencia de Dios (o de dioses) como de lo contrario no existiendo en los hechos ni un solo argumento válido probatorio de lo uno o de lo otro. Lo único cierto es que no lo sabemos. Tan igual de cierto como es nuestro deseo de la existencia de una suerte de inteligencia universal suprema que provea al mundo de una coherencia, a la existencia humana de un sentido y, en momentos de desesperación, un consuelo. En un mundo cuya complejidad excede nuestra capacidad de comprensión ese deseo constituye para la mayoría de los humanos una imperante necesidad y, para algunos, el justificante mismo de su existencia como individuos. Pero si esa inteligencia suprema universal realmente existe esta es, con toda seguridad, abismalmente diferente al Dios bíblico y al de las otras religiones y muchísimo mas coincidente, por el mismo hecho de ser divinidad, con la alegoría de Oz, es decir que no es religioso, que nunca ha sido religioso y al que nunca le ha interesado la religión. Admitir el desconocimiento de la existencia o no de Dios no es, por lo demás y como muchos creyentes postulan, una muestra de soberbia sino mas bien de humildad. ¿Cuanta sangre y odio entre humanos se hubiera ahorrado a lo largo de historia con solo una pocas palabras expresantes de esa humildad intelectual? Las palabras mágicas de "me gustaría saberlo pero en realidad, no lo sé".

La idea frecuentemente sostenida de sin religión no hay moral y del no creyente como predispuesto para cualquier acto de inmoralidad se muestra igualmente falsa. Lo real es que la moral, como se explicó en la parte referente al hombre y su biología, es, mucho mas que un producto cultural, algo naturalmente incorporado a la propia estructura cerebral y otorgado por la misma evolución. Cada individuo, creyente o no, es así portador de un código moral con diferencias individuales mucho mas relacionadas con la capacidad para la empatía que con las convicciones religiosas. Quien siente empatía por su prójimo respetará a ese prójimo y actuará en consecuencia. Así de sencillo. Y así la historia muestra igual entre creyentes como en no creyentes individuos dotados asi sea de una intachable moralidad o de una repudiable inmoralidad. El rol de la religión como promotora de un comportamiento moral es solo disuasivo, el temor al castigo divino y la esperanza de un premio.

Las religiones exclusivistas con el monopolio de la verdad se tornan, en un mundo crecientemente globalizado, en disfuncionales y en obstáculos para el desarrollo de un clima de paz. El Dios semita (judío-cristiano y del Islam), intransigente, malhumorado y separado de la materia se hace cada vez menos compatible con un mundo crecientemente integrado que demanda tolerancia. Sin afectar lo central occidental de una humanidad constructora de su civilización como un camino para el reencuentro con lo divino un cambio de actitud mental parece surgir como una necesidad ineludible. El grueso de la población mundial, debido fundamentalmente a la falta de educación, se muestra por cierto todavía resistente a cualquier otra forma nueva de pensamiento que no sea el religioso en una suerte aferramiento a la ortodoxia de las diferentes religiones como fuente de protección y seguridad emocional. El fanatismo religioso suele mostrar una relación inversamente proporcional al nivel educativo, a menor educación mayor fanatismo. Un cambio mental hacia una actitud religiosa mas tolerante tendrá asi que ir paralelo a un aumento del nivel educativo y a sistemas socio-econömicos que brinden al individuo seguridad y confianza,

LAS TRES CONCEPCIONES RELIGIOSAS BÁSICAS

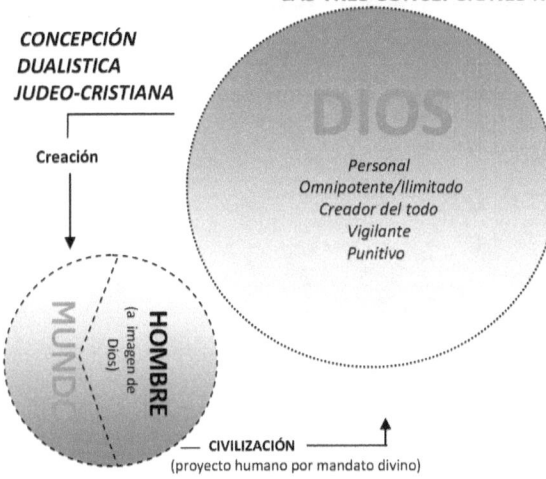

CONCEPCIÓN DUALISTICA JUDEO-CRISTIANA

Creación

DIOS

Personal
Omnipotente/Ilimitado
Creador del todo
Vigilante
Punitivo

HOMBRE
(a imagen de Dios)

MUNDO

— CIVILIZACIÓN —
(proyecto humano por mandato divino)

Tiempo lineal
Civilización como proyecto divino-human
Creación súbita del mundo y el hombre
Dios personal e intervencionista
Encuentro del hombre con Diosoal final de los tiempos

Racionalista
Extrospectiva
Analítica y parcializante
Optimista
Competitiva
Antropocéntrica
Relevancia de la corporalidad

CONCEPCIÓN HOLÍSTICA ORIENTAL *(con excepción de China dada allá la influencia del mas pragmático confucionismo)*

DIOS
Impersonal-Indefinible-Ilimitado
HOMBRE,
plantas, animales,
naturaleza inerte

MUNDO

Dios trasminante del mundo
Dios no intervencionista
Creación repetitiva de lo existente
Tiempo circular
Individuo sometido a ciclos existenciales-reencarnación

Intuitiva y sintetizante
Introspectiva
Universalista
Contemplativa
Fatalista
Equilibrio con naturaleza
Menor relevancia de la corporalidad

CONCEPCIÓN DUALISTA TEOCÉNTRICA (ISLAM)

DIOS
Personal, omnipotente, vigilante, punitivo
MUNDO
HOMBRE

Dios personal y separado del mundo material Dios intervencionista. punitivo y premiador
Tiempo lineal
Exigencia de subordinación total

Sumisión ideológica como virtud central
Alto poder sacerdotal
Rigidez doctrinal
Ciencia subordinada a religión
Fatalista
Socialmente protectiva
Menor relevancia de la corporalidad

LA NUEVA CONCEPCIÓN EMERGENTE EN OCCIDENTE

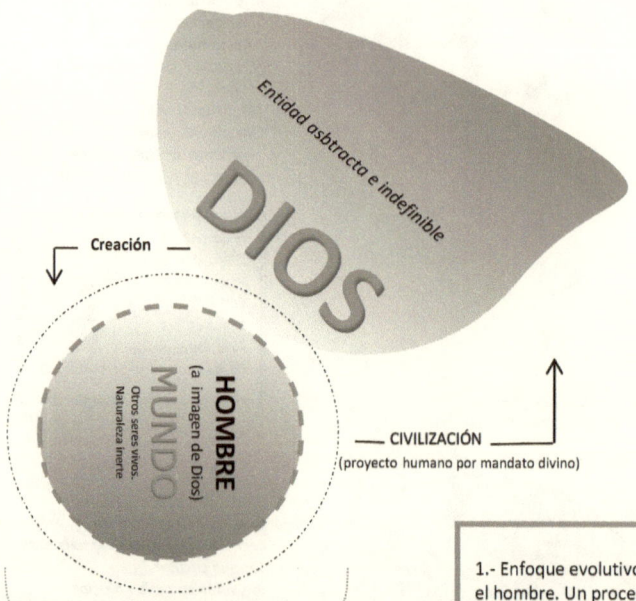

Entidad asbtracta e indefinible

DIOS

Creación

HOMBRE
(a imagen de Dios)

MUNDO
Otros seres vivos.
Naturaleza inerte

CIVILIZACIÓN
(proyecto humano por mandato divino)

Noosfera
2,5 millones de años
(contando desde los primeros homínidos)
Esfera expansiva del conocimiento inteligente
progresivamente invasiva de lo secularmente
considerado divino y cuya evolución está basada
en la concurrencia sináptica

Biosfera
3,5 billones de años
Seres vivos formando una cutícula
de aprox. 5 kms de espesor que rodea
al planeta Tierra con evolución
basada en la concurrencia genética.

Litosfera
13,5 billones de años
mundo mineral inerte.

1.- Enfoque evolutivo del mundo, incluyendo
el hombre. Un proceso implicante de una
ganancia en complejidad.
2.- El ser humano como parte todo lo vivo y
producto de una evolución global. La
separación hombre-mundo y hombre-animal
se acorta
3.- Tendencia a concebir lo divino en términos
mas abstractos y a una revalorización de la
materia. Menor distancia entre materia y
espíritu.
4.- La expansión de la actividad mental
humana como una aproximación a la esfera
tradicionalmente considerada como
exclusividad divina.
5.- Actitud de mayor tolerancia y apertura a
las concepciones religiosas divergentes con el
cristianismo y una creciente actitud crítica
hacia la ortodoxia bíblica

CAPÍTULO XVI

¿Y AHORA A DONDE?

La explosión científico-tecnológica contemporánea:

La explosión científica y tecnológica actual con su asociado proceso de globalización señala el surgimiento de una nueva época. Aldeas remotas ancladas por milenios en la quietud de lo ancestral y primitivo se ven hoy súbitamente conectadas por esas tecnologías a una modernidad transformante de sus estructuras tradicionales. El mundo se achica y cambia con una vertiginosidad anulante de toda posible reflexión. Automatización, robótica, informática, telefonía celular, clonación genética, alimentos transgénicos, internet, realidad virtual, blogs, bits y bytes han invadido la cotidianidad conllevando elementos profundamente transformantes que ignoran las preguntas de a donde y para que. Se calcula que en ya el 2020 el mundo estará interconectado por 80 billones de artefactos, el 50% de ellos de bolsillo, y que las conexiones a la internet habrán alcanzado la cifra de 5 billones.

Detrás del fenómeno descansan dos hechos: el extraordinario aumento en la velocidad en la transmisión de la información y la mayor cantidad de información accesible acerca del mundo.

La emergencia de la neurona hacen 500 millones de años había implicado un decisivo salto en la velocidad del traspaso informativo respecto al gene pasándose de horas, días o años a milésimas de segundo, modificando con ello la biosfera. La moderna implementación de circuitos eléctricos maquinales en el procesamiento informativo implica un nuevo salto. El impulso nervioso biológico, con un máximo de velocidad por debajo de los 100 ms/segundo, pasa a los 300.000 kms/segundo del eléctrico maquinal. Este nuevo sistema no se encuentra además limitado en su expansión por un cráneo rígido ni distorsionado por la emocionalidad o el olvido.

El enorme avance de prácticamente todas las ciencias en los últimos decenios, el desarrollo económico mundial y el crecimiento demográfico han generado un aumento tanto del volumen de producción informativa como de la necesidad de acceso a esa información convirtiendo la información analógica en anacrónica. En el año 2000 el 75% de la información almacenada en el mundo era todavía analógica. El 2002, por primera vez en la historia, el volumen de información digital superó a la analógica marcando con ello el inicio de la era digital. En el 2007 el 94% de la información total ya era digital y todo indica que la información analógica camina irremisiblemente a su extinción. Esta transición a lo digital ha conllevado una aceleración en prácticamente todas las actividades humanas, desde los hábitos de consumo y los métodos de aprendizaje en las escuelas hasta los movimientos de las bolsas de valores y las operaciones militares.

Mientras el grueso de la población acepta esta profunda transformación en marcha ya sea con indiferencia, entusiasmo, sorpresa o resignación pequeñas minorías se preguntan perplejas, y las mas de la veces en silencio, sobre sus riesgos y alcances tratando de convertir lo incomprensible en comprensible. Las voces orientadoras o de advertencia brillan por su ausencia en una suerte de abdicación colectiva ante lo inevitable.

El creador del lenguaje computacional Java y ex- Jefe Científico de la compañía Sun Microsystems, Bill Joy, pertenece a la minoría que advierte sobre esos alcances y riegos. En su famoso artículo *Porque el futuro no nos necesita* ("Why the Future doesn't need us", revista *Wired, 2000*) anota *"que estoy probablemente trabajando en la creación de instrumentos capaces de generar una tecnología que reemplace a nuestra especie"... "Cuando ese enorme poder computacional se asocie con los avances de las ciencias físicas y el nuevo y profundo conocimiento de la genética, se desatará un poder transformativo enorme. Esa combinación abre la oportunidad para rediseñar completamente el mundo, para bien y para mal. Los procesos de reproducción y evolución antes confinados al mundo natural se convierten en reino del esfuerzo humano".* A

Bill Joy se añaden ahora el astrofísico Stephen Hawking quien teme que' la inteligencia artificial se dispare por si misma rediseñandose a una velocidad fuera del control humano y el ejecutivo de la empresa constructora de la nave espacial Space X, Elon Musk, para quien la inteligencia artificial es "*nuestra amenaza existencial mas grande*".

Los enormes intereses económicos asociados a la nuevas tecnologías, las evidentes ventajas de muchas de ellas como la telefonía celular, la internet, la telemedicina o las terapias genéticas, la mortal concurrencia entre las compañías que las producen, la indetenibilidad incorporada a todo proceso evolutivo incluyendo lo centífico y el siempre latente y profundamente subconsciencial impulso humano de superación de sus propias limitaciones biológicas (concurrencia, enfermedad, envejecimiento y muerte) convierten la admonición de Roy y otras similares en inaudibles. Y así la absoluta mayoría de los intelectuales solo ven como fructífera una futura interacción entre lo biológico y lo maquinal.

Existe consenso entre los expertos que la producción de máquinas inteligentes o Inteligencia Artificial llevará inevitablemente a una explosión de la inteligencia maquinal o singularidad. El Profesor Emérito de matemáticas de la Universidad Estatal de San Diego, USA, Vernor Vinge. Vinge, en su "*The Singularity*" de 1993, plantea la inevitable superación maquinal sobre lo humano afirmando estarse "*al borde de un cambio comparable con el comienzo de la vida humana en el planeta*". Ray Kurzwell, por su lado, experto en programas computacionales para reconocimiento del lenguaje y fundador de la llamada Singularity University, considera en *La era de las máquinas espirituales* (The Age of Spiritual Machines, 1999) y *La singularidad está cerca: cuando los humanos trascienden la biología* (The Singularity is Near: When Humans Trascend Biology, 2005), que una interacción entre humanos y máquinas superinteligentes permitirá a los humanos ganar la casi inmortalidad prediciendo el 2045 como el inicio de la era post-humana. En su visión sería posible la obtención de "*una computadora que no produce calor, con cero consumo de energía, una memoria de aproximadamente mil trillones de trillones de bits y una capacidad de procesamiento de 10^{42} (10 elevado al 42) de procesos por segundo, lo cual es aproximadamente 10 trillones mas grande que todos los cerebros humanos en la Tierra*" y que esa explosión de la inteligencia "*nos* *permitirá trascender las limitaciones de nuestros cuerpos biológicos y de nuestros cerebros".*

Hans Moravec del Instituto de Robótica de la Universidad Carnegie Mellom sostiene en su *Robot: de solo máquina a mente trascendente* (Robot: Mere Machine to Trascendent Mind) la ausencia práctica de límites en el desarrollo de los robots. George B. Dyson, historiador de ciencia y autor de *Darwin entre las máquinas: la evolución de la inteligencia global* (Darwin Among the Machines: The evolution of Global Intelligence, 1998) que *"en el juego de vida y evolución existen 3 jugadores en la mesa: los humanos, la naturaleza y las máquinas. Yo estoy firmemente al lado de la naturaleza pero sospecho que la naturaleza está al lado de las máquinas"* Erik Drexler: experto en nanotecnología, autor de varios trabajos científicos sobre el tema y fundador en 1986 del Foresight Institute con la intención de preparar a la humanidad para el advenimiento de la nanotecnología, en su libro *Màquinas de creación: el advenimiento de la era de la nanotecnología* (Engines of Creation: The coming Era of Nanotechnology) sostiene que la combinación de inteligencia artificial y manipulación de la materia a nivel atómico abre la posibilidad de máquinas inteligentes de dimensión molecular. Por su lado Kevin Kelly, editor de la revista Wired, predice en su libro *The Technium* la emergencia de un cerebro global eventualmente inteligente como resultado de la interconexión de las computadoras del planeta. Hugo de Garis, investigador australiano en Inteligencia Artificial, en su escrito *The Artilect War*de, 2005, sostiene que la Inteligencia Artificial será probablemente el aspecto político dominante del siglo XXI.

Esas afirmaciones podrían considerarse simples elucubraciones de ciencia ficción de no ser la evidente presencia de las nuevas tecnologías en la vida diaria como la internet, la telefonía celular, las videoconferencias y las tarjetas electrónicas. Algunas de ellas, si omitimos su inevitabilidad, parecieran estar todavía bajo cierto control individual en la medida de que, al menos parcialmente, son optativas. Otras, dada su imperceptibilidad y a pesar de su alto nivel de presencia, no evocan una mayor reflexión como ser el aumento explosivo de las cámaras de vigilancia en los medios urbanos, el registro electrónico de las actividades como llamadas de teléfono, navegación en la internet o compras con tarjeta plástica, la progresiva disminución de la brecha separatoria entre lo biológico y lo maquinal, las enormes inversiones estatales y empresariales en seguridad cibernética, el dinero como solo cifras en los circuitos electrónicos bancarios y las operaciones militares ejecutadas por robots manejados a distancia.

Si bien la cibernética, en la que aquí se incorporan la Inteligencia artificial y la informática, se muestra por el momento como el factor mas visible de la actual transformación social, otras áreas, en apariencia mas modestas, vendrán igualmente a tener un impacto significativo. La genética, la física quantica, la robótica, la neurociencia y la nanotecnología, todo lo indica, vendrán a rediserñar el planeta. Todas estas ramas científicas son, por lo demás, interdependientes en la medida en que se influyen y nutren mutuamente para su desarrollo.

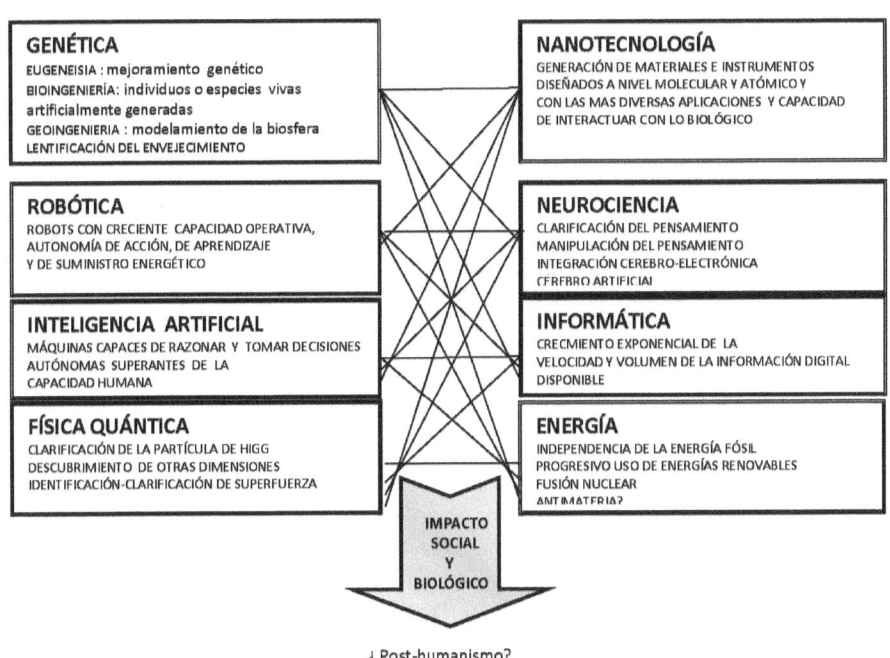

¿ Post-humanismo?
¿Nuevo homínido diferente al Sapiens sapiens?

La inteligencia artificial:

Medios auxiliares de cálculo y de la memoria los han habido en todos los tiempos desde piedrecillas agrupadas capaces de visualizar los cálculos mentales del hombre primitivo, pasando por el posterior ábaco para operaciones aritméticas algo mas complejas hasta, ya en el siglo XIX y principios del XX, las calculadoras mecánicas para operaciones de contabilidad y con presentación de sus resultados en papel. En la década de los 1940s la electricidad permitió la emergencia de las primeras computadoras capaces de operaciones matemáticas mas complicadas y a un comparativamente alto nivel de velocidad. La Harvard Mark1 de 1944, a manera de ejemplo, era ya capaz de trabajar simultáneamente con 72 números de hasta 23 decimales, hacer 3 sumas o restas por segundo, una multiplicación en 6 segundos, una división en 15,3 segundos y un cálculo logarítmico o trigonométrico en algo mas de un minuto. Dos años mas tarde la ENIAC, diseñada por la Universidad de Pensilvania, podía ya hacer 357 multiplicaciones de 10 dígitos por 10 dígitos o sacar 35 raíces cuadradas por segundo. Esas máquinas aparecen hoy como extremadamente lentas.

Fue fundamentalmente el húngaro-norteamericano von Neuman (1903-1957) quien estableció, en la década de los 1940s, el esquema estructural y operativo básico de la computación hasta hoy vigente:

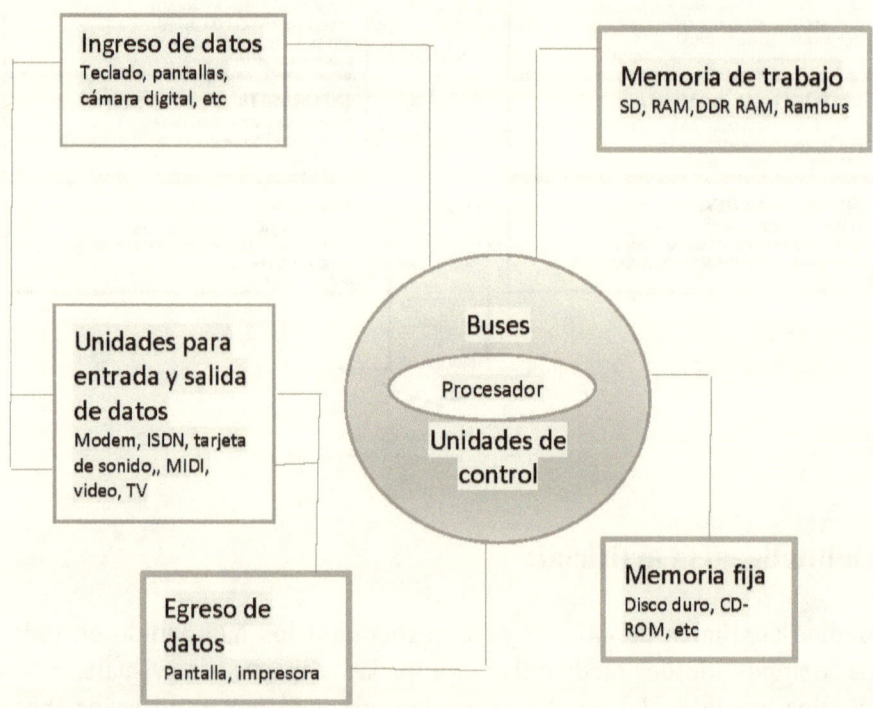

Procesador = o unidad central del procesamiento (CPU, *Central Processing Unit*) recoge las instrucciones de la máquina y ejecuta las operaciones básicas aritméticas, lógicas y de entrada/salida del sistema. **Buses** = acoples de comunicación entre los diferentes componentes. Transmiten datos, señales de control sobre el tipo de operación a ejecutarse y dirigen los datos al componente correcto. **Unidades de control**: dirigen la interpretación de las instrucciones y la transmisión de datos desde la memoria de trabajo a las otras unidades y viceversa. El centro vital de la computadora está por tanto en su procesador.

La computadora opera de una forma altamente similar a la cerebral con, sin embargo cuatro diferencias básicas: 1) La lentitud y la inexactitud cerebrales en comparación a la computadora 2) La ausencia de emocionalidad en la máquina en contraste con la deformación ejercida por la emocionalidad sobre la información cerebral 3) la capacidad cerebral de poder trabajar con información incompleta a completarse por analogía generando con ello escenarios hipotéticos, base de su creatividad 4) La capacidad cerebral de buscar espontáneamente la información necesaria para su propio trabajo.

Dado que la inteligencia maquinal es todavía incapaz de trabajar con información incompleta así como de buscar espontánea y activamente la información que le es necesaria para un determinado trabajo, esta es al presente totalmente dependiente del humano quien le proporciona la información necesaria y le dice a esta lo que debe hacer. De contrapartida, frente a la lentitud e inexactitud cerebrales la máquina aparece hoy como infinitamente superior.

El trabajo cerebral es, frente al maquinal, extremadamente lento. Las neuronas operan en base a estímulos eléctricos por ellas mismas generados con una frecuencia de algo por encima de la milésima de segundo. La unidad de procesamiento de cualquier computadora personal actual opera con una frecuencia de alrrededor de 2500 Megahertz, es decir alrrededor de 2500 millones de señales por segundo. Y ese procesadorno no sabe ademas del cansancio, ni el hambre, ni de simpatías o antipatías.

Las supercomputadoras modernas (alrededor de 500 en el año 2010 y de las cuales una mitad se encuentran en los EE.UU) operan a velocidades de tera y petaflops (trillones y cuatrillones de cálculos respectivamente) por segundo con las mas lentas por encima de 20 teraflops. La Nebulae china cuenta con un máximo teórico de velocidad de 2,98 petaflops y la Sequoia norteamericana de la IBM tiene una velocidad de trabajo de 16,3 petaflops. La Sequoia procesa en una hora lo que a toda la población actual humana (6,5 billones) provista de calculadoras de bolsillo le tomaría 320 años. Máquinas a exa –escala, con capacidad de un quintillón de cálculos (mil cuatrillones) por segundo, ya están en los planes.

Un flop = una operación puntual por segundo	1^1
Kiloflop = 1000 flops	10^3
Megaflop = 1 millón flops	10^6
Gigaflop = mil millones de flops (=1000 mgaflops	10^9
Teraflop = 1 millón de millones de flops = 1 trillón (= 1000 gigaflops)	10^{12}
Petaflop = mil trillones de flops (= 1000 teraflops)= 1 cuatrillón	10^{15}
Exaflo p = mil cuatrillones de flops (= 1000 petaflops) = 1 quintillón.	10^{18}
Zettaflop = mil quintillones de flops (= 1000 exaflop) = 1 hexillón	10^{21}

La capacidad computacional descansa en gran medida en la calidad y el tamaño de sus componentes, los chips, que compuestos de transistores almacenan y procesan la información. Su Unidad Central de Procesamiento (en inglés Central Processing Unit o CPU) interpreta las instrucciones de los programas y procesa los datos y su Memoria de Acceso Aleatoria (en inglés, Random Access Memory o RAM) carga las instrucciones accesibilizando estas a los otros componentes. Ambos trabajan en base a transistores. A mayor cantidad de transistores o, en la práctica, a menor tamaño de estos mayor el almacenamiento informativo por unidad de espacio y mayor la velocidad en el procesamiento. Obviamente otros componentes, como es el caso de los buses o canales de comunicacion entre los diferentes componentes, juegan un papel también importante para la velocidad de procesamiento.

Intel, punta de lanza en el desarrollo de los chips, fabricaba en 1970 chips portadores de unos pocos miles de transistores. En el 2011 esos mismos chips contenían 3 billones de transistores (de 22 nm cada uno) y con una capacidad de almacenaje de 364 millones de bits informativos. Privat Tran de Texas, usando tecnología convencional de óxido de silicio, promete para los próximos años transistores de 5 nm. En mayo del 2010 el Centro para Tecnología de Computación Quántica de la Universidad de New

South Wales, Australia, logró un transistor de 4 nm y la IBM anunció en enero del 2011 la obtención experimental de un chip compuesto de solo 12 átomos en contraste con los convencionales actuales de alrededor de un millón de átomos. En otras palabras la electrónica a escala atómica. La emergente computación quántica, basada en principios totalmente diferentes del transistor y millones de veces mas veloz que la computación convencional, hará probablemente aparecer los chips como artículos de museo. La tecnología del silicio ya cumplió su función. La Ley de Moore, planteada por Gordon Moore en 1965, de una duplicación de la velocidad computacional cada 2 dos años estuvo vigente hasta el 2003. Desde entonces no se ha podido aumentar la velocidad de procesamiento en el chip como unidad obligando a usar mas de un procesador para alcanzar una velocidad mayor. Como tampoco se ha podido reducir el nivel de voltaje operativo con el resultado de una producción ideseada de calor. De ahí la enorme atención actual en la tecnología nano que permita operar con sílice, carbón u otros materiales a una escala atómica.

Las conexiones intercomputacionales de transferencia informativa han sufrido igualmente, en apenas unos pocos años, un aumento exponencial de kilobytes a gigabytes por segundo.

Otro tanto sucede en cuanto al software con programas crecientemente avanzados desde programas altamente especializados de ingeniería hasta buscadores de datos en la internet, manipuladores de imágenes fotográficas y programas para la compra y venta relámpago de acciones en las bolsas de valores. La actitud mental va pasando del tradicional aprendizaje y la memorización de los conocimientos hacia la sola memorización de como lograr instantáneamente la información electrónica con la consiguiente desvalorización del conocimiento cerebralmente portado. El fotógrafo, el dibujante, el calculista y el corredor de la bolsa de valores van basando sus habilidades en el manejo de un programa computacional. El periodista y el escritor delegan la corrección ortográfica a programas especiales y los programas de traducción simultánea en actual desarrollo harán en el futuro potencialmente innecesario el aprendizaje de otros idiomas. El médico, en un futuro cercano, no tendrá mas que proporcionar a un programa los datos necesarios de su paciente para que este programa le plantee los diagnósticos mas probables y las terapias mas adecuadas como es el caso de los programas Isabel y Dxplain ya a la venta para hospitales. Las aplicaciones o "apps" (pequeños programas con objetivos específicos para uso en conexión a la internet) abarcan multitud de áreas desde diccionarios portátiles y el entrenamiento físico hasta la ubicación geográfica de los amigos de uno en un momento dado. Inicialmente pensados para uso privado se extienden ahora a las empresas y gobiernos. El gobierno británico introdujo el 2013 una aplicación para sus altos funcionarios, incluyendo al Primer Ministro, con información actualizada, continua y condensada de diversas fuentes (Google, Facebook, Twitter, etc) como base para sus decisiones. Uno de sus gestores afirma que esto es *"poner al gobierno en la misma línea de algo que importantes compañias, pequeñas y grandes, han estado haciendo ya por años. Radical para el gobierno pero no radical para el 2012"…"* El desarrollo del software se nutre de su propia dinámica y de las demandas de un mercado insaciable. Kevin Slavin, conocido experto en algoritmos computacionales, admitía en una conferencia de TED-Global en 2011 *"estamos escribiendo cosas que ya no estamos en capacidad de leer … Hemos perdido el sentido de lo que realmente esta pasando en el mundo que hemos producido"*.

Así como el aumento de acceso a la energía genera solo mas necesidad de energía el aumento de la información conduce solo a un incremento en la demanda de mas información. El apetito humano por ambas es insaciable. La producción y demanda informativas muestran así un crecimiento exponencial. Se calcula que la información producida y almacenda por la humanidad en toda sus historia (desde los pergaminos hasta los CDs) hasta el 2007 alcanzaba a 295 exabytes (295 quintillones de bytes = 295 x 10^{18}) equivalente, de ser esta presentada solo en forma de libros, a 3 capas de libros cubriendo todo el territorio de USA (estudio de Martin Hillbert y Priscilla López, Universidad de Southern California, revista *Science,* febrero de 2011). El 30% de esa información fue producida a partir de 1999. Solo la producción informativa del 2002 fue calculada en 5 exabytes comparable a 500.000 Librerías del Congreso de EE.UU. (la mas grande el mundo y que cuenta con 29 millones de libros y 56 millones de manuscritos). Es obvio que esas gigantescas cantidades de información no pueden ser ni producidas, ni procesadas, ni clasificadas sin la ayuda maquinal.

La interacción humana con lo electrónico-maquinal crece a una velocidad explosiva. La internet contaba en agosto del 2011 con 19,2 billones páginas y un promedio de búsqueda de 2 billones por día. Se calcula que el ciudadano promedio de los países desarrollados está recibiendo al presente información mediática (radio, TV, teléfono, internet, etc) el 40% de su tiempo de vigilia. El número de teléfonos celulares en el mundo supera hoy al de cepillos de dientes y el teléfono celular se ha convertido para muchos en el artefacto mas importante, por no decir imprescindible, en su vida diaria. Ninguna empresa de importancia puede hoy trabajar sin una conexión a la internet. La computadora personal, el laptop y el ipod son para millones de personas una suerte de cerebro adicional cuya ausencia implica un inmediato deterioro de su calidad de vida. La integración de las diferentes tecnologías (telefonía celular, computación, internet y TV digital) en una sola unidad otorga hoy la posibilidad de conexión 24 horas al día los siete días de la semana. Las redes sociales on line muestran una creciente influencia política y social como centros de discusión, de generación de ideas, de formación de opinión y de movilización colectiva en lapsos no medibles, como en el pasado, en semanas o meses sino en días u horas. La Computación en Nube proporciona los servicios de programas y almacenamiento de la información personal fuera del disco duro del usuario y accesibles desde cualquier computadora o teléfono celular.

La capacidad cerebral de almacenamiento informativo fue en los hechos ya sobrepasada siglos atrás haciéndose sin embargo este hecho recién del todo evidente en el último siglo y medio debido al enorme incremento informativo asociado al desarrollo de la ciencia y de avances tecnológicos como la radio, la TV y el cine. Se dice que Erasmo de Roterdam, a principios del siglo XVI, postulaba haber leído cuanto hasta entonces se había escrito. Tal afirmación podía considerarse ya entonces como una pequeña exageración aunque no del todo increíble. El volumen de información producido hasta esa época era limitado. Quien hoy afirmara conocerlo todo, asi sea dentro de su sola especialidad, sería tomado como un loco.

El acceso futuro a la información demanda inevitablemente la ayuda de la máquina. Este proceso de conectividad humano-maquinal, compulsiva en su carácter, no es sin embargo gratuito sino que sucede al precio de la subordinación del pensamiento analógico natural biológico al digital maquinal. Millones de personas son ya hoy imperceptiblemente forzadas en la escuela, en el hogar y en los lugares de trabajo a compatibilizar, en aras de una mayor efectividad, su pensamiento natural analógico con el digital maquinal con la consiguiente, subtil y las mas de las veces subconciencial protesta en forma de irritabilidad y frustración.. La relatividad, flexibilidad y adaptatividad del pensamiento analógico pasa a subordinarse al exacto, preciso e inflexible pensamiento digital, una dislocación mental que conlleva consecuencias también sociales. La comunicación humana se va en los hechos trasladando del tradicional contacto fisico directo a los espacios virtuales, los niños en las escuelas van aprendiendo a leer y escribir no con lápiz y papel sino en un lap top y muchísimas de ls gestiones cotidianas, como compras o declaración de impuestos, ya no requieren de ningún contacto personal al hacérselas via internet. Microsoft y otras compañías similares se han convertido en omnipotentes ejerciendo sobre los consumidores una tiranía que el consumidor no comprende y a la no puede oponerse sino es a riesgo de convertirse en paria social.

Una fábula visualiza magistralmente tal transición mental. La reunión de los animales que junta como invitados a todos los animales domésticos y salvajes desde el ciervo y la gallina hasta el león y la araña a una fiesta de camaradería. Una vez iniciado el baile el cienpiés muestra una virtuosidad tal en la danza que termina acaparando la atención del resto. Los invitados no pueden sino vitorear y aplaudir entusiasmados tal virtuosidad provocando la secreta envidia del cerdo que astuta y melosamente se dirige al cienpiés con esta frase "¡fantástico señor cienpiés! un gran deleite verlo danzar tan bien. Pero por favor sáqueme de una duda. Cuando Ud baila la salsa ¿es así que Ud. mueve su pié número 33 primero, luego el 77 y finalmente el 4? ¿o es a la inversa?". El cienpiés que hasta entonces nunca lo había pensado empezó a hacerlo y con ello nunca mas pudo bailar con la misma gracia. Su espontaneidad había quedado rota. El cerdo había inducido al pobre cienpiés al paso de lo analógico a lo digital, de la improvisación espontänea, aproximativa y adaptativa a la rigidez de lo exacto.

La inteligencia maquinal no muestra todavía hoy aproximarse a la humana. Al fin y al cabo es el humano el que construye la máquina y le instruye a esta lo que debe hacer y como. La superioridad maquinal radica al presente solo en su velocidad (de los 70ms/segundo del impulso nervioso y los 300.000 kms/segundo del electrónico), su enorme memoria y una expansividad no limitada por una caja craneal ni por la emocionalidad. Un humano que se comportara exactamente como una supercomputadora sin mostrar las otras cualidades humanas despertaría por cierto admiración pero sería considerado, de todas maneras, una suerte de genio-estúpido. Su carencia de fantasía, flexibilidad y humor lo harían aparecer como burdo y rígido. El pensamiento analógico biológico lleva todavía la delantera al generar infinidad de escenarios hipotéticos al futuro y trabajar con información incompleta completable por analogía. La inteligencia maquinal, por el contrario, supera enormemente a la humana en cuanto a deducción lógico-analítica, exactitud, rapidez y memoria.

Tres incidentes emergen sin embargo como predictivos.

Cuando Gary Kasparov en 1996, entonces campeón mundial de ajedrez, ganó un torneo contra la supercomputadora Deep Blue de la IBM con capacidad de 100 millones de procesos por segundo (evaluaciones de la posición de las piezas) la superioridad humana pareció demostrada. Un año mas tarde, una versión mejorada del Deep Blue, con capacidad de 200 millones de procesos por segundo, derrotó a Kasparov en un torneo a 6 partidas. El asombro fue moderado porque al fin y al cabo pensar es muchísimo mas que jugar ajedrez. Pero en febrero del 2011 una nueva competencia entre humanos y una supercomputadora, esta vez en el show televisivo norteamericano Jeopardy, abarcante de preguntas en los mas diversos campos desde cálculos aritméticos hasta geografía, música, arte y juegos de palabras, la supercomputadora Watson pudo derrotar a los dos previos campeones humanos del show. Watson, con capacidad de procesar 80 trillones de instrucciones por segundo, había sido previamente alimentada con información de 200 millones de páginas de internet, incluyendo toda la Wikipedia y una cierta cantidad de libros adicionales. Además había adquirido algo nuevo, la capacidad, similar a la biológica, de asociar por analogía.

Nick Bostrom, Director del Instituto del Futuro de la Humanidad en Oxford, dedicado al tema de justamente el impacto social de la Inteligencia Artificial, calcula que ya el 2050 existe un 50% de probabilidades de que la inteligencia maquinal haya superado a la humana. Independientemente de si ello sucede o no ya la computarización actual, al solo ritmo de su presente derrollo, tendrá en los próximos decenios un enorme impacto en el mercado de trabajo. El mencionado instituto, en un estudio de 2013, estima que algo mas de 700 ocupaciones hoy ejecutadas por humanos pasarían a manos de robots inteligentes ("El futuro de la ocupación: cuán suceptibles son los trabajos a ser computarizados". Estudio de Benedict Frey y Michael Osborne)

El sacrificio de la libertad individual:

Andrea Hernandez, alumna de la Academia John Jay de Ciencias de la Ingeniería de San Antonio, Texas, apeló a los tribunales en noviembre del 2012 para ser eximida de llevar adherido un chip (RFTD) que permitía a las autoridades escolares ubicarla en todo momento en la escuela, inclusive en los baños. La estudiante fue temporalmente, y como caso de excepción, eximida del chip por razones religiosas. Este sistema de rastreo esta siendo entendido a 100.000 estudiantes en el Distrito Escolar Northside de San Antonio. Los alumnos que se nieguen no podran acceder a servicios como bibliotecas o cafeterías. En México City 161 altos funcionarios de la Procuradoría General de la República (órgano estatal encargado de la investigación de delitos federales) tienen, por razones de seguridad, implantados bajo la piel un chip electrónico de identificación y rastreo por ondas de radio. En Vitoria da Conquista, Estado de Bahía, Brasil, los estudiantes de secundaria portan un emisor de radio cosido al uniforme escolar que registra automáticamente su hora de entrada y salida del colegio mandando simulantáneamente esa información por SMS a los padres. El Servicio de Aduanas boliviano, en su lucha contra la corrupción funcionaria, vienen implementando la obligatoriedad de sus empleados de llevar en horas de trabajo lapiceras provistas de grabadora y cámara de filmación ocultas.

Estos son apenas unos pocos ejemplos de la invasividad electrónica en la vida privada.

Las generaciones nacidas a partir del año 2000 en los países desarrollados no saben de otro mundo que el conectado a la internet. Su vida entera podrá ser seguida minuto a minuto a través de e-mails, de las redes sociales como Facebook o Twitter, de los diferentes blogs y de otros dispositivos acoplados a la Web. En la internet cada foto, comentario, tweet y navegación, además de quedar almacenada por tiempo indefinido, constituye, en conjunción mutua, una radiografía de los hábitos de consumo, simpatías políticas, preferencias sexuales, etnicidad, intereses intelectuales, estabilidad económica y emocional, etc del cibernauta. La telefonía celular, la navegación en la internet y el uso de las tarjetas electrónicas de pago y crédito implican un registro detallado de los hábitos del usuario. La radio y televisión digitales, a diferencia de las analógicas, informan al proveedor lo que el usuario ve y escucha, con que frecuencia y por cuanto tiempo. Los historiadores del futuro podrán escribir la biografía de cualquier personaje famoso con una asombrosa exactitud en base a las huellas electrónicas dejadas por este. De acuerdo a las predicciones y a 15 años plazo todo aquel que lo quiera podrá acceder a aparatos de bolsillo que registren su vida al minuto y a la manera de una película de vídeo.

Centenares de compañías inescrupulosas venden hoy información altamente personal (como ingreso anual, eventuales problemas impositivos, record financiero, laboral y legal, estado civil, etc) a cambio de unos pocos dólares. La cámara incorporada al teléfono celular accesibiliza hoy el publicar en la internet fotografías comprometedoras de cualquier individuo las mismas que permanecerán en la red por tiempo indefinido. La Corte de Justicia de la Unión Europea aprobó recientemente una ley sobre "el derecho a ser olvidado" implicante de que alguna información antigua e irrelevante sobre un individuo pueda ser borrada a pedido de este. Google calificó la ley como "decepcionante". En un par decenios mas la privacidad será solo obtenible a través de un estilo de vida primitivo ajeno a toda conexión electrónica.

Millones de cámaras a lo largo del mundo vigilan a los ciudadanos en lugares públicos como estaciones de trenes, aeropuertos, escuelas, museos, carreteras y similares. En Gran Bretaña, en el 2009, a manera de ejemplo, habían ya mas de cuatro millones de cámaras de vigilancia con 8000 de ellas solo en el Metro de Londres. La futura incorporación de parámetros biométricos a estas cámaras potenciará exponencialmente sus posibilidades de control. Google pronostica que en pocos años mas las compañías privadas y los organismos estatales le pedirán a esta compañía la transmisión de imágenes tomadas por las cámaras de vigilancia en diferentes lugares del mundo. Cámaras de vigilancia, programadas para reaccionar frente a cualquier anomalía, son usadas en asilos de ancianos como una forma de ahorro de personal nocturno y en muchos aeropuertos aparatos de rayos X desnudan al pasajero hasta la misma piel. El sistema GPS de orientación y rastreo ha encontrado múltiples aplicaciones empresariales, policiales y de uso privado. Los sistemas de transporte lo usan extensamente sabiendo a cada momento donde de encuentra un determinado transporte y si el conductor está cumpliendo o no con los tiempos y rutas establecidas. Los condenados a prisión domiciliaria son controlados por GPS y la policia norteamericana ha empezado a hacer uso del sistema para el rastreo de sospechosos sin conocimiento de estos. Detectores de mentira incorporados a cámaras de video, en actual desarrollo y con un grado de certeza de mas del 80%, podrán ser próximamente usados, por ejemplo por los servicios de aduana y controles de pasaportes, sin que el individuo sometido al test esté conciente de ello o lo perciba. El llamado PSS (Persistent Surveillance System) de vigilancia para zonas urbanas via avión permite hoy registrar en tiempo real lo que está sucediendo en tierra en un área de 40 kms de diámetro. El primer test del PSS el 2012 en Compton, California, dejó satisfecha a la policía. Al ritmo de desarrollo actual de la tecnología será posible a mediados de siglo monitorear ininterrumpidamente cada metro cuadrado de las urbes las 24 horas al día.

La creciente complejidad de las sociedades modernas con su consiguiente y equivalente vulnerabilidad conduce espontáneamente a un incremento de la vigilancia. Las nuevas tecnologías otorgan a actividades como el terrorismo y el sabotaje un poder desordenador potencialmente catastrófico llevando a algunos estados democráticos a consideran legítimo el control de sus propios ciudadanos y el de otros estados con métodos cada vez mas subtiles y sofisticados. La deserción del agente norteamericano Edward Snowden de la Agencia Nacional de Seguridad (NSC) de EE.UU. reveló la gigantesca red secreta de control y vigilancia global por parte de EE.UU. en alianza la Gran Bretaña, Canadá, Australia y Nueva Zelandia mediante la intervención de millones de conversaciones de teléfono y cartas electrónicas incluyendo las de políticos de alto rango de países aliados como Alemania. El Jefe del espionaje norteamericano, James Claper, juzgó esta actividad tan legítima como justificada. Lo revelado por Snowden, producto de la buena conciencia de un individuo aislado, puede considerarse como solo la punta del iceberg de una actividad por su misma naturaleza secreta. Quien tiene hoy una página de Facebook puede estar seguro que esta será visitada con regularidad por las autoridades en busca de signos sopechosos. En países autoritarios y con menor libertad de prensa que los EE.UU. es perfectamente predecible que la vigilancia estatal de sus ciudadanos adquiere, o puede adquirir, proporciones difícilmente imaginables. Un informe de Amnesty International del 2014 revela que decenas de Estados usan regularmente programas de espionaje de sus ciudadanos, incluyendo sus actividades totalmente legales. con multitud de compañías europeas y norteamericanas como suministradoras de programas específicos a esos estados. Se calcula que la industria del espionaje cibernético mueve 5 billones de dólares anualmente con un incremento anual del 20% en sus ganancias. Que Amnesty International ofrezca hoy un programa gratuito (Detekt) de detección de esa invasibilidad estatal puede considerarse solo como un acto de buena voluntad sin mayor impacto real que una, probablemente en la práctica falsa, tranquilidad del usuario de sentirse protegido.

El llamado análisis predictivo, o mapeo al futuro de las necesidades del consumidor para la consiguiente adaptación a estas por parte de las empresas, ha encontrado una enorme aplicación. Basadas en el procesamiento de billones de conversaciones en la internet las compañías comerciales acceden a información predictiva para la planificación de sus operaciones. El fundador de una una de esas empresas Nick Halstead, de Datashift, expresa: *"en la era pre-social las compañías basaban sus decisiones en datos del pasado como el número de ventas o de pedidos, en la era social la corriente social del mundo nos dice lo que está sucediendo en este momento y lo que sucederá"*. Empresas como Le Web y Hotel Tonight proponen servicios a sus clientes aún antes de que estos lo pidan. El Jefe de Hotel Tonight, Sam Shank, augura que la compañía *"podrá prestar un servicio tan personalizado y efectivo al cliente que le hará la reserva de la habitación perfecta y en el hotel perfecto aún antes de que ese cliente sepa que va ha necesitar un hotel"*. Google Now, integrando los diferentes "apps" (Facebook, Runkeeper, GPS, etc) con la información propia que tiene sobre el cliente, ofrece a los usuarios de telefonía celular de 3:a y 4:a generación una asistencia personal automatizada permanente diciéndole o recordándole lo que tiene o debería de hacer por ejemplo si debe o no hacer una reserva de avión y en que aerolínea dadas las opciones de hora, ruta y precio.

El mapeo de los hábitos de consumo de los clientes es hoy extensamente usado por las cadenas comerciales y las entidades financieras. La cadena de supermercados norteamericana Target, a manera de ejemplo, asigna a cada cliente (sin que este lo sepa) un "Guest ID number" con datos sobre su edad, estado civil, número de hijos, zona de residencia, tiempo de transporte en auto desde su residencia al supermercado, salario estimado, tipo de tarjetas de crédito que usa, sitios en la web que visita, si respondió a algún formulario de preguntas, si abrió el correo electrónico enviado por la compañía, etc. Target puede comprar información adicional como etnicidad, historia laboral, si el individuo se declaró en bancarrota, si se divorció, el tipo de automóvil que maneja, las escuelas donde estudió, los temas sobre los cuales conversa on line, sus hábitos de lectura, sus inclinaciones políticas y sus preferencias de consumo desde la marca de café hasta el tipo de cereales.

Detrás del fenómeno se encuentra, además de los obvios intereses económicos de esas compañías, la progresiva complejidad de la organización social que, en un mundo crecientemente globalizado, somete al individuo a una cantidad tal de posibles alternativas que exceden su capacidad cerebral. El ciudadano de la metrópoli moderna se enfrenta cotidianamente a una avalancha de alternativas desde decenas de suministradores de energía eléctrica, de canales de televisión y de compañías de seguros hasta de aerolíneas, fondos de ahorro para la pensión y dietas alimenticias. Una creciente dependencia práctica respecto al automatismo maquinal surge con una suerte de inevitabilidad con, entre otros, la incorporación de los parámetros biológicos a los objetos de uso cotidiano. La biometría conlleva una simplificación de la vida cotidiana y un aumento de la seguridad a costo de la privacidad con diversos sistemas ya en uso. El RFID (Radio Frecquency Identification) opera con microchips incorporados ya sea a una persona, un producto o un animal con el objeto de su identificación y rastreo. El Verichip (del tamaño de una grano de arroz, de fácil implante y extremadamente barato) de la compañía Applied Digital Solutions es inyectado subcutáneamente y usado por el portador humano para, por ejemplo, acceder a diferentes lugares, máquinas o funciones en el trabajo. Varias compañías plantean su introducción a gran escala como substitutivo de la tarjeta plástica de crédito en supermercados, estaciones de gasolina, cajeros automáticos y para los servicios médicos. Varias alternativas, Verikid (antisecuestro), Veriguard (seguridad personal) y Verimed (servicios médicos) estan a la venta. Un posible uso masivo de la técnica RFID simplificaria obviamente la vida cotidiana pero con consecuencias sociales profundas.

Dispositivos electrónicos para el monitoreo de los recién nacidos accesibilizan hoy a los padres una información permanente respecto a la frecuencia cardiaca, saturación de oxígeno, temperatura, posición y periodos de sueño de sus niños alertándolos, vía teléfono celular o laptop, sobre cualquier anomalía.

Un escenario probable, a apenas unos decenios plazo, es la opcionalidad del individuo a portar un chip subcutáneo (o algo similar) identificatorio y electrónicamente acoplado a las, para el individuo relevantes, autoridades e instituciones bancarias, comerciales y de otro tipo que haría innecesario llevar consigo dinero, tarjetas de crédito o documentos de identidad. El chip podría también presentar la historia clínica al médico que lo atienda, comunicar opcionalmente su posición geográfica a las personas que él apruebe, registrar permanentemente sus funciones corporales alertando a los servicios de salud en caso de anomalía y acceder a su información personal almacenada en la computación en nube (documentos, fotografías, música, etc). Esta posible "opcionalidad" al sistema sería sin embargo solo teórica dadas las para el individuo enormes desventajas en caso de substraerse al mismo.

Multitud de métodos de interacción biológica-maquinal se encuentran en desarrollo. La Estimulación Continua Transcraneal Directa o TDCS (Transcranial Direct Current Stimulation) con pequeñas cargas eléctricas dirigidas a zonas específicas cerebrales muestra mejorar el lenguaje, las funciones matemáticas, la atención, la memoria y la coordination. La interacción entre cuerpo humano y objetos de uso diario (*touché*) mediada por instrumentos y sistemas digitalizados ofrece alcances ilimitados. La SFCS (Swept Frequency Capacitive Sensing) del Centro de Investigaciones Dysney de Pittsburgh, USA, propone electrodos incorporados a objetos sólidos o líquidos que acoplados a programas computacionales permitan al contacto táctil, de sonido, gestos u otros una fluida e instantánea interacción. La ambición de la técnica es una interacción invisibilizante del aspecto computacional que, según sus gestores, "contribuya a la emergencia de un medioambiente computacional omnipresente". Similares métodos ya se encuentran en uso para, por ejemplo, abrir las puertas de los vagones en los trenes. Los expertos consideran que en 20 años plazo billones de personas tendrán circuitos computacionales incorporados a objetos de uso diario desde refrigeradores y bicicletas hasta cepillos de dientes.

Los expertos empiezan a visualizar los escenarios probables de la pronosticada omnipresencia de los servicios computacionales en el entorno humano. Edith Ramirez de la Comision Federal de Comercio Norteamericana (US Federal Trade Comission) advirtió públicamente que la llamada Internet of Things (IoT), es decir la multitud de diferentes dispositivos personales en los hogares, los automóviles o adheridos al mismo individuo y acoplados a la internet, dan una imagen tan altamente detallada del individuo que se constituyen al futuro en una clara amenaza para la privacidad. Un encuentro entre el gobierno británico con el Colegio Imperial de Londres, el Instituto de Tecnología de Massachussets y la Universidad de Washington el 2013 concluyó que alrededor del 2025 la oficina tradicional estará siendo substituida por la oficina virtual sin lugar físico, generable a demanda en cualquier lugar y que permitirá interactuar con colegas a distancia mediante teleconferencias holográficas activadas al solo gesto. La jungla de compañías que usufructúan y trabajan para el advenimiento de este para muchos desagradable escenario bagatelizan sobre sus alcances. *"No hay que preocuparse"*, declara Mads Thimmer, fundador de la compañia danesa Innovation Lab *"lo bueno de la sociedad on line en ciernes es que va ha tener un botón para apagar"*

Lo real es que eso es justamente lo que no tendrá.

Como elemento reforzante del compromiso de la individualidad está el problema de la seguridad de la sociedad como conjunto. La guerra cibernética, si bien todavía a pequeña escala, ya hizo su entrada. Un ataque cibernético puede, al menos en teoría, tener hoy un efecto similar a una bomba atómica llevando en el país atacado y en cosa de minutos al colapso simultáneo de los servicios financieros, de transportes, de salud, de suministro de energía y militares con el caos consiguiente. Ningún país en el futuro podrá darse el lujo de ignorar esta amenaza y deberá en consecuencia actuar en forma preventiva así sera al costo de la privacidad de sus ciudadanos. La seguridad cibernética se ha convertido de hecho para muchos países en tema de la mas alta prioridad.

El traslado de las decisiones individuales al mundo virtual con el compromiso de la integridad personal acompaña a las nuevas tecnologías con un inexorable control del individuo. En la antiutopia de Orwell, 1984, el control era *casi* total ya que este podía, así sea circunstancial y fugazmente, ser eludido por un individuo conciente de su vigilancia e indroctinación. En la sociedad futura se estará literalmente imposibilitado de cualquier forma de evasión siendo controlado cada segundo sin percatarse uno de ello y, lo mas grave, con la propia y total aprobación. La advertencia de Edward Snowden de *"no quiero vivir en un mundo donde todo lo que digo, todo lo que hago, todo aquel con quien hablo, toda expresión de creatividad, amor y amistad, sean registradas"*, pasará probablemente a ser solo un buen deseo.

Quizás Norbert Wiener al bautizar la disciplina de los sistemas de control y comunicación automáticos como cibernética (del griego *kybernes* = gobernador, dirigente) lo hizo con la premonición del vidente o el hombre, a la manera del doctor Frankenstein, esté generando la criatura que lo transforme hasta el irreconocimiento. Con una admirable creatividad, una conmovedora candidez, un irreflexivo entusiasmo y una desaprensiva impaciencia el Sapiens sapiens pareciera ir obedientemente cavando su propia tumba confirmando asi la escalofriante inexorabilidad de la fuerza evolutiva.

El rediseñamiento de la vida:

Los sistema biológicos, a diferencia de los maquinales, son dinámicos, cambiantes y adaptativos. Sin embargo ambos están dirigidos por códigos en forma de instrucciones secuenciales acopladas o algoritmos. El código genético no se diferencia así substancialmente de los computacionales estableciendo ello una natural posibilidad de interacción mutua con fines, entre otros, tecnológicos. La información biológica se hace asi accesible a su traducción y almacenamiento en forma digital y viceversa con todas sus posibles implicaciones. La genética confirma el hecho evolucionario de la toma de comando de la sinapse sobre el gene. La evolución de la biosfera se hace por primera vez susceptible a ser dirigida sinápticamente. Una biosfera que ya no responde a las leyes naturales impuestas por la genética sino al cerebro humano capaz de modelar esa genética.

Desde el descubrimiento de la estructura y función de la molécula de ADN, hacen 6 décadas, al presente se han hecho avances gigantescos. El mapa genético humano con sus 3 billones de pares de letras (nucleótidos) ha sido descifrado en su totalidad al igual que los mapas genéticos de muchísimos animales, plantas, bacterias y virus. Códigos sintéticos de bacteria, virus y del hongo de la levadura han sido obtenidos. El mapa genético humano (genoma) está siendo objeto de estudio en multitud de centros para la identificación de la función específica de los diferentes genes y de las zonas del genoma que actúan como interruptores activantes y desactivantes de esos genes. Puesto que son los genes los que dirigen la producción de proteínas muchos de los estudios están concentrados en la compleja interacción de las diferentes proteínas en la función orgánica.

El llamado ADN recombinante, la mezcla de material genético de diferentes especies, ha abierto la posibilidad de producción de hormonas humanas (como la insulina y la hormona del crecimiento) con ayuda de las bacterias abaratando así su producción y brindando un tratamiento efectivo. Un déficit en la hormona del crecimiento provoca enanismo y un déficit en la producción de insulina diabetes. La fuente previa para el tratamiento con hormona del crecimiento fue extracto de la hipófisis de los fetos abortados y, para el caso de la insulina, el páncreas del cerdo. Ambos métodos caros, complicados y no siempre confiables. La introducción en bacterias de los genes humanos específicos para la formación de estas substancias las bacterias así "engañadas" produce hoy insulina y hormona del crecimiento de gran pureza y a bajo costo. Enfermedades genéticas (de las cuales se conocen hoy mas de 4000) e infecciosas pueden hoy ser diagnosticadas con precisión y rapidez a través de métodos genéticos. Tratamientos para el cáncer con la utilización de material genético viral estan en marcha. Nuevas especies de animales y plantas con su genoma modificado y con ello mas productivas o mas resistentes a las enfermedades han potenciado la agricultura y la ganadería. La fertilización in vitro ha permitido a mas de 3 millones de parejas humanas con problemas de fertlidad el ser padres. El creciente conocimiento de las células madres o multipotenciales (células que en las primeras fases de la concepción del embrión aún no han iniciado su diferenciación hacia células especializadas) abre enormes posibilidades al futuro para bancos de órganos propios obviando de esa manera el siempre presente riesgo de mayor o menor rechazo del órgano ajeno transplantado. Nuevos avances en este campo muestran también la posibilidad de obtener células madres a partir de cualquier célula adulta lo que facilitaría significativamente la obtención de órganos en el laboratorio. Las aplicaciones policiales del ADN como prueba conclusiva de delito en los tribunales es hoy de uso prácticamente universal y enormes bases de datos genéticos de los condenados por la justicia son erigidos en diferentes paises.

Los mecanismos detrás del envejecimiento biológico están en la mira. El descubrimiento hace unas décadas atrás de que las células cancerosas no envejecen abrió una ventana para su estudio. Hoy se sabe que el envejecimiento responde al programa genético con un reloj biológico individual permisivo de solo una cierta cantidad de ciclos reproductivos celulares con el resultado de una lentificación en esa reproducción cuando la célula se va acercando a la cantidad de reproducciones de acuerdo a su programa. Este programa actúa mediante un progresivo acortamiento de los extremos del hilo del ADN (telómeros) a tiempo de cada reproducción hasta un acortamiento tal que imposibilita la nueva producción de células. Este proceso se halla regido por una enzima, la telomerasa, que abre la posibilidad de tratamientos postergadores del envejecimiento.

La eugenesia, o mejoramiento de la especie humana, ya hizo su entrada. Parejas donde uno o los dos miembros muestran ser portadores de defectos genéticos transmisibles a sus descendientes tienen hoy acceso a diferentes formas de tratamientos preventivos o curativos para un descendiente sano. Estudios poblacionales dirigidos a la identificación de defectos genéticos colectivos se encuentran en marcha en diferentes centros. El mapeo genético mundial con la identificación de los grupos étnicos y de las rutas de diferenciación de la especie humana a partir de los ancestros comunes en el continente africano está en la agenda de otros centros.

La geoingeniería o modificación dirigida de la biosfera, algo que la humanidad intuitivamente ejerció durante miles de años a pequeña escala, se transforma hoy en una modificación conciente, dirigida y a nivel global a través de animales y plantas genéticamente modificadas. En el 2010, a 15 años de su introducción comercial y con un crecimiento mundial del 8700% durante ese periodo, los cultivos de plantas modificadas superaron el total de un billón de hectáreas (soya, algodón, maíz, remolacha, papaya hawaiana, alfa-alfa, arroz, pimentón y canola). Si bien todavía con USA como el país con mayor superficie de cultivo el aumento se produce hoy fundamentalmente en países en desarrollo como Brasil (25.4 millones de Hs), Argentina (22.9 millones de Hs) y la India (9.4 millones Hs) en el 2010. La demanda alimenticia de 6,5 billones de humanos sumada a los cambios climáticos y la previsible escasez alimenticia hacen inevitable el uso de esta técnica que se estima será ampliada en los próximos años a, entre otros, la patata, la caña de azúcar, la banana y el tomate.

La generación de la primera célula sintética en laboratorio, que se estima tendrá lugar en los próximos diez años, en conjunción con los avances obtenidos al presente, implicará un salto gigantesco hacia la producción en laboratorio y en gran escala de tejidos, órganos y organismos completos meticulosamente preprogramados y cuya impacto biológico y social es impredecible. El ADN-sintético abre de hecho la posibilidad de la recreación de especies extinguidas. Códigos genéticos obtenidos del mamut extinguido hacen 4500 años y la del hombre de Neanthertal que habitara Europa y desapareciera hacen 28,000 años abren en un futuro cercano la posibilidad de una regeneración de esas y otras especies extinguidas.

El escenario hipotético de la substitución del embarazo por incubadoras de fetos no se muestra improbable. Ello permitiría una eugenesia a escala colectiva con la correción del código genético humano y la eliminación de todas las enfermedades directamente hereditarias o donde lo hereditario muestra jugar un rol como la esquizofrenia, el autismo, la diabetes tipo 2, la hipertensión arterial o la hiperlipidemia con el resultado de una humanidad mas sana. Todos los progenitores quieren por cierto un niño sano y la liberación de las molestias del embarazo sería seguramente aceptada con alivio por muchas mujeres al prolongar su longevidad y convertirlas en vectores económicos mas efectivos. La capacidad cerebral humana, hoy fundamentalmente limitada por los azares el embarazo y del parto a los 1400 cc en el adulto, podría ser ampliada por métodos de ingeniería genética. Una ganancia cerebral de 300 o 400 cc potenciaría enormemente la capacidad mental. La posibilidad, hoy por solo teórica pero a la larga perfectamente viable, de generar artificialmente en laboratorio óvulos y espermatozoides sin intervención de los órganos que naturalmente los producen, los ovarios y testículos, podría dar lugar a un niños genéticamente modelados de acuerdo a un plan pre-determinado. Este escenario para los mas hoy motivo de aprehensión y rechazo es similar al del hombre promedio de hace cien años frente a métodos de eugenesia y fertilización hoy universalmente aceptados. A nadie sorprende actualmente la obtención del embrión humano en una vasija de vidrio y su posterior implantación en el útero materno, o la donación de óvulos y espermatozoides o la "madre nordiza" que presta su útero para la gestación de un feto ajeno o la mezcla del material genético de dos madres y un solo padre en el niño a gestarse. La pesadilla de la antiutopia de Un Mundo Feliz de Huxley parecería estar irremisiblemente en buen camino aunque, al menos hasta hoy, sin ribetes de pesadilla.

La convergencia de factores socio-económicos y de las ciencias biológicas lleva a cambios inevitables. Solo en los últimos decenios esa convergencia ha provocado la mas dramática modificación de la conducta sexual humana en toda su historia. Las dos Guerras Mundiales (especialmente la Segunda) con su repentina necesidad de mano de obra para la industria bélica transformó a la mujer de simple ama de casa en vector económico. La mujer abandonó las cuatro paredes del hogar para competir con el hombre en condiciones de relativa igualdad de oportunidades. La posterior emergencia de la píldora anticonceptiva otorgó a la mujer, por primera vez en la historia, la posibilidad de decidir sobre su fertilidad impulsando con ello su liberación sexual. El milenario tabú de la sexualidad femenina se esfumó sin rastro. La demanda de virginidad pre-matrimonial, motivo antes de dramas a veces con final trágico, es hoy historia con, en la mayoría de las sociedades modernas, una aceptación del debut sexual de la mujer al margen del matrimonio. Las demandas sociales y los avance científicos provocan cambios los cuales, cuan dramáticos parecieran estos ser a sus inicios, no solo son posibles sino que también, una vez establecidos, se incorporan espontáneamente a la normalidad.

Reacomodando los átomos

La nanotecnología o ingeniería de sistemas funcionales a distancia de nanómetros (1 nm=1 millonésima de mm) es por hoy comparable a un niño precoz que despertando enormes expectativas al futuro evoca asimismo duda de si estas se convertiran o no en realidad. Su gigantesco potencial se encuentra todavía a un nivel mayormente teórico y experimental.

Su escala operacional oscila en el rango de 1 a 100 nm. Su capacidad para interactuar con los sistemas biológicos emerge de su relación con el tamaño de las unidades biológicas como las bacterias y otras células cuyas dimensiones se mueven en términos de pocas micras (1 micra = 1000 nm) y el de los virus con dimensiones algo por debajo de la micra. El diámetro de la molécula de ADN es de alrededor de 2-3 nm. La distancia típica entre los átomos de C formando una molécula es de 0,12-0,15 nm y un fulereno de carbono, estructura molecular compleja de C usable en nanotecnologia, tiene una dimensión de 2 nm. En otras palabras se trata de estructuras capaces de penetrar e interactuar al interior de las células y los virus.

Utilizando el impulso espontáneo de autoorganización de la materia inerte en base a sus atracciones moleculares (como es el caso de los fulerenos del C) o modulando determinados ciertas acomodaciones atómicas con ayuda de enzimas a la manera de los procesos biológicos o forzando mecánicamente a las moléculas a la acomodación deseada la nanotecnología puede crear variedad de estructuras a escala molecular. Al presente esto se ha limitado sin embargo mayormente a la generación polimeros para uso en las industrias químicas y farmacéuticas y a la generación de fulernos de C esféricos u otras formas geométricas. Los fulerenos, gracias a su alta estabilidad química, a su poca solubilidad y a su gran versatilidad para unirse a otros compuestos prometen diversas aplicaciones al futuro.

Las ventajas asociadas al tamaño se ven potenciadas por los llamados efectos mecánicos quánticos que emergen cuando se opera a nivel nano debido, entre otras cosas, al substancial aumento del radio entre superficie y volumen alterando las propiedades termales, ópticas, eléctricas y mecánicas de los materiales. Por ejemplo el cobre normalmente opaco se hace transparente, el aluminio normalmente incombustible se hace combustible y el oro normalmente estable se torna en catalítico.

Existe entre los expertos diversas visiones al futuro como la imitación molecular de los sistemas biológicos en una suerte de hibridación de la tecnología del sílice hacia máquinas biológicas moleculares o la posible generación de máquinas inertes y robots microscópicos para las mas diversas funciones.

Si bien la nanotecnología está recién en sus inicios su expansión comercial en los últimos años ha sido significativa. Ya en el 2008 habían en el mercado alrededor de 800 productos nano y en la actualidad se registran de 3-4 nuevos productos por semana. Sus aplicaciones hasta ahora han sido sin embargo mayormente en cosmética, en cremas protectoras para el sol, en artículos de higiene personal, en pinturas, en esmalte protector de muebles, en desinfectantes y en el envasado de alimentos. Es decir nanopartículas a granel, carentes de estructura.

Las enormes espectativas de la nanotecnología se reflejan en la creación por el gobierno de USA de la Iniciativa Nacional de Nanotecnología que incorpora 26 agencias, algunas tan importantes como el Departamento de la Energía y la Fundación Nacional para la Ciencia, y cuyos objetivos son la búsqueda de la aplicaciones nano en áreas como nanoelectrónica, la energía y la computación quántica. El sílice como material básico en computación ya ha llegado a su máximo posible haciendose necesarios nuevos materiales, especialmente fulerenos del carbón, que abran la vía a la computación quántica.

Un campo de reciente expansión es el médico. Productos para el diagnóstico rápido, seguro y barato de enfermedades infecciosas como el sida y la sífilis están ya en el mercado esperándose su uso domiciliario en los próximos años. Su potencial para el diagnóstico de laboratorio podría reducir todo un laboratorio clínico al tamaño de una lapicera dando al usuario la posibilidad de controlar él mismo su estado de salud a partir de una sola gota de sangre. La "piel electrónica" (una cutícula adhesiva de espesor de la mitad de un cabello y del tamaño de una tarjeta de crédito, provista de circuitos eléctricos y aplicable a la piel) permite hoy el monitoreo inalámbrico ambulatorio y a distancia de funciones fisiológicas como la frecuencia y el ritmo cardiacos, la frecuencia respiratoria, la saturación de oxígeno de la sangre y la temperatura. Además de revolucionar los servicios médicos su potencial es prácticamente ilimitado. Nuevas aplicaciones médicas en la mira son la de nanovectores de medicamentos específicos y de alta precisión contra infecciones o tumores cancerosos sin afectar el resto del organismo. La nanotecnología podría abrir también la posibilidad de nanorobots capaces de ejecutar funciones como la limpieza de las arterias obstruidas por placas arterioscleróticas, hacer diagnósticos locales sofisticados de órganos específicos e interactuar eléctricamente con determinadas áreas o grupos neuronales a nivel cerebral.

Los metamateriales derivados de la nanotecnología, a nivel todavía experimental, como semiconductores eléctricos, telas para ropa que rechazan la suciedad, vidrio flexible, cubiertas invisibilizantes o absorbentes de sonido, abren nuevos horizontes en áreas como la construcción (silenciando viviendas), en la industria bélica (como invisibilizador de armas) o, en el caso del vidrio flexible produciendo pantallas de TV y monitores de computadora enrollables o plegables.

Una de las grandes preocupaciones emergentes es acerca de su impacto en la salud pública al tratarse de partículas capaces de penetrar e interactuar con la maquinaria celular. Se ha comprobado que la inhalación de nanopartículas produce inflamación en el cerebro y los pulmones siendo potencialmente tan peligrosas como el asbesto conocido por producir cáncer pleural. La ingesta de nanopartículas de óxido de titanio ha mostrado alterar los cromosomas en animales. Un riesgo a largo plazo es el desarrollo de armas microscópicas de destrucción masiva fuera de la capacidad de detección.

A la búsqueda del pensamiento:

El mapeo del genoma humano con sus 3 billones de pares de letras conformantes del hilo de ADN partió como proyecto multinacional en 1990. Visto inicialmente como titánico se pronosticó que su ejecución tomaría unos decenios. Trece años mas tarde, en abril del 2003, el proyecto fue declarado concluido. A pesar de las muchísimas lagunas todavía existentes es hoy posible, en unas pocas horas, descifrar el código genético completo de cualquier individuo.

Si el mapeo genético humano se consideró titánico resulta un juego de niños en comparación al cerebral. Tratar de ubicar y describir cada una de sus 100 billones de neuronas y su cuatrillón de conexiones sinápticas resulta una tarea tan aplastante que surge casi como una muestra de arrogancia intelectual. Sin embargo hay quienes sostienen que el conectoma humano estará descifrado hasta fines de siglo.

Los genes son estables. El genoma propio lo acompaña a uno desde la fecundación hasta la muerte con esos genes fácilmente identificables al estar, para cada individuo y para cada especie en particular, obedientemente ubicados en una posición fija en el hilo de ADN. El conectoma, por el contrario, es altamente dinámico. Aún las sinapses genéticamente programadas están sometidas a un intenso cambio durante los primeros años de vida con una descomunal sobreproducción de sinapses de millones de nuevas sinapses *por segundo* durante los primeros meses después del nacimiento. Esa sobreproducción es luego reducida mediante un "podamiento" durante la niñez en respuesta al programa genético y a los estímulos medioambientales. Las otras sinapses, las generadas por el aprendizaje y la experiencia, son objeto de cambios permanentes a todo lo largo de la vida. Las sinapses forman además anatómicamente una tan intrincada como indescifrable maraña entrecruzada de hilos con un billón de ellas por cada milímetro cúbico de la materia cerebral. Además, y desde el punto de vista funcional, poseen una gran variedad operativa dependiendo de como y con que neuronas se hallan estas conectadas y del mediador químico que tienen incorporado. El conectoma es, como el experto Sebastián Seung lo expresa *"un libro inmenso escrito en letras que apenas vemos, en un lenguaje que todavia no entendemos. Una vez que nuestra tecnología haga visible el escrito el siguiente desafío será el de entender lo que este quiere decir"*. Las tres ideas que respaldan el esfuerzo son simples: establecer la relación entre conectoma y pensamiento, construir máquinas que trabajen como el cerebro pero sin las limitaciones impuestas a este por la naturaleza y poder traspasar directamente la información cerebral a la máquina y viceversa conservando así la esencia del individuo, sus pensamientos y emociones, mas allá de su muerte corporal. Con los avances futuros de la biología la información cerebral de un individuo que se aproxima a la vejez podría pasarse a una máquina y de esta a una copia joven del cuerpo del mismo individuo prolongando asi indefinidamente su existencia.

La técnica hoy usada por el Proyecto del Conectoma Humano (www. humanconnectomeproject.org) es la de cortar cada milímetro cúbico de materia cerebral en rebanadas de 25 a 50 nm de espesor capaces de visualizar ese billón de conexiones sinápticas al microscopio electrónico. Cada milímetro cúbico, con cada una de sus neuronas y sus conexiones, genera sin embargo una tan enorme cantidad de información, calculable en 1 petabyte (equivalente a millón de fotografías de un álbum corriente), que demanda el uso de supercomputadoras. El posterior seguimiento de esas conexiones a las otras zonas cerebrales exigirá una capacidad computacional aún mayor, sobrepasante a la de las supercomputadoras actuales. A este gigantesco mapeo anatómico ultramicroscópico tendrá que acompañar la fase aún mas difícil de decodificar la información portada en esa infinidad de circuitos sinápticos lo que igualmente demandará supercomputadoras mucho mas eficientes que las actuales y el desarrollo de programas computacionales específicos.

Una forma diferente de aproximación al problema es el del Blue Brain Project (http://bluebrain.epfl.ch/) del Instituto del Cerebro y la Mente de la Escuela Politécnica de Lausanne, Suiza, que sencillamente pretende simular el cerebro a nivel virtual. Una simulación correcta demanda obviamente la información lo mas detallada posible de las propiedades eléctricas de las neuronas. Después de años de minuciosa disección microanatómica y de clarificación de las propiedades eléctricas y genéticas de una sola columna neuronal cortical de la rata sumada a 15000 experimentos en la corteza somatosensorial, los investigadores construyeron un modelo virtual computarizado potencialmente ampliable al resto de la actividad cerebral. El primer modelo virtual de esa columna, consistente en 10.000 imágenes dinámicas tridimensionales de 200 diferentes tipos de neuronas reales, es seguido en su comportamiento a través de simulaciones con ayuda de una supercomputadora. El modelo está siendo expandido a nivel subcelular y molecular con la idea de aplicar este al resto cerebral prediciéndose el primer cerebro virtual en un plazo de 10 años.

Proyectos similares o complementarios estan en marcha. El Allen Brain Atlas (financiado por el multimillonario de Microsoft, Paul Allen) se halla dirigido a la convergencia entre genética y estructura cerebral mientras el Brain Initiative del gobierno norteamericano lo hace hacia el mapeo cerebral en función de la identificación de los estados patológicos potencialmente curables. Japón, por su lado, inició su Brain/Minds Project para detallar el cerebro de un primate.

La medicina por su lado, en sus intentos diagnósticos y curativos, va dando aportes adicionales, así sean estos mas o menos involuntarios, al conocimiento de la fisiología del pensamiento. Métodos diagnósticos cada vez mas sofisticados del cerebro en vivo como la resonancia magnética, la cámara de emisión de positrones, la tomografía computarizada o la tomografía funcional de impedancia eléctrica por respuesta evocada, permiten un mapeo crecientemente detallado de las diferentes zonas cerebrales y su acople con sus diferentes lesiones y funciones. La progresiva retroalimentación mutua de las disciplinas de inteligencia artificial, neurofisiología, psicología experimental y conductual, electrónica, neurociencia molecular, etc abren de hecho un horizonte potencialmente posibilitante de aquello que se vaticina, es decir del entendimiento total y con ello el control dirigido de la misma mente humana.

Energia ilimitada:

La energía existente en el universo puede considerarse en la práctica ilimitada.

Es recién en los últimos 150 años que la humanidad ha dado un salto gigantesco en su acceso a la energía gracias al uso de los combustibles fósiles y a los descubrimientos de la electricidad y de la energía de la fisión atómica. Si bien la disponibilidad energética actual es millones de veces mayor que la de hace un par de milenios la demanda solo se incrementa. La incorporación de un tercio de la humanidad a la sociedad de consumo (China e India) y los efectos medioambientales de los combustibles fósiles exigen nuevas soluciones. La voracidad energética humana no tiene límites. Al presente (2012) el mundo consume 89 millones de barriles de petróleo/día con EE.UU. como consumidor del 25% de ese volumen. Traducido ese consumo mundial a per cápita da un promedio de algo mas de 2 litros por persona/día. Si a ello sumamos el uso del aún mas contaminante uso del carbón mineral no extraña la actual polución atmosférica del planeta.

La amenaza del calentamiento global como consecuencia del uso de combustibles fósiles se ha convertido en incentivo para la búsqueda de nuevas formas de energía como la solar, la eólica y la conversión de toda energía libre circundante (eólica, calórica, cinética de las olas marinas, del movimiento humano, del sonido y de la energía química de los deshechos biológicos) en eléctrica.

La energía atómica ocupa hoy el tercer lugar a nivel mundial después de los combustibles fósiles y la energía hidroeléctrica. Una señal bastante macabra de las cantidades gigantescas de energía almacenadas al interior del átomo fueron las bombas de Hiroshima y Nagasaki donde unos pocos kilos de uranio y plutonio pudieron en pocos segundos aniquilar a aproximadamente 140.000 humanos reduciendo esas ciudades a simples escombros. Este efecto destructivo fue producto de la fisión nuclear hoy usada con fines pacíficos en las centrales nucleares productoras de energía con sin embargo el siempre presente riesgo de la contaminación radiactiva.

La fusión nuclear, la liberación de la energía concentrada en la llamada fuerza fuerte que mantiene el núcleo atómico, es millones mas poderosa que la fisión nuclear careciendo además del riesgo de contaminación radiactiva. Nuestro propio Sol, esa gigantesca bomba de fusión nuclear de H a He, lo confirma. La fusión nuclear como fuente de energía para uso humano podría por tanto provenir de algo tan inofensivo como el agua cuya fusión de sus átomos de hidrógeno daría lugar a cantidades de energía sobrepasantes de nuestras necesidades como especie. El problema es ¿como generar un Sol artificial en la Tierra que no lo derrita todo o que no consuma mas energia que la que produce?

El Proyecto ITER (International Thermonuclear Experimental Reactor-www.iter.org), iniciado en el 2006 entre USA, Rusia, Japón, la UE, China, India y Corea del Sur busca la generación de un reactor de fusión nuclear de hidrógeno. En una superficie de 400.000 m2 en Francia y con 16 billones de dólares disponibles iniciará sus operaciones el 2018 y durante 20 años. La fusión del hidrógeno supone alcanzar una temperatura de 150 millones de grados C (10 veces mas alta que en el centro solar) o, a decir de unos de los científicos del proyecto, "intentar poner el sol en una caja". Un eventual éxito implicaría un salto tan gigantesco que convertiría a la larga todas las otras fuentes de energía hoy existentes en innecesarias.

La fusión nuclear como fuente energética se encuentra íntimamente relacionada a la hipótesis de la física quántica del comportamiento de la materia como el resultado de la interacción de cuatro fuerzas: el electromagnetismo (mediadora entre partículas con carga eléctrica), la gravitación (que actúa atractivamente en masas solo supraatómicas), la fuerza débil (que actúa en el núcleo atómico convirtiendo un tipo de quark en otro y responsable de la radioactividad) y la fuerza fuerte (que mantiene junto el núcleo atómico). Existe consenso de estas 4 fuerzas como posible expresión de una sola y única fuerza, la llamada superfuerza, cuya búsqueda concentra al presente muchos de los esfuerzos de los físicos quánticos. El entendimiento de la superfuerza abriría horizontes prácticamente ilimitados. Paul Davies, físico quántico de la Universidad Estatal de Arizona y conocido por sus aportes sobre las fluctuaciones de la radiación cósmica, resume esa visión: "*Podríamos cambiar la estructura del espacio y el tiempo, podríamos anclarnos en la nada y de ahí edificar la materia de acuerdo a un orden. El control de la superfuerza nos posibilitaría construir y transformar partículas a voluntad y de esa manera generar formas exóticas de materia. Seríamos capaces de manipular la dimensionalidad del espacio como tal, creando mundos artificiales extraños con propiedades inimaginables. Seríamos verdaderamente los señores del universo*" (citado por Michio Kaku en "De aquí al futuro").

El entendimiento de la hipotética superfuerza se encuentra ligado al problema teórico de aquello que explica que la materia tenga masa y a la forma de inicio de nuestro universo. Previo al inicio del cosmos se supone que existió solo energía concentrada en un punto, una sola y única superfuerza supersimétrica. Las primeras partículas portadoras de masa aparecieron en los primeras millonésimas de segundo posteriores al Big-bang al igual que las 4 fuerzas gobernantes del cosmos. El físico quántico Peter Higgs propuso en 1964 la hipótesis de la partícula que hoy lleva su nombre encargada de dar masa a la materia (llamada por la prensa como "partícula de Dios").

El Gran Colisionador de Hadrones (Large Hadron Collider-http://public.web.cern.ch) bajo la dirección de la Organización Europea de Investigación Nuclear (CERN, por sus siglas en francés) se encuentra al presente trabajando en la verificación de la Partícula de Higgs, un reto de ingeniería sin precedentes. Para el objetivo sus superconductores magnéticos son enfriados con helio líquido a la temperatura mas baja hasta ahora obtenida en el universo, -271 grados C (en los lugares mas fríos de universo la temperatura alcanza a -270 grados C, 2 grados encima del cero absoluto, -273, 15 grados C). Acelerando protones con ayuda de esos superconductores magnéticos de cero resistencia y con muy poca pérdida de energía y chocándolos en un túnel circular de 27 kms de longitud a velocidades próximas a la luz los expertos creen haber identificado la partícula de Higg. La existencia de la Partícula de Higg ha sido ya preliminarmente confirmada aunque mucho estudio queda áun por delante entre otras cosas sus implicaciones para una eventual existencia de superfuerza y, en ese caso, las aplicaciones prácticas de esta.

La robótica:

Los primeros robots industriales hicieron su ingreso en las décadas de los 1970-80s sin provocar mayor sorpresa que la aburrida repetitividad de sus movimientos y sus altas efectividad y precisión. Desde entonces se ha avanzado hacia robots capaces de ejecutar actividades cada vez mas complejas, mas independientes y mas similares a las humanas.

Robots espaciales han estado en uso desde hace algunos decenios en forma de vehículos de exploración en planetas del Sistema Solar. El primer robonauta, el R2, fue lanzado a la Estación Espacial Internacional en febrero del 2011 como ayuda a los astronautas en sus caminatas espaciales. Los aviones de guerra no tripulados (UAS-Unmanned Aircraft System, o drones) si bien todavía remotamente controlados por humanos se espera en el futuro sean progresivamente autónomos en cuanto a elección de su plan de ruta, regulación de su trayectoria y comunicación-cooperación con otras unidades similares en situación de combate.

Los robots en cirugía se van haciendo cada vez mas comunes gracias a la gran precisión de sus movimientos superior al de la mano humana. El cirujano puede asi solo dirigir desde una habitación vecina al robot que es el que ejecuta físicamente la intervención quirúrgica. La industria automovilística viene trabajando en la producción de autos robotizados que no requieran de conductor y de hecho algunos trenes subterráneos como los del Metro de París funcionan sin conductores humanos. Robots para uso doméstico como cortadoras de césped y aspiradoras están a la venta en el mercado.

El aumento de la longevidad a nivel mundial con su asociado incremento de los costos en el cuidado de los ancianos está llevando a un desarrollo acelerado de robots para uso doméstico incluyendo la interacción social y la compañía. Japón (con un 25% de su población mayor de 65 años), punta de lanza en esta tecnología, viene generando robots de rasgos humanoides capaces de ejecutar algunas tareas domésticas, mostrar ciertas "emociones" y convertirse en mascotas de compañía. Robots programados para identificar las expresiones faciales humanas e interactuar en correspondencia están en desarrollo en diversas partes del mundo. En un mundo crecientemente globalizado la interacción entre robótica e internet abre horizontes comercialmente atractivos. La compañía californiana Willow Garage, a manera de ejemplo, viene probando robots semiautónomos que con un mínimo de intervención humana y a través de la internet puedan ejecutar tareas domiciliarias simples como ordenar la mesa para comer, poner los platos en la lavadora después de la comida, reponer los objetos dispersos del hogar en su lugar correcto, poner objetos al alcance del deshabilitado, etc. Robots con capacidad de caminar, subir y bajar escaleras, abrir botellas y servir su contenido en un vaso, preparar una bandeja de comida y reconocer por rostro y nombre a las personas con las cuales interactúan ya son realidad. Algunos hospitales van usando robots para el traslado de diversos materiales entre los diferentes pabellones considerandose la posibilidad de su uso también para la distribución de medicamentos a los pacientes a las horas convenidas.

El Proyecto Robo-Earth (*www*.roboearth.*org*) del Instituto Federal de Tecnología de Zurich, Suiza, con financiamiento de la Unión Europea, viene desarrollando una Wikipedia para robots a la cual estos podrán acoplarse pasiva o activamente cada vez que se enfrenten a una actividad nueva bajando de la internet la información necesaria para sus tareas sobre todo domésticas. Este proyecto definirá en los próximos años como esa información será descubierta y usada por los robots al igual que los standares de su aprendizaje. La Universidad de Queenlans en Australia reportó recientemente el desarrollo de robots de oficina capaces de generar su propio, asi sea extremadamente simple, lenguaje y de traspasar esos conocimientos a otros robots.

Robots virtuales van haciendo su entrada en áreas tan dispares como la atención al cliente en centrales telefónicas, sicoterapia conversacional, compra y venta de acciones en las bolsas de valores y reclutamiento de la mano de obra calificada. Robots telefónicos son hoy usados por incontables compañias para abaratar sus costos. Muchas clínicas siquiátricas usan robots virtuales para la entrevista y tratamiento de ciertas enfermedades mentales. Los de las bolsas de valores, gracias a su extrema velocidad en la detección de las mas mínimas variaciones en el valor y transferencia de las acciones, generan enormes ganancias a quienes acceden a sus servicios provocando simultáneamente fluctuaciones artificiales en el valor de las acciones. En el reclutamiento de la mano de obra calificada, dado el costo de la entrevista cara a cara entre empleador y potencial empleado, los candidatos a un determinado puesto son inicialmente "entrevistados" por un robot virtual cuyo veredicto funciona a manera de primer cernidor entre los solicitantes.

Todo indica que la presencia robótica en el entorno humano se incrementará significativamente en los próximos decenios con el aditamento de que una imitación humana del robot virtual hará prácticamente imposible diferenciar si se está en contacto con un ser humano o un robot

CAMBIOS CONSOLIDADOS

Fecundación humana in vitro. Mapeo completo de código genético humano. Determinación del ADN individual humano con fines policiales, legales y médicos. Manipulación del código genetico bacteriano, vegetal y animal. Clonación de mamífero, Código genético sintético (virus y bacteria). Alimentos transgénicos. Bancos de células madre para órganos de reserva. Material sintético como susbtituto de orgánico (articulaciones, arterias). Mapeo bastante completo de la fisiología cerebral. Interacción de electrónica con cerebro. Supercomputadoras con capacidad de trillón de procesamientos por segundo. Una supercomputadora derrota al campeón mundial humano de ajedrez. Globalmente el volumen de información digital supera al analógico (2002). La fotografía digital desplaza a la analógica. Pasaje electrónico desplaza al pasaje de papel. Dinero electrónico virtual. Compra y venta de acciones virtuales en el mercado de valores. Contrato electrónico digital con mismo valor legal que el contrato en papel. Receta médica electrónica desplaza a la de papel. Historia clínica médica desplaza a la de papel. Imagen digital de rayos X desplaza a la analógica. TV y radio digitales desplazan a analógicas. Periódico digital supera en lectores al periódico de papel. Música y film digitales desplazan a analógicos. La carta digital supera en número a la de papel. Comercio electrónico via internet se consolida. Telefonía celular supera a telefonía fja. Las redes sociales en la internet tienen influencia política. Parte de la relación interpersonal pasa del contacto físico directo a ser on line. Libro electrónico hace su entrada. Robots industriales se consolidan. Transacciones en las bolsas de valores suceden con ayuda de robots virtuales. Aviones robots no tripulados son usados en guerra (drones). Primer robot humanoide en misión espacial.

CAMBIOS EN MARCHA

Estudios de como se origina la conciencia. Primer cerebro humano virtual. Métodos de lectura del pensamiento. Primera célula sintética. Aplicaciones médicas del código genético como algo de rutina. Métodos de eugenesia para enfermedades hereditarias. Profundización de estudios sobre envejecimiento biológico. Mapeo genético de grupos étnicos. Cirugía ejecutada por robots. Nanorobots que interactúan con material biológico. Disminución del uso del dinero físico en la vida diaria. Progresiva importancia política de las redes sociales en la internet. Interface cerebro-máquina para manejo de máquina con solo el pensamiento. Acceso progresivo y global a la información continua e instantánea. Progresividad de la relación interpersonal on line en substitución de la física directa. Imagen digital tridimensional basada en holograma. Aumento de los mecanismos de vigilancia y control social sobre el individuo. Ampliación del tiempo de conexión individual a las redes electrónicas. Diseminación del libro electrónico. Transistor quántico. Búsqueda de la Partícula de Higg y de la llamada superfuerza. Liberación progresiva de la dependencia de la energía fósil. Fusión nuclear como fuente de energía. Medios de transporte totalmente automatizados que no requieren conductor humano. Robots para uso doméstico, cuidado médico, como compañia y transporte. Wikipedia para robots. Creciente utilización de robots en operaciones bélicas. Robots inteligentes en misiones espaciales. Emergencia de nanomateriales con propiedades inesperadas. Viaje tripulado a Marte

CAMBIOS A ESPERARSE
Desaparición del disco duro en la computadora personal con el traslado de sus funciones a la computación en nube. Organismos sintéticos complejos. Medicina individualizada en función del ADN. Utilización del ADN individual para contratos en el mercado de trabajo y para seguros de vida. Bancos individuales de reserva de órganos. Uso de nanorobots en medicina. Evolución biológica dirigida. Aumento de la longevidad. Aumento de la capacidad cerebral en interacción con electrónica. Posibilidad de trasladado de la conciencia individual a una máquina y viceversa. Control social ininterrumpido sobre el individuo. Desaparición del dinero físico. Bibliotecas como museos. Delegación progresiva de la toma de decisiones del individuo a la máquina. Computadoras quánticas millones de veces mas rápidas y efectivas que las supercomputadoras actuales. Computadoras con inteligenciacia propia y capacidad de decisión autónoma. Aumento gigantesco de acceso a la energía. Robots que aprenden continuamente por si mismos y mejoran asi su función. Operaciones bélicas fundamentalmente manejadas a nivel virtual y físicamente ejecutadas por robots.. Colonias humanas permanentes en el espacio exterior

CAPÍTULO XVII

¿UTOPÍA O DISTOPÍA?

Este libro estuvo dedicado a explicar el mecanismo detrás de la civilización como una consecuencia natural y obligatoria de la biología conduciendo a la conclusión de que la única y real justificación de la vida es la evolución con, hasta hoy, el hombre como su producto mas acabado.

Una pregunta complementaria resulta sin embargo ineludible, ¿a donde se dirige esta evolución?

No lo sabemos. Lo que si sabemos es que se trata de un sistema basado en la irracionalidad.

El sistema programa individuos cuya función prioritaria es defender su individualidad. Esta es la condición para su funcionamiento como sistema. De otra manera colapsa. Ese sistema genera finalmente un ser relexivo capaz de discernir entre el ser y el no ser estableciendo para si mismo la equivalencia entre el ser y el vivir. Soy mientras vivo. De la misma manera se establece la valorativa sobreentendida del vivir como mejor que el no vivir. La absurdidad de esta lógica emerge de la imposibilidad comparativa con "el no ser" al carecer este de propiedades describibles absurdidad extendible a la valorativa del vivir como mejor que el no vivir al implicar esto último, es decir la muerte, una simultánea desaparición del individuo capaz de otorgarle a la vida un valor. El problema mas básico de nuestra relación con el mundo surge por tanto como un absurdo.

Esa trampa lógico-fictiva, requisito para la manutención y la evolución basadas en una oposición del individuo a la muerte, revela de que se trata simplemente de un programa operativo que en el caso humano, dada su capacidad reflexiva, establece una equivalencia entre el morir y el no ser. La vida introduce en cada humano el impulso irracional autoprotectivo imposibilitándolo simultáneamente de una explicación lógica al fenómeno. El truco lógico y emocional del sistema: la obligatoriedad de vivir, el deseo instintivo de hacerlo, el miedo a dejar de hacerlo y la imposibilidad de justificar racionalmente el porqué.

Irracionalidad y valorativa de la vida aparecen asi como inseparables con todo intento explicativo condenado al fracaso a menos que se apele a la fe religiosa. Teilhard de Chardin postuló de que en el mundo hay demasiada vida, demasiada estructura y demasiada energía humana para que éste sea un absurdo, razonamiento por cierto, al menos intuitivamente, aceptable en el juzgamiento de la totalidad. Pero a nivel individual resulta similar al razonamiento de la madre que ve demasiada esperanza, demasiada inocencia y demasiada vitalidad en su niño para que éste pueda morir aunque la experiencia nos muestra, con demasiada frecuencia, que hay niños que mueren. La incongruencia entre lo existencial y lo racional, irresolvible a nivel individual, solo puede ser resuelta en referencia a una totalidad sacrificante del individuo y que, paradójicamente, sea capaz de otorgar a esa individualidad un sentido.

Ello no implica necesariamente determinismo. Irracionalidad no es sinónimo de absurdo. Lo irracional puede o no ser absurdo (el actuar animal aún siendo irracional no tiene nada de absurdo). Aunque, de contrapartida, lo absurdo resulta siempre irracional.

El absurdo, esa incongruencia con las reglas básicas de la lógica o con los parámetros de tiempo y espacio o con una supuesta desproporción entre causa y efecto, tiene que ver con el grado y la calidad del conocimiento. Es relativo. Lo absurdo en una época o lugar no lo es en otra época o en otro lugar, dependiendo de cuanto se sabe. Un hombre civilizado que llegara con un paquete de dinamita a un villorio primitivo y dijera a sus habitantes que ese paquete puede reducir el villorio a escombros en un segundo, les sería a aquellos habitantes un absurdo. Así como a un hombre de ciencia de hace 200 años que la voz humana sea trasladable en fracción de segundos de un continente a otro. Es el conocimiento el que mueve las fronteras del absurdo hacia adelante.

El hombre, irracional en cuanto a las motivaciones de su actuar, tiene no obstante la potencialidad, gracias a su intelecto, de reducir el absurdo y quizás con ello de darle un sentido al mundo. En la medida que traslada las fronteras del absurdo hacia adelante puede circunstancialmente dar forma a su futuro. El inalienable e irracional comando de lo vital de ¡vive!, ¡evoluciona! puede ser completado, al menos teóricamente, con una pregunta opcional y racional ¿y como? y ¿en que dirección?

No sabemos del futuro que nos espera como especie. Al fin y al cabo vivimos en un planeta insignificante y la vida como fenómeno es extremadamente frágil. Es sin embargo previsible que de no mediar una catástrofe natural o política-económica de dimensiones globales la sociedad humana de fines de este siglo nos será completamente irreconocible en relación a las precedentes. Y que esa sociedad dependerá en gran parte de nuestro actuar propio y del grado de conocimiento alcanzado.

Los capítulos anteriores mostraron a la civilización humana no solo como una continuación natural de la evolución de la biosfera sino también como un punto de ruptura respecto al pasado en la medida de un gradual traslado del gene a la sinapse como mecanismo rector de la evolución de esa biosfera. Es otras palabras la emergencia de una noosfera progresivamente rectora del desarrollo del planeta como globalidad. ¿Podrá ese mecanismo evolutivo basado en la sinapse conducir a un mundo mejor y libre de la inmisericordia inevitablemente asociada a la concurrencia basada en el gene?

Utopías y anti-utopías han abundado en la literatura de ficción con *Un mundo feliz* de Huxley y *1984* de Orwell como seguramente las mas conocidas. Las religiones en general ofrecen la posibilidad de una dicha eterna y algunas ideologías políticas han ofertado una sociedad terrenal paradisíaca. El anhelo de felicidad, fuertemente anclado en la naturaleza humana, ha encontrado en la biología su mas grande obstáculo. En una biosfera con una oferta energética limitada la insaciabilidad energética humana sumada a la concurrencia y el instinto de conservación han sido la fuente de guerras, explotación e injusticias sociales. A ello se añade el envejecimiento, la enfermedad y la muerte como inseparables del vivir.

Un mundo idílico supone una superabundancia energética gratuita y no de traspaso forzado entre los seres vivos haciendo la depredación y el parasitismo innecesarios. En esas circunstancias el natural egoísmo humano deja de tener su función, los animales feroces ya no necesitan ser feroces ni los venenosos tener veneno. Alimañas si bien no directamente peligrosas pero altamente irritantes como mosquitos, ácaros, langostas, etc (que en los hechos pueden convertir la vida humana en un infierno) han sido ya sea exterminadas o reprogramadas y los microroganismos patógenos (bacterias, virus y otros), aniquilados. Un mundo en paz que desconoce el egoísmo inevitablemente ligado a la propia preservación y que no sabe del envejecimiento ni de la muerte. Es decir, en la práctica, un mundo que ha reprogramado y superado esa crueldad incorporada a la misma estructura de la biosfera. El irrealismo de ese escenario habla por si mismo. Así como también lo hace el hecho de que millones de humanos, por no decir todos, alienten ese sueño en algún rincón oculto de sus corazones.

Por primera vez en la historia ese anhelo utópico pareciera bosquejarse como algo potencialmente realizable. Pero, simultáneamente también la posibilidad de su opuesto, la emergencia de una sociedad completamente deshumanizada o, peor aún, el fin de la especie humana y su substitución evolutiva por otra diferente.

Retos concretos emergen sin embargo como los mas inmediatos con el abastecimiento de agua, alimento, educación y energías combustibles para los casi 7 billones de humanos, como prioritarios. El saqueo de los bosques y de la fauna marina, el calentamiento global, la desaparición de los glaciares, la elevación del nivel del mar, el acentuamiento de los cambios estacionales climáticos y el de los fenómenos naturales como ciclones, los cambios epidemiológicos, la desaparición de muchas especies biológicas, entre otros, están provocando movimientos migratorios masivos y el empobrecimiento de grandes grupos humanos con la consiguiente inestabilidad social y política. El riesgo de que el calentamiento global se escape de las manos llevando a una catástrofe global de dimensiones apocalípticas, es evidente. El envejecimiento de la población de los países desarrollados constituye para estos un enorme desafío en cuanto a servicios sociales y de salud. La emergencia de China (un país que en toda su milenaria historia aún no ha experimentado la democracia) en el escenario mundial como la probable primera potencia económica, científica y militar abre grandes interrogantes. La posible substitución de los EE.UU por China con el traslado del punto de decisiones de América a Asia (donde el 2050 vivirá mas del 60% de la población mundial) conllevará un cambio ideológico y cultural de rasgos difícilmente predecibles. La emergencia de la India y Brasil como centros de poder económico, los cambios políticos en el mundo árabe y la nueva identidad política africana jugarán también un papel importante en el resideño político mundial de los próximos decenios.

Existen buenos motivos tanto para el optimismo como para la incertidumbre. En los últimos decenios se han hecho avances globales extraordinarios en cuanto a la escolaridad y al mejoramiento general de las condiciones de vida para decenas de millones de humanos antes sometidos a la ignorancia y a la extrema pobreza. Existe también una creciente conciencia global respecto a los derechos individuales y los humanos de hoy mostramos en general una tendencia menor que en el pasado a resolver nuestras rivalidades de forma violenta. Al margen de la gigantesca tarea que queda por delante pareciera estarse en buen camino. De contrapartida, al margen de los riesgos asociados al cambio climático antes mencionados, estan la creciente e imperceptible vigilancia estatal de sus ciudadanos, las cada vez mas efectivas armas de destrucción masiva y la progresiva dependencia humana de lo maquinal. Nuestra irracionalidad, con la codicia como su eterna mala consejera, está además siempre al acecho con permanentes conflictos armados en diferentes partes del mundo motivados por diferencias de clase, raza, religión, cultura o nacionalidad.

Es de esperarse el desarrollo de una conciencia colectiva global como resultado de la progresiva incorporación de grandes grupos a las nuevas tecnologías de comunicación y del creciente rol económico y científico de oriente que va tornando la influencia hasta hoy predominantemente unilateral (de occidente a oriente) en bilateral y mutuamente fertilizante. La concurrencia entre los diferentes niveles de conciencia, milenariamente orientada a la dominación, con periodos de siglos o décadas y tradicionalmente ligada a zonas geográficas y pueblos específicos, podría transformarse en una concurrencia permanente, mas equitativa, fructífera y sin una ligazón fija a naciones específicas. De hecho existen ejemplos reales de que con un poco de buena voluntad y sentido común es posible avanzar hacia sociedades mas equitativas y pacíficas. La creación de la Unión Europea evidencia la factibilidad de olvidar antiguas atrocidades e injusticias recíprocas hacia una cooperación mutua por encima de las fronteras nacionales y linguisticas. La Europa de Norte y algunos países asiáticos como Japón y Singapur enseñan que es perfectamente viable el brindar a la mayoría de sus ciudadanos un aceptable nivel de vida en condiciones de libertad y Costa Rica ejemplariza la factibilidad de mandar el ejército al basurero de la historia sin aventurar con ello su seguridad como país. En otras palabras existe, ya hoy, la posibilidad de un mundo menos violento donde la extrema pobreza es solo un recuerdo, donde la población cuenta con un buen nivel educativo y donde se respetan las libertades ciudadanas.

Dentro de todas las variables del desarrollo científico-tecnológico y su impacto social algunas se tornan como las mas previsibles. El progresivo aumento de la complejidad social y su consiguiente vulnerabilidad, paralelo al desarrollo de la inteligencia artificial y de la interconectividad, harán inexorable un creciente y cada vez mas subtil control social del individuo con aprobación del poder político. El poder político en los paises desarrollados ha mostrado hasta el presente una inclinación hacia el incremento de la vigilancia y en los países subdesarrollados una patética ingenuidad respecto al impacto de las nuevas tecnologías. El grueso de la población, por su lado y a nivel global, las acepta sin crítica y, las mas de las veces, con un infantil entusiasmo. Esa creciente complejidad social excedente de la capacidad cerebral tendrá también necesariamente que llevar a una progresiva dependencia de las instancias automatizadas para la toma de decisiones individuales. En otras palabras a una dependencia del individuo respecto a lo maquinal.

De darse la altamente previsible emergencia de la computación quántica, millones de veces mas eficiente que la convencional, el paso a un pensamiento maquinal analógico será solo cuestión de tiempo con el muy probable surgimiento de un pensamiento maquinal autónomo, capaz de decidir por si mismo e infinitamente superior al biológico. La solución sería obviamente, paralela al desarrollo de la neurociencia y la genética, la hibridización biológica-maquinal con la posibilidad de una expansión explosiva del grado de conciencia humano. Pero ¿podría este ser todavía llamarse humano? La obtención de la célula sintética (todo indica que ello sucederá en los próximos años) abrirá un campo ilimitado para la generación de organismos diseñados con ayuda de supercomputadoras borrándose así la linea divisoria entre lo digital y lo genético. La computación quántica podría estudiar no solo individuos o especies a un detalle molecular e incluso atómico sino también sistemas ecológicos completos pudiéndo estos ser reprogramados de acuerdo a las necesidades humanas y las del planeta. La vida podría ser literalmente recreada a antojo.

¿Podría la conjunción entre superinteligencia artificial, genética, geoingenierïa, neurociencia, robótica y física quántica rediseñar la biosfera en su totalidad de manera que, al contar cada uno de sus miembros con un excedente energético gratuito y anulando la concurrencia generar ese mundo de paz soñado por las utopías?. ¿Podría en ese caso establecerse el por los economistas llamado equilibrio de Nash de manera que la concurrencia humana este regida por la sola efectividad y ajena a la conflictiva emocionalidad? ¿Podrá la genética resolver el problema del envejecimiento de manera que la vida se prolongue indefinidamente? ¿Podrá la conjunción de neurociencia y electrónica abrir el campo a la comunicación y al traslado ilimitado de la conciencia a la máquina y viceversa? ¿Podrá la futura evolución del planeta demandar la supresión de la individualidad en los términos hoy concebidos o la generación de una especie inteligente susbtitutiva de la nuestra? La sola formulación de estos temas parece al presente un sinsentido, aunque la experiencia histórica donde muchos previos sinsentidos se hicieron luego realidad recomienda prudencia.

El futuro es inseguro y lleno de riesgos y, también, de infinitas posibilidades. La evidencia de vivir en un mundo infinito, "el mas simple en hipótesis y el mas rico en fenómenos" como lo formulara Leibniz, es cada vez mas creciente. Cada vez entendemos mejor que vivimos en un mundo como un constante, enigmático e ilimitado proceso que tiene todos los rasgos del milagro. Que vivimos inmersos y somos parte de ese milagro. De que quienes otorgamos límites a la realidad lo hacemos solo porque desconocemos esa realidad como es, ilimitada y sobrepasante de toda posible fantasía. Y cada vez entendemos mejor el mundo como un proceso evolutivo cuya inexorabilidad muestra todos los rasgos de la inmisericordia.

Frente al complejo, incomprensible e inseguro futuro pareciera haber solo una brújula confiable. Aquello que la naturaleza nos otorgó como parte de nuestra estructura cerebral desde un comienzo y que seguramente nos acompañará hasta nuestro final comun como especie: la intuición. Nuestro sexto sentido circunstancialmente permisivo de adivinar lo oculto detrás del fenómeno. Nuestra capacidad de captar, así sea pasajera y fugazmente, los destellos de la verdadera realidad. Nuestro cordón umbilical de conexión con la totalidad universal. El sentido de esa conexión física y emocional con nuestros hermanos de especie, con el resto de lo vivo, con el planeta y con el cosmos que habitamos. La naturaleza nos ha programado por cierto, en toda nuestra inmensa complejidad como individuos, al mínimo detalle, incorporándonos simultänea y coercitivamente a un proceso evolutivo cuya dirección desconocemos. Pero a pesar de esa extrema coerción pareciera habérsele escapado a la naturaleza un detalle, la casi infinita capacidad humana para soñar lo que nos da un asomo de libertad.

"Sólo con el corazón se puede ver bien. Lo esencial es invisible a los ojos" expresó magistralmente aquel pionero de la aviación, aventurero y poeta que fue Saint- Exupery. La magia de la intuición. El destello de comprensión de lo escondido detrás de la máscara del fenómeno, "la cosa en si" kantiana, lo oculto. La señal del mundo al hombre de que *"tu mismo eres el alma del mundo, lo divino"* como la sabiduría oriental lo expresara en las Upanishades. Ante un futuro incierto, lleno de riesgos y posibilidades no queda sino confiar en la intuición, en esa senda no siempre clara pero que nos lleva al encuentro con nosotros mismos, con nuestra escencia como especie y con el rol para el cual fuimos generados. En otras palabras escucharnos mas a nosotros mismos, a nuestros artistas, poetas y filósofos manteniendo una actitud siempre vigilante frente a la intolerancia respecto a lo diferente a uno mismo y a todo aquello que pretenda coartar lo mas valioso humano, el pensamiento propio y la capacidad de anhelar y soñar. Y en momentos de desesperanza quizás contar con el consuelo de aquel líder para quien pareció no existir lo imposible, Jesús, y su infinito optimismo: *"de mi tengan paz. En el mundo tendrán tribulación, pero ¡cobren ánimo! Yo he vencido al mundo"*. Aunque quizás las generaciones futuras descubran una formulación algo diferente: "Hemos vencido **con** el mundo".

BIBLIOGRAFÍA

Cuidando la Tierra. Una estrategia de sostén de la vida (Titulo original: Caring for the Earth. A strategy for Sustainable Living). Documentos de IUCN (International Union for Care of Nature), UNEPB (United Nations Enviromental Program) y WWF (World Wide Fund for Nature). Editorial Naturskyddsföreningen Förlag AB, Suecia, 1993.

Principios de física radioactiva (Título original: Grundläggande strålningsfysik). MATS ISAKSSON. Editorial Studenlitteratur, Lund-Suecia, 2002.

Las ciencias medioambientales (Título riginal: The Enviromental Sciencies). PETER JBOWLER. Editorial Fontana Press, Londres 1992.

El origen de las especies. CHARLES DARWIIN. Editorial Bruguera, Barcelona 1976.

Sobre la voluntad en la naturaleza (Título original: Uber die Wille der Natur). ARTHUR SCHPENHAUER. Edit. Filosofía Alianza Editorial. Madrid, 2003

Historia de los animales. ARISTÓTELES (Título original: The Complete Works of Aristotle) The Revised Oxford Translation J. BARNES. Editorial Princeton University Press. 1984

El origen de la vida (Título riginal: Livets uppkomst). PER ÅKE ALBERTSSSON. Editorial Sveriges Radios Förlag, Estocolmo 1968

Química médica y fisiológica. (Título original: Medicinsk och fysiologisk kemi) CHARLOTTE ERLANSON-ALBERTSSON. Editorial Studentlitteratur. Estocolmo 1991.

La vida, un misterio (Título original: Livet- en gåta). STEFAN NORDSTRÖMS. Editorial EFS-förlaget, Suecia, 1985

Evolución (Título original: Evolution). STEPHEN C. STEARNS y ROLF F. HOEKSTRA. Editorial Oxford University Press, Oxford 2002

La gran enciclopedia ilustrada de los animales (Titulo original: Grande Enciclopedia Ilustrata degli Animali) ALLESSANDRO MINELLI. SANDRO RUFFO. Editorial Bokorama. Estocolmo 1984.

La planta viviente (Título original: The Living Planet). PETER RAY. Stanford University. Editorial Holt, Rinehast and Winston Inc. Nueva York 1972.

Las mutaciones vitales. Darwin a nivel celular (Título original: De livsviktiga mutationerna. Darwin på cellnivå). MATS BEMARK. Departamento de Inmunologia Clinica, Universidad de Gotemburgo. Revista Medikament, No. 3, 2004.

El estrés, una enfermedad colectiva (Título original: Stress, en folksjukdom). PETER WÄHRBORG. Editorial Merck Sharp & Dohme, Estocolmo 2000.

Fisiologia Médica (Título original: Medical Physiolgy). ARTHUR C. GUYTON. Editorial W.B. Saunders. Philadelfia 1986

Botánica sistémica (Título original: Systemisk botanik). GERTRUD DAHLGREN. Editorial Liber Läromedel, Lund 1976.

El mundo de los insectos. Una introdución a la entomologia ecológica.. (Título original: Le peuple des insects). REMY CHAUVIN. Editorial Aldus Universitet, 1967, Estococlmo.

Bioquímica (Título original: Biochemistry). PAMELA C. CHAMPE & RICHARD A. HARVEY. Edit. J.B. Lippincott Company. Philadelphia, 1987

Respuesta biológica al estrés de la radiación electromagnética de la frecuencia de radio (Título original: Biological stress response to radio frequency electromagnetic radiation) IAN COTGREAVE. 2004. División de Toxicologia Bioquímica. Inst. de Medicina Ambiental. Karolinska Institutet. Estcocolmo.

Diferentes funciones de los factores de transcripción 1 y 2 en el estrés celular al calor (Título original: Differential functions of heat shock transcription factors 1 and 2). LILA RAUNI PIRKKALAS. Tesis de doctorado en la Academia de Åbo, abril de 2000. Finlandia.

Los STATs (signal transducing and activator of transcription) en tipos de respuesta al estrés celular (Título orginal: The STATs in cell stress-type responses) ANDREW DUDLEY, DAVID THOMAS, JAMES BEST y ALICIA JENKINS. Revista Cell Comunication and Signaling, Universidad de Melbourne, Australia.

El yo y el ello (Título original: das Es, das Ich y das Über-Ich) SIGMUND FREUD. Editorial Natur och Kultur, Lund, Suecia, 1986.

Orientación en psicoanálisis (Titulo original: Vorlesungen zur einfurung in die psychoanalyse) SIGMUND FREUD. Editorial Natur och Kultur, Estocolmo.

Psicoanálisis y marxismo (Título original: Psykoanalisis och marxism). Selección de escritos de LOUIS ALTHUSSER y ERICH FROMM. Editorial Bo Carfors, 1973, DDR.

Biología celular (Título original: Biology of Cell). STEPHEN L. WOLFE, Universidad de California. Ediciones Omega, S.A. Barcelona, 1977.

La expresión de las emociones en el hombre y los animales (Título original: The Expression of the emotions in Man and Animals). CHARLES DARWIN. Edit. Oxford University Press. Nueva York, 1998

ESTRÉS (Tíulo original: STRESS). ROLF EKMAN y BENG ARNETZ. Edit. Liber AB. Estocolmo, 2005.

La amigdala en primates representa el valor positivo o negativo del estímulo visual durante el aprendizaje (Título original: The primate amygdala represents the positive and negative value of visual stimuli during learning). JOSEPH PATON y colaboradores, Revista Nature, Febrero 2006.

La amígdala y las emociones (Título original: The Amygdala and the Emotions). BEN BEST. http://www.benbest.com/science/anatmind/antmd9.htm, 2007 Amygdala. Wikipedia.org.

Expresiones faciales humanas como adaptaciones: Preguntas evolucionarias en investgación de la expresión facial (Título original: Human Facial Expressions as Adaptations:Evolutionary Questions in Facial Expression Research) KAREN L. SCHMIDT[1] and JEFFREY F. COHN Departments of Psychology and Anthropology, University of Pittsburgh, Pittsburgh, Pennsylvania 15260

El medio social se halla asociado a la variación regulatoria del gene en el sistema inmunológico del rhesus macaco (Título original: Social enviroment is associated with gene regulatory variation in the rhesus macaque inmune system. JENNY TUNG y colaboradores.) Proceedings of the National Academy of Sciencies, USA, abril 2012.

La relación entre materia y vida (Título original: The Relationship between Matter and Life). R0DNEY BROOKS. Profesor de robótica del Instituto me Tecnología de Massachussets, USA. Revista Nature, Nr 409, 2001

La interacción del soporte social y la ocitocina en la supresión de la cortisona y la reacción subjetiva al estrés psicosocial (Título original: Social Support and Oxytocin Interact to Suppress Cortisol and Subjective Responses to Psycosocial Stress). MARKUS HENRICHS, THOMAS BAUMGARTNER, CLEMENS KIRSCHBAUM y ULRIKE EHLERT. Revista de la Sociedad de Psiquiatría Biológica de la Universidad de Zurich, No. 54, pág. 1389-1398.

El relojero ciego (Título original: The blind watchmaker). RICHARD DAWKINS. Edit. Wahlström & Widstrand., 1988, Suecia

Las grandes extinciones (Título original; The Great Extintions) Revista National Geographic, febrero 1999. Vol. 195, Nr 2.

Origen y naturaleza de la agresión (Título original: Das öogenannte Böse, Zur Naturgeschichte der Aggression. KONRAD LORENZ. Editorial Nordstedt & Söner, Estocolmo.

Historia del mundo bíblico (Título original: Story of the Bible World.) Editorial Reader`s Digest, Estocolmo 1965.

Descubrimientos en los paises bíblicos (Título original:. The Archeology of the Bible Lands). MAGNUS MAGNUSSON. Editorial Reben & Sjögren. Estocolmo 1985.

Las sagradas escrituras. Editorial: Watchtower Bible and Tract Society of New York Inc, 1967.

La historia Bíblica (Título original: Biblisk Historia). ALF HENRIKSON. Edit. MånPocket. Estocolmo, 1990.

Antiguo Testamento (Título original: L´Ancien Testament). EDMOND JACOB. Editorial Alhambras Pocket Enciclopedi.

El Corán. Editorial Forum, Estocolmo 1983.

La civilizacion griega. De Antígonas a Sócrates (Título original: Civilisation grecque. D`Antigone á Socrate). ANDRÉ BONNARD. Editorial La Guilde du Livre, Lausanne, 1954.

Los griegos (Título original: The Greeks). H.D.F. KITTO. Editorial Penguin Books, 1957. Londres.

Las matemáticas en la cultura de occidente (Título original: Mathematics in Western Culture) MOORIS KLINE. Oxford University Press, 1968. New York.

El imperio romano (Título original: The Roman Empire) COLLIN WELLS.. Edit. Fontana Paperbacks, 1984, Glasgow, UK.

Las Upanisadas (Título original: Upanishads, the Breath of the Eterna). Editorial Natur och Kultur, Lund 1989.

El budismo (Título original: Le Bouddhisme). HENRI ARVON. Edit. Presses Universitairies de France, Paris, 1991

20 filósofos (20 filosofer). GUNNAR FRED. Editorial Nordstedts, Estocomo 1998.

La herencia de Hipatia (Título original: Hypatias`heritage). MARGARET ALIC. Edit.: Alfabeta Bokförlag. AB. Suecia

Libros y bibliotecas en el medioevo (Título orginal: Medeltidens böcker och bibliotek). MICHAEL NORDBERG. Edit. Historiska Media, 1977, Suecia.

Rubicón: el triunfo y la tragedia de la República Romana (Título original: Rubicon: the triumph and tragedy of the Roman Republic), TOM HOLLAND. Edit. Mânpocket, 2005, Suecia

Sobre la curiosidad de la naturaleza (Título original: De curiositate naturali) y otros escritos seleccionados. CARL VON LINNÉ. Edit. Bokförlaget Natur och Kultur. Estocolmo, 2001.

La vida de Carlomagno (Título original: Vita Karoli Magni). Monje EINHARD. Aachen, 880

El viento de occidente. El encuentro de los europeos con la India Oriental (Título original: Vinden från väst. Europeernas möta med Östindien) RUNO NESSÉN. Edit. Atlantis. Estocolmo, 2007.

La revolución francesa (Título original: The French Revolution). DAVID L. DOWD- HORIZON MAGAZINE. Edit. American Heritage Publishing Co. Inc. Nueva York, 1965

Selección de escritos de Nietzsche hecha por Carl-Henning Wijmark Nietszche. (FREDRICH NIETZSCHE Urval av Carl-Henning Wijmark). Editorial Prisma Magnum, Estocolmo 1987.

Principios de economia política e impositiva (Political Economy Principles and Taxation). DAVID RICARDO. Editorial G. Bell & Sons, Londres 1933

El Premio de Economía del Banco de Suecia en Memoria de Alfredo Nobel, 1994 y 2005. Academia Real de Ciencias de Suecia.

El cerebro emocional (Título original: The Emotional Brain). JOSEPH LEDOUX. Edit. Simon & Schuster Paperbacks. Nueva York, 1996.

El error de Descartes. Emoción, razón y cerebro humano (Título original: Descartes'error. Emotion, reason and the human brain). ANTONIO DAMASIO. Edit. Bokförlaget Natur och Kultur, Estocolmo, 2004.

Cuando el miedo es cercano: la amenaza inminente activa los estratos grises prefrontales y periacueduactales en humanos (Título original: When fear is near: Treath inminence elicits prefrontal-periaqueductal gray shifts in humans). Dean Mobbs et al. Science Magazine, Vol. 317, 24 august, 2007.

El Caos y conocimiento. Historia de la medicina hasta el años 2000 (Título original: Kaos och kunskap. Medicinens historia till år 2000). CARL-MAGNUS STOLT. Editorial Studentlitteratur, Estocolmo, 1997.

Metabolismo energético cerebral (Título original: Brain Energy Metabolism). PIERRE MAGISTRETTI, LUC PELLERIN, JEAN-LUC MARTIN. Revista de Neuropsychopharmacology- 5th Generación of Progress. American College of Neuropsychopharmacology. Nashville, USA

Neuronas y sinapses. La historia de su descubrimiento. (Título original: Neurons and Synapses. The History of Its Discovery). RENATO SABBATINI. Revista Brain and Mind, N0. 17. Abril-Julio, 2003.,

En búsqueda de la memoria. La emergencia de la nueva ciencia de la mente (Título original: In search of Memory. The emergency of a new Science of Mind) ERIK KANDEL. Editorial Norton and Co, Nueva York, 2006

De neurona a neurosis (Título original: Från neuron till neuros). STEFAN HANSEN. Edit. Natur och Kultur. Estocolmo, 2000

Orígenes de la neurociencia. Una historia de las exploraciones de la función cerebral (Título originaL: Origins of Neuroscience. A history of

Explorations into Brain Function). STANLEY FINGER. Edit. Oxford University Press. New York, 1994

Seis estudios de psicología (Título original: Six études de psychologie). JEAN PIAGET. Editorial Seix Barral. Barcelona, 1979.

Coevolución en el tamaño de la neocortex, el tamaño del grupo y el lenguaje en los humanos (Título original: Co-evolution of neocortex size, group size and language in humans) R.I.M. DUNBAR. Human Evolutionary Biology Research Group. Departament of Anotropology. University College of London.

Allometría cerebro/cuerpo en los dinosaurios (título original: Brain/body Allometry in Dinosaurs. LINNE M. CLOS. Fossil News, v. 4, No 1, January 1998. Claremont. Colorado. USA

Evolución del cerebro. Creación del yo (Título orginal: Evolution ef de the Brain. Creation of the Self). JOHN. C. ECCLES.. Max-Planck-Institut fur biophysikalische Chemie. Edit. Routledge. Londres y Nueva York

La organización columnar de la neocortex. Vernon B. Mountcastle. Laboratorio de Neurociencia, Universidad de Baltimore. Revista Brain, 1997.

El procesamiento informativo humano (Título original: Human Information Processing). PETER H. LINDSAY y DONALD A. NORMAN. Editorial Academic Press, Nueva York, 1977.

Asi somos. La historia de le diversidad humana (Título original: Chi Siamo: La storia della Diversitá Umana). LUIGI LUCA CAVALLI-SFORZA y FRANCESCO CAVALLI-SFORZA. Editorial Addison-Wesley, Massachusetts, 1986.

La enciclopedia de la vida prehistórica (Título original: The Enciclopedia of Prehistoric Life). RODNEY STEEL y ANTONY HARVEY. Editorial Mc Graw-Hill, Nueva York 1979.

Los humanos antes de la humanidad: una perspectiva evolucionaria (Título original: Humans Before Humanity: An Evolutionary Perspective) ROBERT FOLEY Blacwell Publishers Inc. Massachusetts. 1997

Sobre la voluntad en la naturaleza (Título original: On the Will in Nature) ARTHUR SCHOPENHAUER. Editorial Living Time Press, Londres 2002.

Evolución de cerebros grandes y complejos (Título original: Evolving Large and Complex Brains), R. GLENN NORTHCUTT, Revista Science, mayo del 2011

El pensamiento salvaje (Título original: La pensée sauvage). CLAUDE LEVY-STRAUSS. Edit. Bonniers, Estocolmo, 1971.

Una breve historia del tiempo (Título original: A Brief History of Time) STEPHEN HAWKING. Bantam Press Edition, London, 1988.

Las teorias general y especial de la relatividad. ALBERT EINSTEIN. Editorial Universidad Hebrea de Jerusalen, 1916

El sistema solar (Título oririgal: Solsystemet). LENNART FREDÉN., ARNE KLUM, KJELL LUNDKVIST, STEN WAHLSTRÖM. Editorial Scientia Blombergs Bokförlag, Uppsala 1977.

Copérnico (Título original: Copernicus.) MICHAEL RUSINEK. Editorial Stureförlaget. Estocolmo, 1973.

Microcosmos (Título original: Mikrokosmos). SVEN KULLANDER. BÖRJE LARSSON. Editorial Stureförlaget. Uppsala-Suecia. 1960

Como el universo recibió sus manchas (Título original: How the Universe Got its Spots). JANNA LEVIN. Edit. Princeton Pappers, 2002.

La hija de Galileo (Titulo original: Galileo`s daughter). DAVA SOBEL. Editorial Wahlström & Widstrand. Estocolmo 2001.

Un universo elegante (Ett utsökt universum). BRIAN GREENE. Editorial MånPocket, Estocolmo 2002.

CERN (Consejo Europeo de Investigación Nuclear), 2004. Htpp//:public. web.cern

SLAC (Stanford Linear Accelerator Center), Universidad de Stanford, 2004. htpp://www2.slac.stanford.edu

Grekisk vetenskap (La ciencia griega). BENJAMIN FARRINGTON. Editorial Prisma Magnum. Estocolmo 1988.

Teogonia y Dias de trabajo (Theogony. Work and Days). HESIODOS. Oxford University Press, Oxford 1988

Literatura griega (Título original: Grekisk litteratur). LENNART BREINHOLTZ. Editorial Nordtedts Förlag, Estocolmo, 1961.

La literatura de occidente (Título original: Litterature and Western Man). J.B. PRIESTLEY. Editorial Forum. Estocolmo 1963

La historia del arte occidental (The History of Western Art). MICHAEL LAVEY. Editorial Bonniers, Estocolmo 1968

Filósofos germánicos (German Philosophers, Kant, Hegel, Schopenhauer and Nietzsche). ROGER SCUTON, PETER SINGER, CHRISTOFER JANAWAY, MICHAEL TANNER. Editorial Oxford University, 1997.

Immanuel Kant. OTFRIED HÖFFE. Editorial Verlag C.H. Beck oHG, Munich, 2000.

El discurso del método y Meditaciones. RENÉ DESCARTES. Editorial Anchor Books. Nueva York, 1974

Ètica. BARUCH SPINOZA. Editorial Anchor Books, Nueva York, 1974

Monadologia. GOTTFRIED LEIBNIZ. Editorial Anchor Books, Nueva York, 1977.

Descartes. El proyecto de la duda pura (Título original: Descartes. The Project of the Pure Inquiry). BERNARD WILLIAMS. Editorial Pelican Books, 1978, UK

La ciencia feliz (Título original: Die fröhliche Wissenschaft). FREDRIK NIETZSCHE. Editorial Korpen, Gotemburgo, Suecia, 1987.

Las guerras europeas (Título original: Europas krig). ALF W. JOHANSSON Editorial Tidens Förlag. Estocolmo, 1989

Armas, gérmenes y acero. Los destinos de las sociedades humanas (Título original: Guns, Germs and Steel. The Fates of the Humans Societies). JARED DIAMOND. Edit. W.W. Norton & Company. Nueva York, 1999

La riqueza y la pobreza de las naciones (Título original: The Wealth and Poverty of Nations) DAVID LANDES. Edit. Abacus, Londres, 1999

La piedras gritan (Título original: Stenarna ropa) TORE y STOIKA ZETTERHOLM. Editorial Bra Böcker. Höganäs. Suecia, 1989.

Cerebro y experiencia conciencial (Título original: Brain and Consciuos Experience). PONTIFICIAE ACADEMIAE SCIENTIARUM SCRIPTA VARIA. Editado por John Eccles. Ciudad del Vaticano, 1965

Los grandes avances de la ciencia (Título original: The Major Achievements of Science) A.E.E. McNENZIE. Editorial Aldus/Bonniers. Estocolmo. 1963.

Sobre la libertad de la voluntad (Título original: Ueber die Freiheit des Willens) ARTHUR SCHOPENHAUER. Edit. Filosofía Alianza Editorial, Madrid, 2002.

El Leonardo de Inglaterra: Robert Hooke (1635-1703) y el arte de la experimentación en la Inglaterra de la Retauración (Titulo original: The Leonard of England: Robert Hooke,1635-1703, and the art of experimentation in the England of Restauration). ALAN CHAPMAN. Revista Poceedings of the Royal Institution of Great Britain, Nr. 67, 1996.

Cronología de la ciencia y descubrimientos (Título original: Chronology of Science and Discovery). ISAAC ASIMOV. Edit. Harper & Row, Publishers, 1989.

El efecto Flynn (Flynn effect) Wikipedia.org.

Armas, gérmenes y acero. Los destinos de las sociedades humanas (Título original: Guns, Germs and Steel. The Fates of the Humans Societies). JARED DIAMOND. Edit. W.W. Norton & Company. Nueva York, 1999

La ética prostestante y el espíritu d el capitalismo. MAX WEBER, 1904 (Wikipedia)

Fuera de Control. La nueva biología de las máquinas, los sistemas sociales y el mundo económico (Título original: Out of Control. The New Biology of Machines, Social Systems and the Economic World). KEVIN KELLY, Director Ejecutivo de la Revista Wired. Editorial Basic Books, Nueva York, 1994

Determinantes inconcientes de las decisiones libres en el cerebro humano (Título original: Unconscious determinants of free decisions in the human brain) Chun Siong Soon, Marcel Brass, Hans-Jochen Heinze & John-Dylan Haynes, del Instituto Max Planck para ciencias del conocimiento y el cerebro humano, Leipzig, Alemania. Publicado en la revista Nature Neuroscience de abril, 2008.

www.ingramcontent.com/pod-product-compliance
Lightning Source LLC
Chambersburg PA
CBHW031819170526
45157CB00001B/115